21 世纪高职高专规划教材

Flash 项目案例教程

主　编　牟向宇

副主编　陈　平　刘　琳　杨丽芳　任航璎

中国水利水电出版社
www.waterpub.com.cn

内 容 提 要

针对目前动画行业的飞速发展，Flash 的应用越来越广泛。本教材以项目驱动教学任务，在工作过程中讲解基本知识点，项目涉及目前 Flash 的五大应用领域，以渐进的方式安排教学内容，让学生在掌握基本技能的同时，能够更好、更直观地掌握实际应用技能。

本书适合动画爱好者以及从事动画设计与制作等工作的人员阅读参考，也可作为高职院校相关专业的教材。

本书配有电子教案，读者可以从中国水利水电出版社网站和万水书苑免费下载，网址为：http://www.waterpub.com.cn/softdown/ 和 http://www.wsbookshow.com。

图书在版编目（CIP）数据

Flash项目案例教程 / 牟向宇主编. -- 北京：中国水利水电出版社，2010.8（2015.6重印）
 21世纪高职高专规划教材
 ISBN 978-7-5084-7670-4

Ⅰ. ①F… Ⅱ. ①牟… Ⅲ. ①动画－设计－图形软件，Flash－高等学校：技术学校－教材 Ⅳ. ①TP391.41

中国版本图书馆CIP数据核字(2010)第126357号

策划编辑：寇文杰　　责任编辑：张玉玲　　加工编辑：刘晶平　　封面设计：李 佳

书　名	21世纪高职高专规划教材 **Flash 项目案例教程**
作　者	主　编　牟向宇 副主编　陈 平　刘 琳　杨丽芳　任航瓔
出版发行	中国水利水电出版社 （北京市海淀区玉渊潭南路1号D座　100038） 网址：www.waterpub.com.cn E-mail: mchannel@263.net（万水） 　　　　sales@waterpub.com.cn 电话：（010）68367658（发行部）、82562819（万水）
经　售	北京科水图书销售中心（零售） 电话：（010）88383994、63202643、68545874 全国各地新华书店和相关出版物销售网点
排　版	北京万水电子信息有限公司
印　刷	三河市铭浩彩色印装有限公司
规　格	184mm×260mm　16开本　14.75印张　365千字
版　次	2010年8月第1版　2015年6月第3次印刷
印　数	6001—8000 册
定　价	24.00 元

凡购买我社图书，如有缺页、倒页、脱页的，本社发行部负责调换

版权所有·侵权必究

前 言

Adobe Flash CS3 是 Adobe 公司收购 Macromedia 公司后将享誉盛名的 Macromedia Flash 更名为 Adobe Flash 后的一款动画软件。Flash 软件可以实现多种动画特效，动画都是由一帧帧的静态图片在短时间内连续播放而形成的视觉效果，是表现动态过程、阐明抽象原理的一种重要媒体。Adobe Flash CS3 是一款非常优秀的，可以将动画、图片、声音和视频等融合在一起的跨平台交互式动画设计软件。本书以项目驱动教学任务的方式，由浅入深地全面介绍 Flash 动画设计的技巧。

本书的特色主要有以下几点：

（1）以项目驱动教学任务，在工作过程中讲解基本知识点，以渐进的方式安排教学内容，让学生在掌握基本技能的同时，能够更好、更直观地掌握实际应用技能。各章均从介绍项目案例入手，再根据知识要点进行系统的讲解，按照任务布置—知识技能分解—操作步骤—技能拓展—实训小结这一结构对内容进行组织，学生在得到对案例的感性认识的基础上，再通过系统的分析和对相应案例的操作，使知识得到升华，从而实现从感性到理性，渐进地掌握知识点。

（2）案例针对性强，项目涉及目前 Flash 的五大应用领域，包括电子贺卡、Flash 广告、Flash MV、Flash 网站和 Flash 小游戏。

（3）各章节内容安排便于教师安排教学，每个章节后均附有相应的实训案例指导、素材及作品效果，便于学生对主要知识点进行有目的的训练。

本书共 5 章，第 1 章制作电子贺卡、第 2 章制作广告、第 3 章制作 Flash MV、第 4 章制作 Flash 网站、第 5 章小游戏制作。

本书由牟向宇任主编，陈平、刘琳、杨丽芳、任航瓔任副主编。本书在编写过程中还得到唐乾林、武春岭、唐继勇老师的大力支持和帮助，在此一并表示感谢！

由于时间仓促及作者水平有限，书中难免有不妥之处，恳请广大读者批评指正。

编　者

2010 年 6 月

目 录

前言

第1章 制作电子贺卡 1
1.1 任务布置——新年电子贺卡 1
1.1.1 分析客户需求 1
1.1.2 搜集素材 1
1.2 知识技能 2
1.2.1 Flash CS3 简介 2
1.2.2 基本绘图工具的使用 9
1.2.3 元件库的基本使用 22
1.2.4 简单动画制作 27
1.2.5 文字特效制作 37
1.3 操作步骤 40
1.3.1 贺卡主体设计 40
1.3.2 动画设计 40
1.3.3 素材准备——绘制灯笼 41
1.3.4 动画制作 42
1.3.5 合成导出 50
1.4 技能拓展——生日贺卡制作 51
1.5 实训小结 52

第2章 制作广告 53
2.1 任务布置——品牌彩妆展示动画 ... 53
2.1.1 分析客户需求 53
2.1.2 搜集素材 54
2.2 知识技能 55
2.2.1 广告的设计思路 55
2.2.2 元件和图层的分类管理 74
2.2.3 遮罩动画及引导层动画的设计与制作 75
2.2.4 动画声音合成 81
2.2.5 简单脚本控制语句的使用 81
2.3 操作步骤 82
2.3.1 设计主体动画 82
2.3.2 设计滚动动画 83
2.3.3 设计最后停顿画面动画效果 84

2.3.4 动画控制 86
2.3.5 添加背景音乐 87
2.3.6 动画优化与导出 87
2.4 技能拓展——婚纱展示动画 88
2.5 实训小结 89

第3章 制作Flash MV 90
3.1 任务布置——"我是一只小小鸟"MV制作 90
3.1.1 分析客户要求 90
3.1.2 收集整理素材 90
3.2 知识技能 91
3.2.1 角色动画制作 91
3.2.2 自然现象动画制作 102
3.2.3 视频的导入 111
3.2.4 Flash MV 的特点 115
3.2.5 Flash MV 的制作流程 116
3.2.6 Flash MV 的优化与管理 116
3.3 操作步骤 117
3.3.1 导入声音文件 117
3.3.2 设计片头动画 118
3.3.3 设计主体动画 121
3.3.4 音乐与动画同步 139
3.3.5 设计片尾动画 142
3.3.6 控制动画 143
3.3.7 发布动画 145
3.4 技能拓展——"双飞蝶"MV制作 ... 146
3.5 实训小结 147

第4章 制作Flash网站 148
4.1 任务布置——美特斯邦威公司网站 ... 148
4.1.1 确定网站主题 148
4.1.2 网站前期规划 148
4.2 知识技能 149
4.2.1 Flash 网站的制作流程 149

4.2.2	网站 LOGO 简介	150
4.2.3	导航菜单的制作	151
4.2.4	组件的使用	166
4.2.5	浏览器和网络控制命令	172
4.3	操作步骤	175
4.3.1	"首页"的制作	175
4.3.2	"公司简介"页面的制作	178
4.3.3	"最新动态"页面制作	183
4.3.4	"产品信息"页面制作	187
4.3.5	"联系方式"页面的制作	192
4.3.6	网站的整合	196
4.3.7	网站的发布	197
4.4	技能拓展——个人网站制作	198
4.5	实训小结	199

第 5 章 Flash 小游戏制作 200

5.1	任务布置	200
5.1.1	分析游戏的主要需求	200
5.1.2	搜集素材	200
5.2	游戏的规划	200
5.3	知识技能	201
5.3.1	游戏规则的设计	201
5.3.2	小游戏概述	201
5.3.3	ActionScript 基础与基本语句	203
5.3.4	复杂脚本控制语句的使用	208
5.3.5	数据类型	216
5.3.6	变量	218
5.4	操作步骤	219
5.4.1	制作图块	219
5.4.2	将图块转换为元件	221
5.4.3	制作背景	223
5.4.4	编写代码	225
5.4.5	调整图形到舞台的中央处	228
5.4.6	后期润色工作	228
5.4.7	测试动画效果并保存文件	229
5.5	技巧与经验分享	229
5.6	实训小结	230

第 1 章　制作电子贺卡

教学重点与难点

- Flash 基础
- 绘图工具介绍
- 基本元件使用
- 基本动画制作
- 电子贺卡制作

1.1　任务布置——新年电子贺卡

电子贺卡用于联络感情和互致问候，之所以深受人们的喜爱，是因为它具有温馨的祝福语言、浓郁的民俗色彩、传统的东方韵味、古典与现代交融的魅力，既方便又实用，是促进和谐的重要手段。贺卡在传递"含蓄"的表白和祝福的同时，又形成了自己独特的文化内涵，加强了人们之间的相互尊重与体贴。

电子贺卡节约了发卡者购卡及邮寄的费用，节省了大量的时间。发卡人发出的只是几句文字和一段网络链接地址。经过数次改进以后，它已经成为人们传递祝福的首选方式了。

1.1.1　分析客户需求

满载收获的牛年就要过去了，值此新春佳节来临之际，给兢兢业业工作在一线的教职工以及所有学生送去新春的祝福。祝福他们在新的一年里身体健康、全家幸福、工作顺利、学业有成！

对象：教师、学生。

内容要求：

- 体现出新春喜气的主题意境，突出节日的喜庆气氛，以娱乐为主。
- 跟虎年有关，有祝福语。
- 页面精美，画面图案及颜色搭配合理，具有美感及喜庆感，有新意。
- 配有动画效果。
- 伴随合适的音乐。

1.1.2　搜集素材

1. 图片素材

围绕要突出节日的喜庆气氛，体现出新春喜气的主题意境，根据中国的传统习俗，准备选择体现喜气的红黄色为主的背景图片，表现热闹喜庆的鞭炮、灯笼、中国结以及与虎年相关的大小虎贺岁图。

根据需要通过搜集处理或用软件制作得到如图 1-1 所示的素材。

图 1-1　电子贺卡素材

然后对这些图片素材进行处理，主要是利用 Photoshop 软件工具把背景去掉，做成透明的背景并另存成 png 格式。

2．音乐素材

搜集喜庆热闹的音乐作为背景音乐。寻找一段放鞭炮的音乐和表现节日的喜庆音乐，然后进行相应的处理。

3．自制素材

要用灯笼制作动画，所以需要自己绘制灯笼。

1.2　知识技能

1.2.1　Flash CS3 简介

Flash CS3 是 Adobe 公司最新推出的 Flash 动画制作软件，它相比之前的版本在功能上有很多有效的改进及拓展，深受用户青睐。Flash 动画是一种以 Web 应用为主的二维动画形式，采用矢量技术和流式播放技术等手段，生成的文件小、质量高，便于在网上发布和浏览。因此，它得到了网络界的广泛认可，并使它在网页设计中占有一席之地，成为网上最为流行的多媒体软件。

1．Flash CS3 的功能

（1）绘图功能。Flash CS3 可以完成图形绘制、特殊字形处理等方面的工作。

（2）动画功能。Flash CS3 提供的动画工具可以制作出漂亮的动画。

（3）编程功能。制作 Flash 交互式动画。Flash CS3 提供了几百个关键词，可完成复杂的行为制作。

这 3 部分功能是相对独立的，在工作中通常分开进行。例如，由美工人员完成绘图及部分多媒体的制作，由编程人员完成互动行为的编写，由制作人员进行最后的加工制作。

2. Flash CS3 的特点

（1）使用矢量图形。计算机的图形显示方式有矢量图和位图两种。在 Flash 软件上绘制的图形是矢量图。与位图相比，矢量图的最大优点在于，经任意放大或缩小不会影响图形质量。同时，文件所占用的存储空间非常小。

（2）支持导入音频、视频。在 Flash 中可以使用 MP3 等多种格式的音频素材，还提供了功能强大的视频导入功能，并支持从外部调用视频文件。

（3）采用流式播放技术，拥有强大的网络传播能力。Flash 的影片文件采用流式下载，即它的影片文件可以一边下载一边播放，从而可以节省浏览时间。

（4）交互性强，能更好地满足用户的需要。运用 Flash 内置的动作脚本，不仅可以制作眩目的效果，还可以让动画浏览者参与互动。

通过其强大的交互功能，不仅为网页设计和动画制作提供了无限的创作空间，从商业的角度来说，还可以制作一流的商业演出动画或广告，使企业的产品发布得到较传统广告模式更好的效果。

3. Flash 动画制作的基本步骤

优秀的 Flash 动画需要经过很多的制作环节，每个环节都直接影响到作品的最终品质。其制作过程大致可分为以下几个步骤：

（1）动画策划。制作动画之前，应先明确制作动画的目的。明确制作目的之后，就可以为整个动画进行策划，包括动画的剧情、动画分镜头的表现手法和动画片段的衔接等。

（2）收集素材。收集素材是完成动画策划之后的一项很重要的工作，素材的好坏决定着作品的优劣。因此在收集时应注意有针对性、有目的性地收集素材，最主要的是应根据动画策划时所拟定好的素材类型进行收集。

（3）制作动画。把收集的动画素材按动画策划实现完成动画，是动画制作的关键一步，在制作过程中应该保持严谨的态度，认真对待每一个小的细节，这样才能使整个动画的质量得到统一，得到高质量的动画。

（4）调试动画。完成动画制作的初稿之后，要进行调试。调试动画主要是对动画的各个细节、动画片段的衔接、声音与动画之间的协调等进行局部的调整，使整个动画看起来更加流畅，在一定程度上保证动画作品的最终品质。

（5）测试动画。Flash 动画制作完成后，常常需要对其进行测试：Flash 动画是否按照设计思路产生了预期的效果；Flash 动画的体积是否处于最小状态，能不能更小一些；在网络环境下，是否能正常地下载和观看动画。

（6）发布动画。当 Flash 动画制作完成之后，需要将其发布为独立的作品以供他人欣赏。在发布之前，用户要对动画的生成格式、画面品质和声音效果等进行设置，这将最终影响动画文件的格式、文件大小以及动画在网络中的传输速率等。

4. Flash CS3 的工作界面

（1）欢迎界面。第一次打开 Flash CS3 时，会显示欢迎界面，如图 1-2 所示。

从图中可以看出，欢迎界面包含 4 个区域：

1）打开最近的项目。在这里，可以打开最近操作过的 Flash 文档。

2）新建。新建文档，在这里列出了许多 Flash 文件的类型。

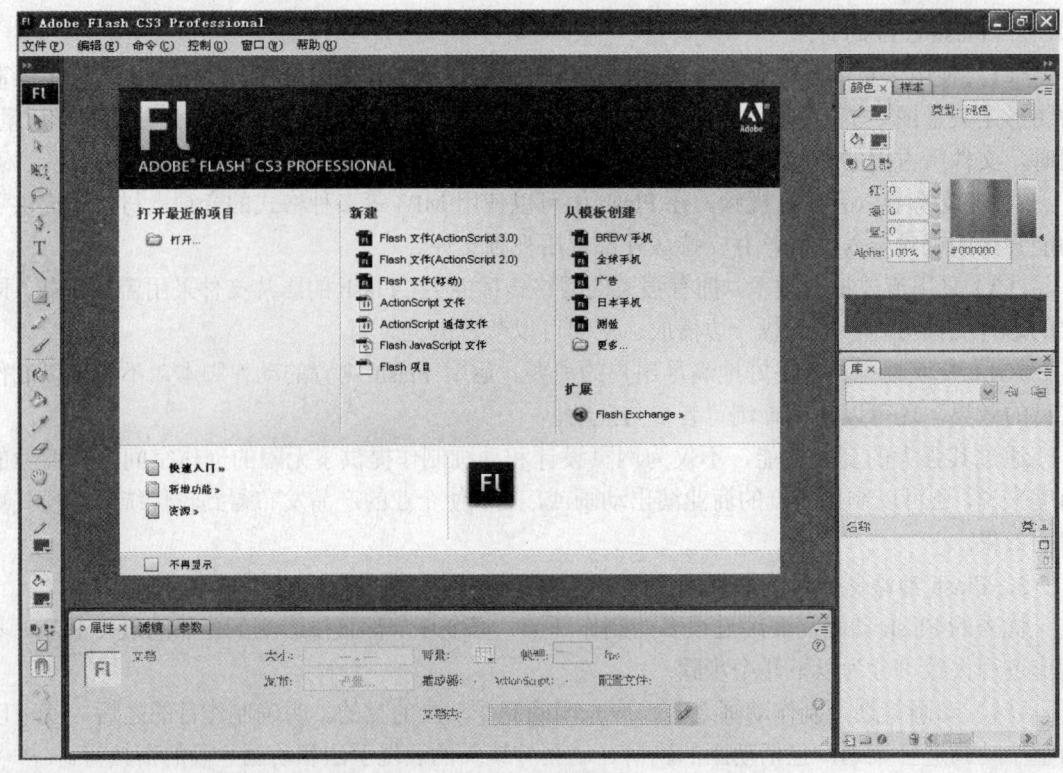

图 1-2 欢迎界面

3）从模板创建。可直接创建模板文档，在这里列出了创建 Flash 文档最常用的模板。

4）扩展。链接到 Flash Exchange 网站，可以在其中下载助手应用程序、扩展功能及相关信息。

若要隐藏欢迎界面，可以选中"不再显示"复选框。

（2）Flash CS3 的操作界面。在欢迎界面上单击"新建"区域中的"Flash 文件（ActionScript 3.0）"，即可创建最常用的 Flash CS3 文档，并迅速打开 Flash CS3 的操作界面，如图 1-3 所示。

Flash CS3 默认工作界面包括菜单栏、工具箱、时间轴面板、舞台、工作区、属性面板、面板组等部分。

菜单栏：提供各种命令集，如"文件"菜单中提供了对文件操作的命令，"修改"菜单中提供了对对象操作的命令。

时间轴面板：是控制和描述 Flash 影片播放速度和播放时长的工具，如设置帧和图层的顺序。

工具箱：提供绘图工具。

舞台：提供当前角色表演的场所。

工作区：角色进入舞台时的场所。播放影片时，处在工作区的角色不会显示出来。

属性面板：可以显示当前工具、元件、帧等对象的属性和参数，在属性面板中可对当前对象的一些属性和参数进行修改。

面板组：Flash CS3 包括多种面板，分别提供不同功能，如颜色面板提供色彩选择等。

菜单栏
工具栏
时间轴面板
舞台
工作区
属性面板

面板组

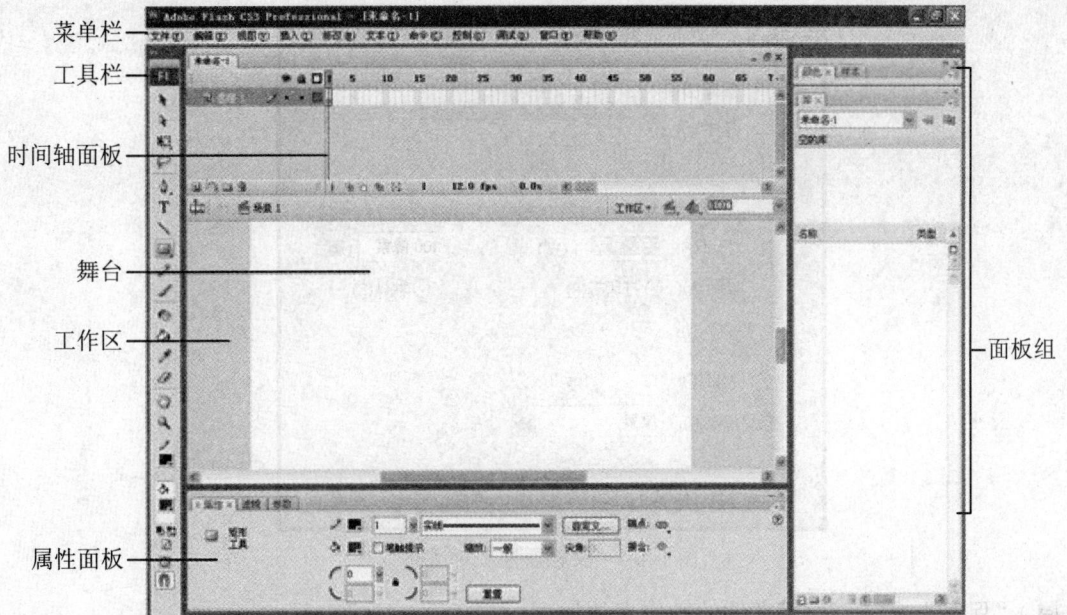

图 1-3　操作界面

5．Flash CS3 的文件操作

（1）新建 Flash 文件。新建 Flash 文件的操作步骤如下：

1）启动 Flash CS3 后，Flash CS3 会打开如图 1-2 所示的欢迎界面。

2）单击"新建"区域中的"Flash 文件（ActionScript 3.0）"，可以创建扩展名为 fla 的新文件。新建文件自动采用 Flash 的默认文件属性。

3）还可以执行"文件"→"新建"命令，弹出"新建文件"对话框，在其中选择"Flash 文件（ActionScript 3.0）"完成新文件的创建。

注意：Flash 文件（ActionScript 3.0）和 Flash 文件（ActionScript 2.0）中的 ActionScript 3.0 和 ActionScript 2.0 是在使用 Flash 文件编程时所使用的脚本语言的版本。Flash CS3 默认采用 ActionScript 3.0 版本的语言。ActionScript 2.0 版是 Flash 8 中普遍采用的脚本语言，在易用性和功能上不如 ActionScript 3.0。两个版本的语言不兼容，需要不同的编辑器进行编译，所以新建文件时，需要根据实际需要选择使用哪种方式新建文件。

设置文件属性：新建 Flash 文件后，经常需要对它的尺寸、背景颜色、帧频、标尺单位等属性进行设置。

其操作方法如下：

1）执行"修改"→"文档"命令（或按 Ctrl+J 组合键），弹出如图 1-4 所示的"文档属性"对话框，其中显示了文档的当前属性。

2）在该对话框中设置文档属性。

3）单击"确定"按钮完成设定。

（2）保存 Flash 文件。保存 Flash 文件的命令有"保存"、"保存并压缩"、"另存为"、"另存为模板"和"全部保存"命令，使用这些命令都可以保存文件。

Flash 项目案例教程

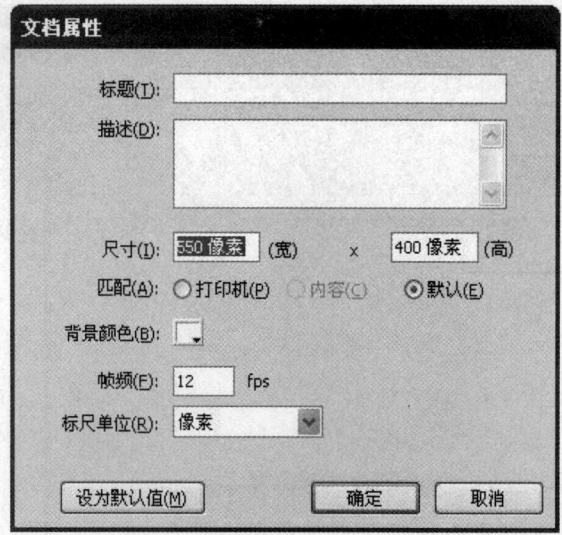

图 1-4 "文档属性"对话框

1)"保存"命令。保存文件的操作步骤如下：

①单击"文件"→"保存"命令。如果是第一次执行"保存"命令，会弹出如图 1-5 所示的"另存为"对话框。

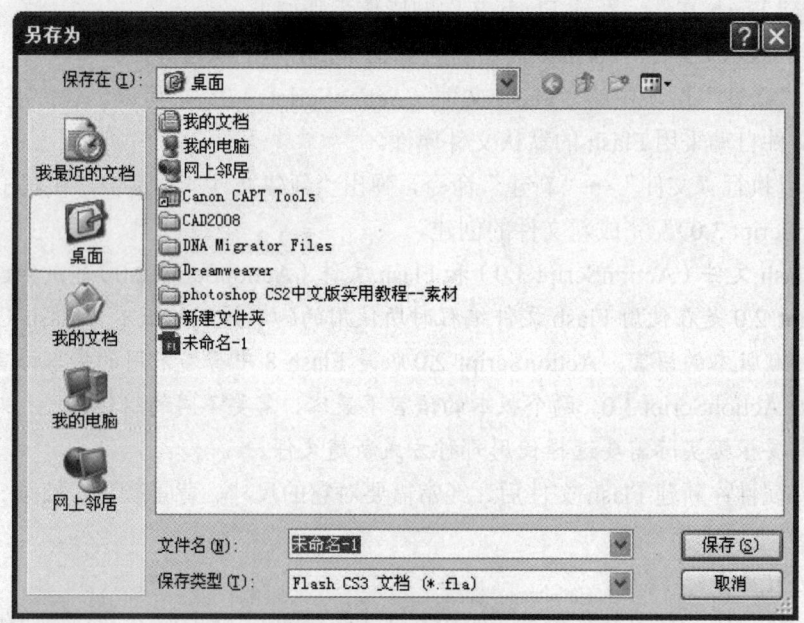

图 1-5 "另存为"对话框

注意：当再次单击"保存"命令时会以第一次保存文件所设定的格式自动覆盖原存储内容。

②在"另存为"对话框中，可以设定文件的保存路径、名称和格式。

③单击"保存"按钮完成保存。

"另存为"对话框中各选项的含义如下：

保存在：可以设定当前文件存储位置。单击"保存在"右侧的下拉按钮，在弹出的路径下拉列表框中查找文件的存储位置。

单击"另存为"对话框中左侧的图标按钮，如"桌面"、"我的文件"等，可以快速转向这些目标文件夹。

单击"另存为"对话框中右上方的"向上"按钮，可以移至上一级目录；单击"新建文件夹"按钮，可以新建文件夹；单击"'查看'菜单"按钮，可以在弹出的菜单中选择当前文件夹中的文件的排序方式。

文件名：在"文件名"文本框中可以输入当前文件的名称。将鼠标指针移至"文件名"文本框内单击，出现闪烁光标后输入文件名称。

保存类型：设定文件的保存类型。单击"保存类型"右侧的下拉按钮，在弹出的下拉列表框中选择目标文件类型。

保存类型包括"Flash CS3 文档"和"Flash 8 文档"两种格式。保留"Flash 8 文档"格式是为了能与上一版本保持良好的兼容性，由于 Flash CS3 采用的一些新技术无法被 Flash 8 支持，因此这里保留了"Flash 8 文档"格式。

2)"另存为"命令。当文件需要以新的路径、名称或格式保存时，可以使用"另存为"命令，操作步骤如下：

①单击"文件"→"另存为"命令，弹出"另存为"对话框。
②在其中设定文件的名称、格式、路径等，与使用"保存"命令的操作一样。
③单击"保存"按钮，文件将以新的路径、名称或格式保存。

3)"另存为模板"命令。当需要将文件当作样本多次使用时，可以使用模板形式保存。例如，制作一个按钮，需要在不同功能的按钮上使用不同的说明文字，这时可以先制作一个没有文字的按钮，再将其存为模板。

"另存为模板"的操作步骤如下：

①执行"文件"→"另存为模板"命令，弹出如图1-6所示的"另存为模板"对话框。

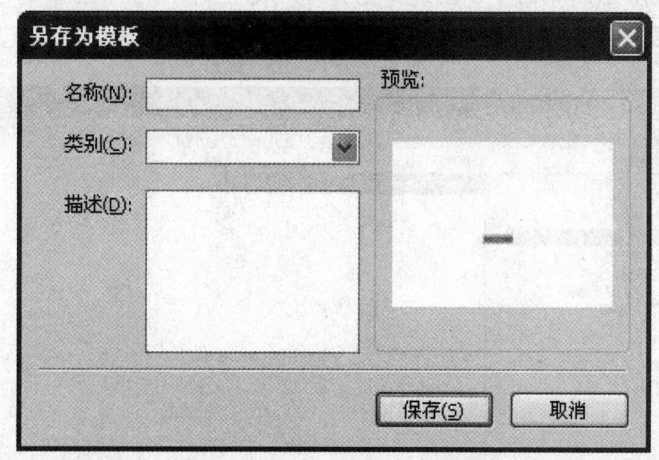

图1-6　"另存为模板"对话框

②在"名称"文本框中输入模板名称，并在"类别"下拉列表框中输入或选择类别。在"描述"文本框中输入模板说明（最多255个字符）。当在"新文件"对话框中选择该模板时，

该说明就会显示出来。

③单击"保存"按钮将当前文件保存为模板。

使用创建的模板新建文件的操作方法如下：

①启动 Flash CS3，单击如图 1-7 所示的"从模板创建"框中的目标模板按钮，打开"从模板新建"对话框。

图 1-7　开始界面

②在其中选择刚才保存的"按钮"模板。

③单击"确定"按钮，完成文件建立。

注意：在图 1-8 所示的界面中，左边"类别"列表框中为 Flash 自带的各类模板，如广告、手机等，可根据需要选择。

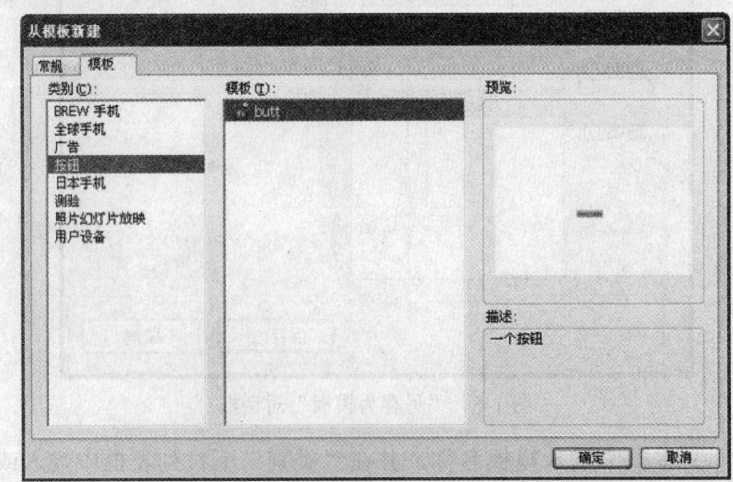

图 1-8　"从模板新建"对话框

(3) 打开 Flash 文件。

1) 单击"文件"→"打开"命令，弹出如图 1-9 所示的"打开"对话框。

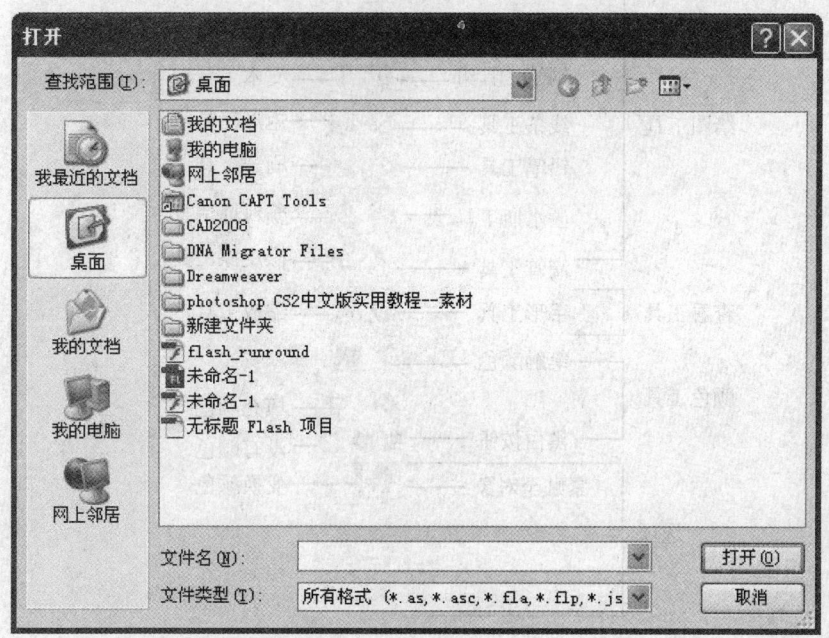

图 1-9 "打开"文件对话框

2) 在该对话框中选择目标文件。

3) 单击"打开"按钮，打开 Flash 文件。

(4) 关闭文件。

1) 单击时间轴面板右上角的"关闭"按钮 ⊠ 即可关闭当前文件。单击"文件"→"关闭"命令也可以关闭当前文件。

2) 若当前文件改动后没有被保存过，会弹出一个保存提示对话框，如图 1-10 所示。

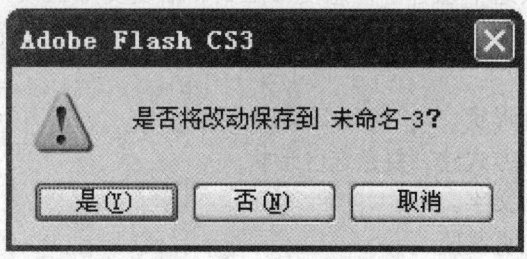

图 1-10 保存提示对话框

3) 单击"是"按钮，保存并关闭文件。

1.2.2 基本绘图工具的使用

单击"窗口"→"工具"命令，可以打开或关闭如图 1-11 所示的工具箱。Flash CS3 的工具箱中包含一套完整的绘图工具。

Flash 项目案例教程

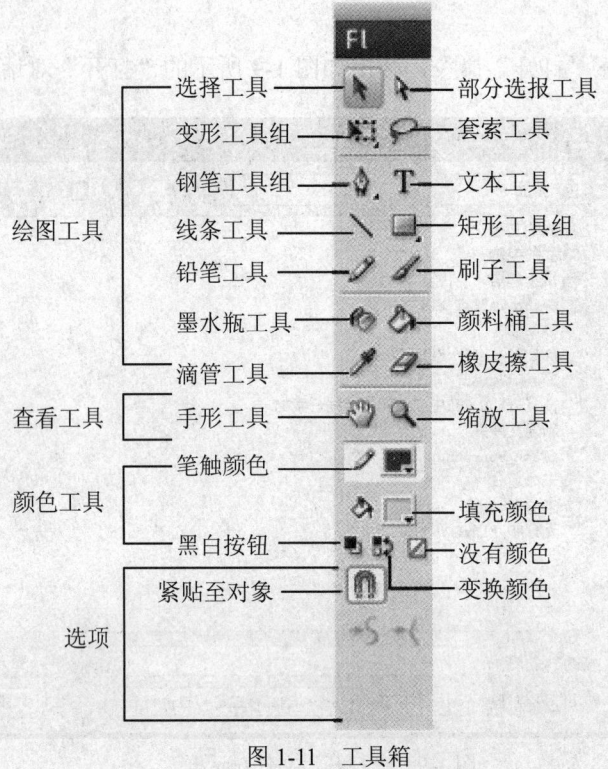

图 1-11　工具箱

工具箱分为绘图工具、查看工具、颜色选择工具和工具选项栏 4 个部分，单击工具箱中的目标工具图标即可激活该工具。工具箱选项栏会显示当前工具的具体可用设置项，例如选择箭头工具，与它相对应的属性选项就会出现在工具箱选项栏中。

选择工具：用来选择目标、修改目标形状的轮廓，按住 Ctrl 键可在轮廓线上添加节点并改变轮廓形状。

部分选取工具：通过调节节点的位置或句柄改变线条的形状。

变形工具组：该工具组中包含了任意变形工具和渐变变形工具。任意变形工具可调整目标对象的大小，进行旋转等变形操作。渐变变形工具可调整渐变填充色的方向、渐变过渡的距离。

套索工具：套选目标形状。

钢笔工具组：以节点方式建立复杂选区形状。

文本工具：用于输入文字。

线条工具：用于画出直线段。

矩形工具组：矩形工具组包括矩形工具、椭圆工具、基本矩形工具、基本椭圆工具和多角星形工具。矩形工具可以建立矩形，椭圆工具可以建立椭圆形，基本矩形工具可以建立圆角矩形，基本椭圆工具可以建立任意角度的扇形，多边形工具可以建立多边形和星形。

铅笔工具：使用线条绘制形状。

刷子工具：使用填充色绘制图形。

墨水瓶工具：用于填充轮廓线条的颜色。

颜料桶工具：用于填充封闭形状的内部颜色。

滴管工具：提取目标颜色作为填充颜色。
橡皮擦工具：用于擦除形状。
手形工具：用于移动工作区的视点。
缩放工具：用于放大和缩小视图。
笔触颜色：显示当前绘制线条所采用的颜色。
填充颜色：显示当前用来填充形状内部的颜色。
黑白按钮：可以将当前笔触色设为黑色，填充色设为白色。
变换颜色：将当前的笔触色与填充色交换。
没有颜色：绘制的封闭形状将不会自动以当前填充颜色填充，仅为线条形状。
选项：显示当前工具可以设置的选项。
"选择工具"：用来选择并移动目标，修改目标形状的轮廓，按住 Ctrl 键可在轮廓上添加节点并改变线条的形状。选择对象是最基本的操作，只有在选择了目标对象后才能够对其进行所需要的编辑操作。

（1）选择单一目标对象。
1）单击工具箱中的"选择工具"。
2）移动鼠标指针至目标对象上单击，选中目标。

注意：当指向的目标对象为元件、图像和组合后的图形时，选择的是一个完整的目标；当指向目标为矢量图形时，Flash 只选择最近两个交点（或端点）间的线段；当指向为填充色彩时，自动以色彩封闭的边缘为限选择色彩范围，如图 1-12 所示。

（a）对象为元件、图像或组合图形　　（b）对象为矢量图形　　（c）选择边缘封闭线

图 1-12　选择单一对象

（2）选择多个对象。
1）框选法：在目标位置的左上角按住左键拖动鼠标至目标对象的右下角，将目标对象的所有内容框选在矩形区域内。释放鼠标左键，当前图层矩形范围内的所有对象都会被选中。
2）首先选中一个对象，然后按住 Shift 键单击其他对象即可。
（3）移动顶点。当目标为矢量图形时，单击"选择工具"，当鼠标指针移动到对象的顶点时，鼠标指针会发生变化，这时按住鼠标左键并拖动，即可改变顶点的位置，如图 1-13 所示。

图 1-13　移动顶点

（4）将直线变为曲线。单击"选择工具"，将鼠标放到对象的边缘，鼠标指针会发生变化，这时按住鼠标左键并拖动，如图 1-14 所示。

 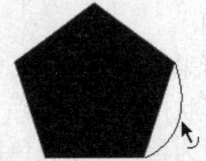 

图 1-14　将直线变为曲线

（5）增加顶点。单击"选择工具"，当鼠标指针下方出现一个弧线的标志时，按住 Ctrl 键和鼠标左键进行拖动，到适当位置释放鼠标即可增加一个顶点，如图 1-15 所示。

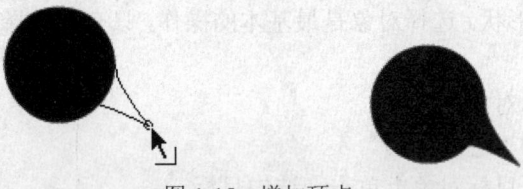

图 1-15　增加顶点

"部分选取工具"：用于对图形的局部进行选取，通过节点的句柄改变线条的形状。单击"部分选取工具"，单击图形的边缘，此时系统将显示用于控制图形的节点。单击节点，系统将会显示该节点的控制柄，此时单击节点或调整杆的控制点并拖动即可改变图形形状，如图 1-16 所示。

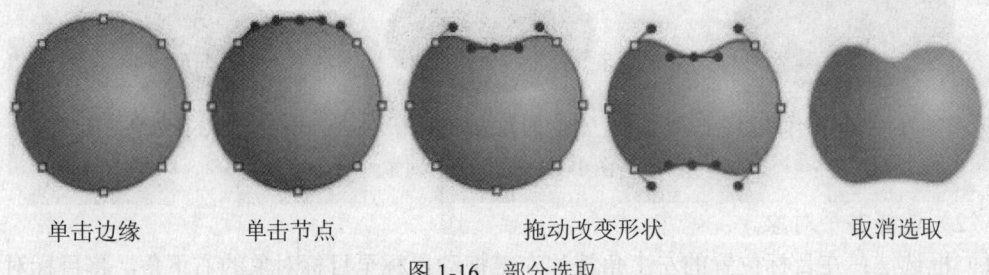

单击边缘　　　　单击节点　　　　拖动改变形状　　　　取消选取

图 1-16　部分选取

"任意变形工具"：是改变图形与元件形状的工具，选中"任意变形工具"，然后单击或框选目标对象，此时所选对象的周围将显示一个有 8 个控制柄的变形框，将光标移至不同位置的控制柄上单击并拖动即可移动变形点、缩放、旋转与倾斜对象，如图 1-17 所示。

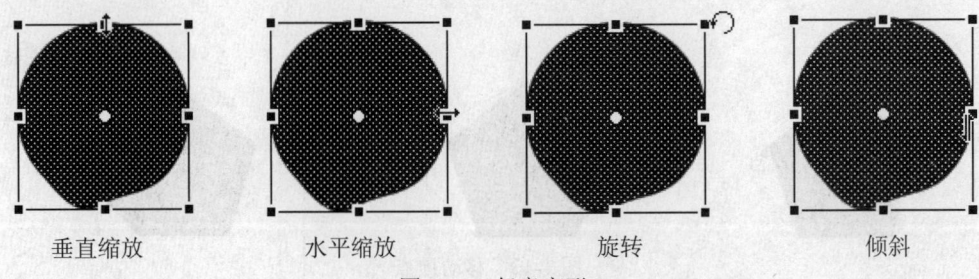

垂直缩放　　　　水平缩放　　　　旋转　　　　倾斜

图 1-17　任意变形

"渐变变形工具"：修改渐变色填充效果。首先绘制图形填充渐变色，渐变类型有线性渐变和放射状渐变两种。

（1）线性渐变。展开工作界面右边的颜色面板，在"类型"下拉列表框中选择"线性"选项。

设置渐变颜色：在面板下方有一个颜色条，上面默认有两个颜色滑块，双击每个滑块进行颜色选择，在空颜色条上单击空白处即可添加一个颜色滑块；选中某个颜色滑块并按住鼠标左键直接拖出颜色条即可删除颜色滑块。线性渐变颜色面板如图1-18所示。

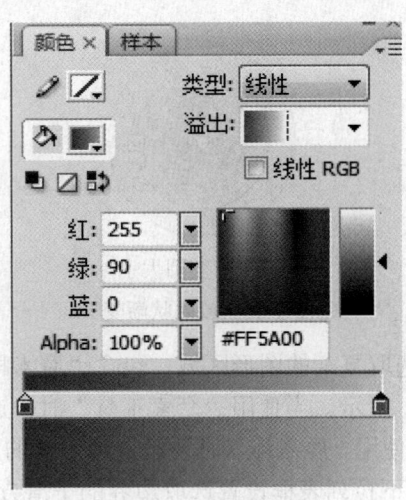

图1-18 "颜色"面板

选择"绘图工具"，在舞台中绘制图形。

选中工具箱中的"线性渐变工具"，然后在填充区域上单击，这时将在图形上出现渐变控制线和渐变控制点，如图1-19所示。

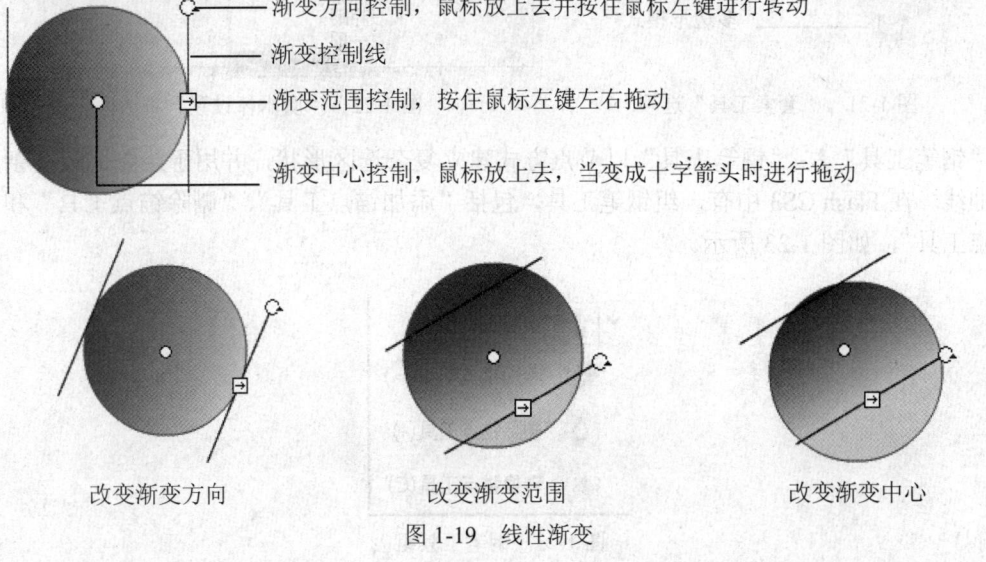

图1-19 线性渐变

（2）放射状渐变。展开工作界面右边的"颜色"面板，在"类型"下拉列表框中选择"放射状"选项，如图 1-20 所示。

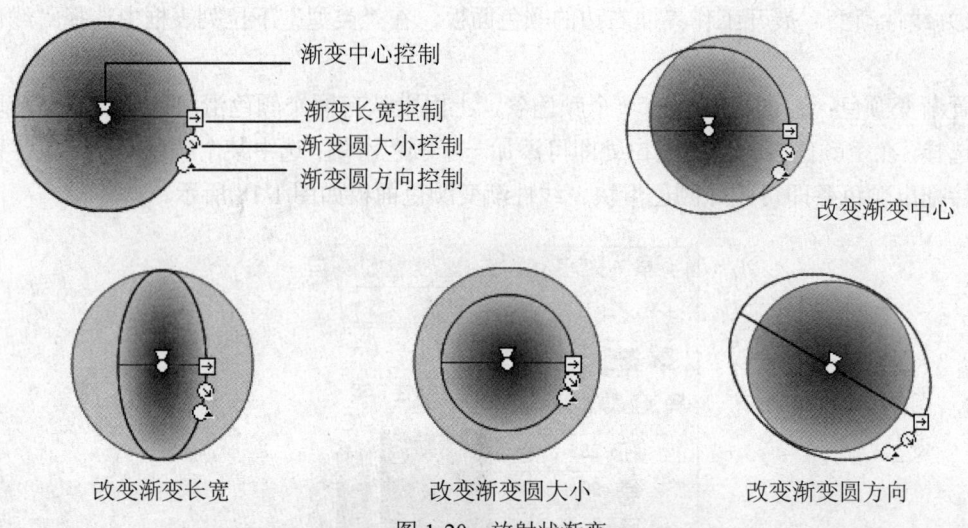

图 1-20　放射状渐变

"套索工具" ：用于选取复杂的图形区域，包含"魔术棒"、"魔术棒属性"和"多边形模式" 3 个选项，如图 1-21 所示。当使用"套索工具"时，通过选择其选项区中的相关按钮可切换不同的选项模式。在使用"魔术棒"时要设置魔术棒的属性，利用"阈值"文本框设置颜色的容差，利用"平滑"下拉列表框设置选取边界的平滑方式，如图 1-22 所示。

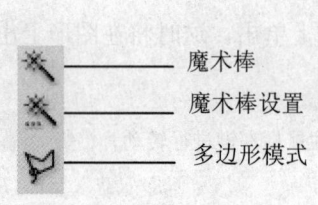
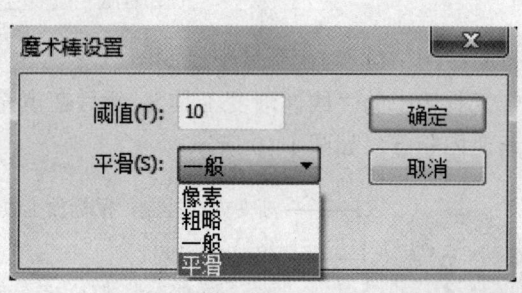

图 1-21　"套索工具"选项　　　　图 1-22　"魔术棒设置"对话框

"钢笔工具" ："钢笔工具"以节点方式建立复杂选区形状，并用于绘制比较复杂、精确的曲线。在 Flash CS3 中有一组钢笔工具，包括"添加锚点工具"、"删除锚点工具"和"转换锚点工具"，如图 1-23 所示。

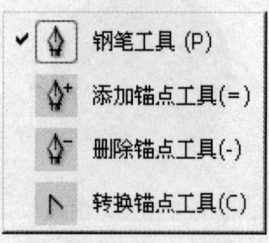

图 1-23　钢笔工具组

选择"钢笔工具"，直接在舞台上连续单击左键确定各点的位置，连成一组如图 1-24 所示的直线段。

在线条的起点位置按住鼠标左键并拖动，可以拖出方向线，释放鼠标。在下一个节点位置按住鼠标拖动出方向线，可以绘制出曲线，如图 1-25 所示。

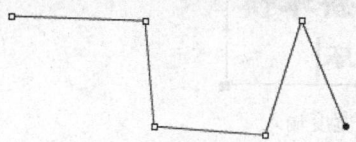
图 1-24 用钢笔工具画直线

图 1-25 用钢笔工具画曲线

注意：曲线是沿方向线相切的方向绘制的。通过方向线的长度可以控制曲线的弧度；通过方向线的角度可以控制曲线扭曲的方向。

当选择"添加锚点工具"时，光标变为形状，在线段中任意单击鼠标左键即可添加一个锚点；选择"删除锚点工具"，光标变为形状，单击路径中的锚点即可删除该锚点；选择"转换锚点工具"，光标变为形状时，单击路径中的锚点，则可进行直线与曲线之间的变换。

"文本工具"。

（1）输入文本。"文本工具"主要用于输入和修改文本。

选择工具箱中的"文本工具"，光标变成形状，在舞台上单击产生一个形状的文字输入框，使用键盘直接输入文字或者使用剪贴板将文字粘贴到输入框中。

Flash CS3 中有两种输入状态：默认输入和固定宽度。

默认输入：文字输入框的一角用圆形标识，如图 1-26 所示，输入框随文字的输入自动延长，需要换行时按 Enter 键。

图 1-26 默认输入

固定宽度输入：如图 1-27 所示，文字框的一角用方形标识。输入框的宽度不会随文字的输入改变，当输入文字达到输入框宽度时会自动换行。

图 1-27 固定宽度输入

注意：静态文本的输入状态标识位于输入框的左上角，动态文本输入状态标识位于输入框的左下角。

改变输入状态的方法如下：

1）默认输入改变为固定宽度输入的操作步骤如下：

①单击工具箱中的"文本工具"。

②将鼠标指针移至需要调整的文本处单击，该文本的文字输入框激活。

③将鼠标指针移至输入框角点圆形标识处，鼠标指针变为一个双向箭头，按住鼠标左键并拖动，调整输入框的宽度后释放鼠标，默认的状态变为固定宽度输入。转变为固定宽度输入后，文字会随输入框的宽度自动换行，如图1-28所示。

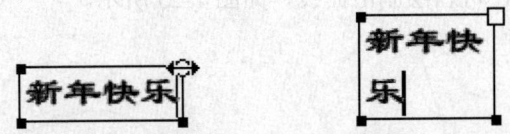

图1-28　默认输入改变为固定宽度输入

2）固定宽度输入改变为默认输入的操作步骤如下：
①单击工具箱中的"文本工具"。
②将鼠标指针移至需要调整的文本处单击，该文本的文字输入框激活。
③将鼠标指针移至输入框的角点方形标识处，鼠标指针变为一个双向箭头，双击鼠标左键，固定宽度输入变为默认输入。

变为默认输入后，文字会自动排为一行。

（2）文本属性设置。选择工具箱中的"文本工具"，"属性"面板显示了文本工具的各项属性，通过文本属性面板可以设置文本格式，如图1-29所示。

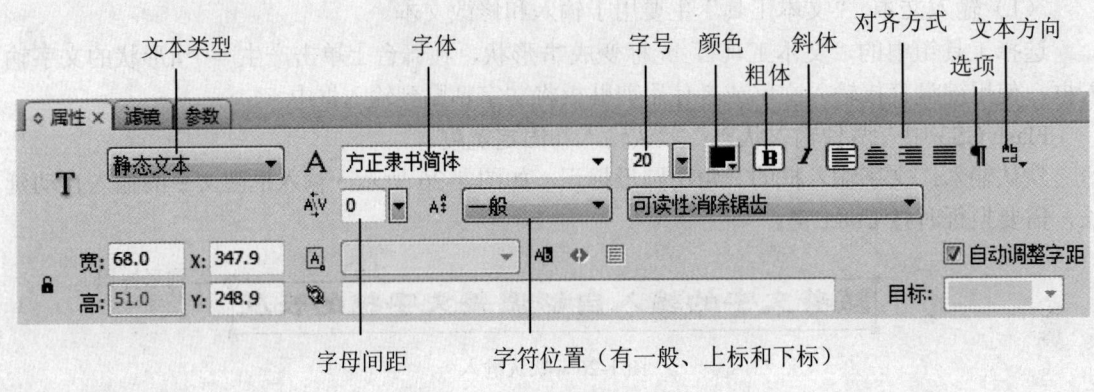

图1-29　文本"属性"面板

单击文本类型下拉列表框的下拉按钮，在弹出的下拉列表框中选择文本类型，如图1-30所示。

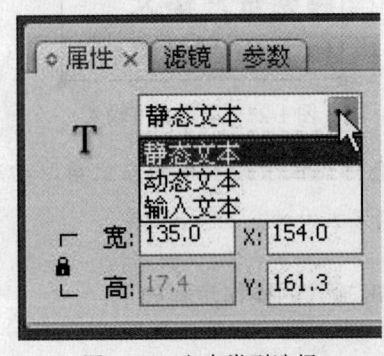

图1-30　文本类型选择

Flash 中的文本分为"静态文本"、"动态文本"和"输入文本"。
"静态文本"用来创建不需要改变内容的文本框。
"动态文本"用来创建支持 ActionScript 编程技术的文本。
"输入文本"用来创建可在其中输入文本的文本框。
滤镜在文本中的应用：滤镜是可以应用到对象的图形效果。选择要应用滤镜的对象，打开"滤镜"面板，如图 1-31 所示。

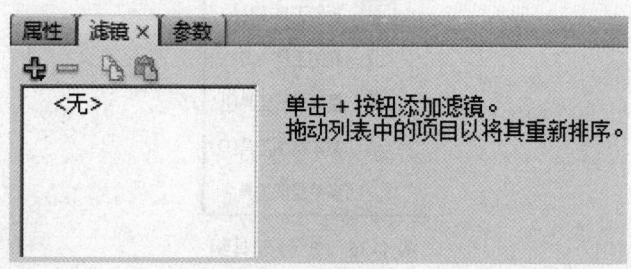

图 1-31 "滤镜"面板

单击面板中的"+"按钮弹出可选择滤镜项，选择需要的滤镜效果即可，如图 1-32 所示。在本项目中，在电子贺卡中输入了一副虎年的对联，应用了阴影滤镜效果，如图 1-33 所示。

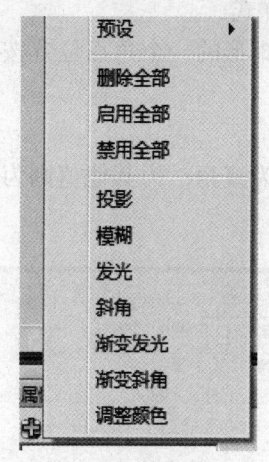

图 1-32 滤镜选项　　　　　　　　图 1-33 阴影滤镜效果

"线条工具" ＼："线条工具"用于绘制任何细的线条。
选择工具箱中的"线条工具"，会出现线条工具的"属性"面板，如图 1-34 所示。

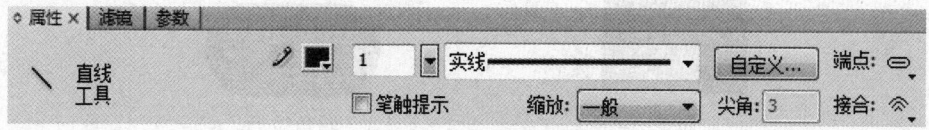

图 1-34 线条"属性"面板

设置好笔触颜色、笔触样式以及端点与接合样式属性后，将光标移动到舞台，变成十字形状。在直线起点的位置按住鼠标左键并拖动，在直线终点位置释放鼠标左键，完成直线绘制，如图 1-35 所示。

17

图 1-35 直线绘制

注意： 在绘制直线时，按住 Shift 键可以画出和舞台成 45°倍数的直线。

"矩形工具"：："矩形工具"绘制任意大小的矩形或正方形及多角星形。单击该图标打开下拉列表框，可以选择绘制矩形、椭圆及各种多角星形的工具，如图 1-36 所示。

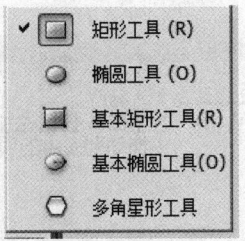

图 1-36 矩形工具组

（1）使用矩形工具。

1）绘制矩形。

①单击"矩形工具组"图标，在打开的下拉列表框中选择"矩形工具"。

②在"属性"面板中设置笔触颜色、笔触高度和笔触样式。

③移动鼠标指针到舞台，鼠标指针变为十字形状。在矩形的一个角点位置按住鼠标左键拖动至矩形的对角点，释放鼠标左键完成绘制。

2）绘制圆角矩形。

在"属性"面板中设置圆角半径的值。如果为 0，则为直角；为其他值则为圆角，如图 1-37 所示。

图 1-37 矩形工具属性面板

按照绘制矩形的方法绘制圆角矩形，如图 1-38 所示。

矩形　　　　　　　圆角矩形

图 1-38 矩形

（2）使用椭圆工具。

1）绘制椭圆。

①单击工具箱的"矩形工具组"图标，在打开的下拉列表框中选择"椭圆工具"。

②在"属性"面板中设置笔触颜色、笔触高度和笔触样式。

③移动鼠标指针到舞台中,鼠标指针变为十字形状。在椭圆外切矩形的角点位置按住鼠标左键拖动至椭圆的外切矩形的对角点,释放鼠标左键完成绘制。

注意:在绘制时按住 Shift 键拖动鼠标,可以绘制出正圆形。

2)绘制扇形。选择"椭圆工具",在"属性"面板中设置"起始角度"和"结束角度"的值,如图 1-39 所示。

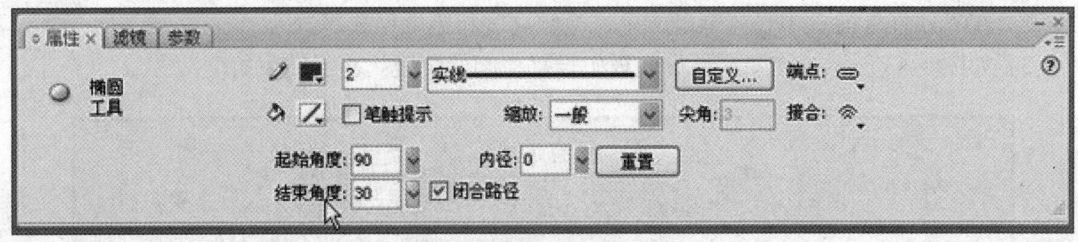

图 1-39 椭圆工具属性面板

使用绘制椭圆工具的方法绘制一个扇形,如图 1-40 所示。

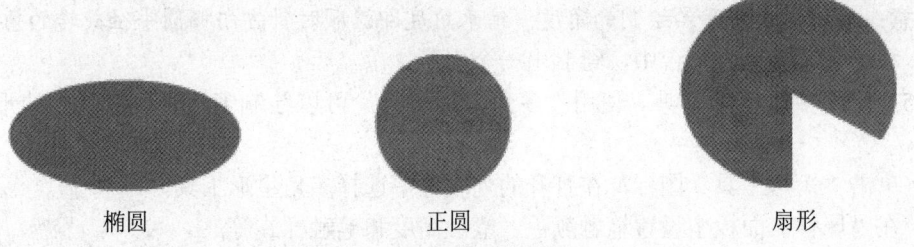

图 1-40 用椭圆工具绘制扇形

(3)使用基本矩形工具。建立圆角矩形还可以使用基本矩形工具,具体方法如下:

1)单击工具箱中的"矩形工具组"图标,在打开的列表框中选择"基本矩形工具"。

2)在"属性"面板中设置笔触颜色、笔触高度和笔触样式等项。

3)如图 1-41 所示,在"属性"面板中设置矩形边角半径的值。

图 1-41 基本矩形工具属性面板

注意:当边角半径设为负值时,建立边角内凹的矩形;当边角半径设为正值时,建立边角外凸的矩形。

4)移动鼠标指针到舞台中,绘制出一个矩形,结果如图 1-42 所示。

图1-42 边角半径为负值

（4）使用基本椭圆工具。

1）单击工具箱中的"矩形工具组"图标，在打开的列表框中选择基本椭圆工具。

2）在"属性"面板中设置笔触颜色、笔触高度和笔触样式等。

3）如图1-43所示，在"属性"面板中设置"起始角度"和"结束角度"。

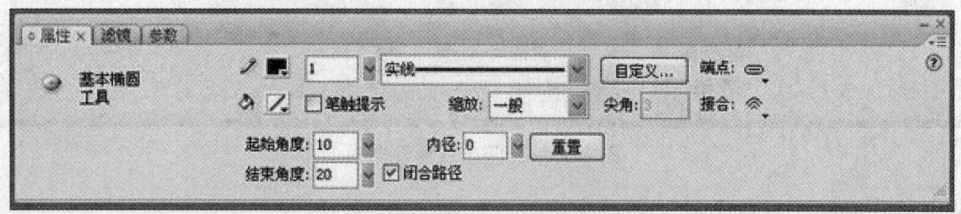

图1-43 基本椭圆工具属性面板

注意：起始角度即开始绘制的角度；结束角度即沿顺时针方向椭圆半径旋转的角度值。

4）移动鼠标指针到舞台中，绘制出一个扇形。

（5）使用多角星形工具。使用"多角星形工具"可以绘制多边形。绘制多边形的方法如下：

1）单击"矩形工具"图标，在打开的列表框中选择多角星形工具。

2）在"属性"面板中设置笔触颜色、笔触高度和笔触样式等。

3）单击"属性"面板的"选项"按钮，弹出如图1-44所示的"工具设置"对话框。

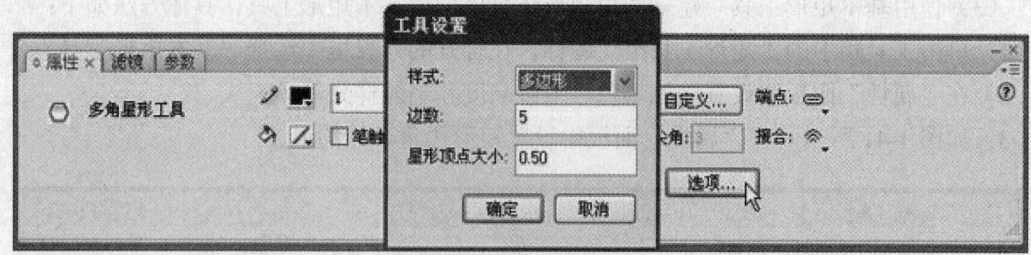

图1-44 多角星形工具属性面板

4）如图1-45所示，单击"样式"栏的下拉按钮，在弹出的下拉列表框中可以选择建立多边形的样式，有"多边形"和"星形"两种选择。

5）在"边数"文本框中输入多边形的边数。

6）移动鼠标指针到舞台中，按住鼠标左键并拖动可以绘制出正多边形或星形。

注意：多边形"工具设置"对话框中的"星形顶点大小"文本框中可以设定起点的大小，范围为0~1。

"铅笔工具"：" 铅笔工具"可以绘制任意形状的线条。

（1）选择工具箱中的"铅笔工具"。

（2）在"属性"面板中设置铅笔工具的笔触颜色和笔触高度。

（3）如图1-46所示，单击工具箱下部的"铅笔模式"按钮，在打开的铅笔模式列表中选择目标模式。

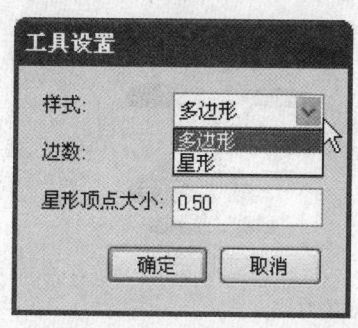

图1-45 "工具设置"对话框

图1-46 铅笔模式

（4）移动鼠标指针至舞台，按住鼠标左键并拖动，沿鼠标移动的路径产生线条。

注意：在使用"铅笔工具"绘制曲线时，如果对当前绘制的曲线不满意，可以按Ctrl+Z组合键撤消当前操作，然后再重新绘制，直到得到满意的线条为止。

在绘制时按住Shift键，此时无论选项栏中选项为何，所画线均为直线。

图1-46所示的各项铅笔模式含义如下：

直线化：绘制的曲线相邻节点间以直线段连接。

平滑：绘制的曲线相邻两个节点间以平滑的弧线连接。

墨水：绘制的曲线反映了鼠标经过的路线，节点的连接根据鼠标的运动路线可以是直线也可以是弧线。

"刷子工具" ：："刷子工具"用于绘制任意形状的矢量色块。

选中"刷子工具"，工具箱下边会出现它的选项，如图1-47所示，"属性"面板会出现刷子工具的属性设置，如图1-48所示。

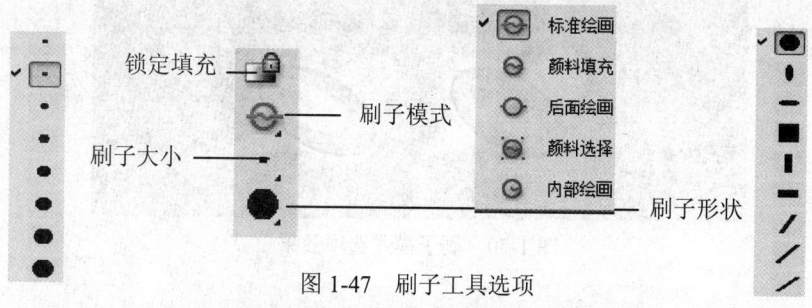

图1-47 刷子工具选项

图1-48 刷子工具"属性"面板

"锁定填充"：单击"锁定填充"按钮，可以设置对渐变填充色的锁定。如果在舞台中绘制第一笔，然后单击"锁定填充"按钮，继续在编辑区绘制其他笔画时，填充颜色会根据第一笔的效果固定填充渐变色，这样每一笔都会有相同的渐变分布，而在没有锁定填充前会将填充渐变色平均分布到线条上，如图1-49所示。

图 1-49　"锁定填充"前后效果对比

"标准绘画"：选择该项，新画的线条将覆盖在同一图层中的原有图形上。
"颜料填充"：选择该项，画笔填充不会覆盖线条，只覆盖没有线条的区域。
"后面绘画"：选择该项，画笔填充只覆盖没有填充色和线条的地方。
"颜料选择"：选择该项，画笔只对当前被选中的矢量图起作用。
"内部绘画"：选择该项，画笔填充色只对每次绘制时，鼠标按下的第一点所处区域起作用。
各选项效果如图1-50所示。

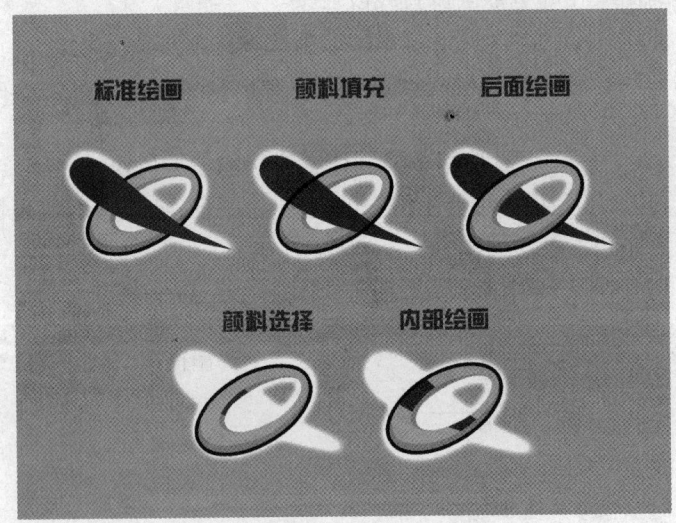

图 1-50　刷子模式选项效果

1.2.3　元件库的基本使用

元件是Flash中一个非常重要的概念，在动画制作过程中，经常需要重复使用一些特定的动画元素，用户可以将这些元素转换为元件，这样就可以在动画中多次调用了，可以有效减小动画的文件大小，提高动画的制作效率。

元件是存放在库中可被重复使用的图形、按钮或者动画。在Flash CS3中，元件是构成动画的基础，凡是使用Flash创建的一切功能，都可以通过某个或多个元件来实现。用户可以通过舞台上选定的对象来创建一个元件,也可以创建一个空元件,然后在元件编辑模式下制作或导入内容。

"库"面板是放置和组织元件的地方,在编辑 Flash 文档时,常常需要在"库"面板中调用元件。"库"面板默认位于 Flash 界面的右下角,如果在界面中没有"库"面板,可通过选择"窗口"→"库"命令,或按 Ctrl+L 组合键,打开"库"面板。

要使用元件时,直接把元件从库中拖入到舞台上,此时舞台上的这个对象称为该元件的一个实例。实例是指在舞台上或者嵌套在另一个元件内部的元件副本,用户可以修改它的颜色、大小和功能而不会影响元件本身。

1. 元件类型

在 Flash CS3 中,每个元件都具有唯一的时间轴、舞台及图层。用户在创建元件时必须首先选择元件的类型,因为元件类型将决定元件的使用方法。

选择"插入"→"新建元件"命令,弹出"创建新元件"对话框,元件类型有 3 种,如图 1-51 所示。

图 1-51 "创建新元件"对话框

(1)影片剪辑。影片剪辑是指一段完整的动画,有着相对于主时间轴独立的坐标系,能够独立播放。它可以包含一切的素材在里面,这些素材可以是交互控制按钮、声音、图符和其他影片剪辑等,还可以添加动作脚本来实现交互或制作一些特殊效果。

(2)按钮。按钮用于实现交互,有时也用来制造些特殊效果,按钮元件共有 4 种状态:"弹起"、"指针经过"、"按下"和"点击",如图 1-52 所示。

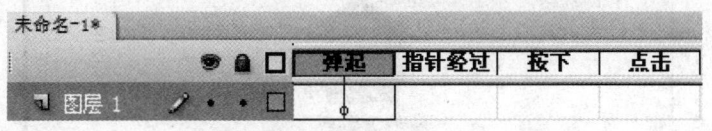

图 1-52 按钮元件

(3)图形。图形与影片剪辑类似,可以作为一段动画,也可以只是创建可反复使用的图形。它拥有自己的时间轴,也可以加入其他的元件和素材,但是图形元件不具有交互性,也不能添加滤镜和声音。图形元件的时间轴和影片场景的时间轴同步运行。

2. 创建元件

在 Flash 动画的制作过程中要使用某个元件,首先要在库中创建该元件,创建元件主要有两种方法:一种是直接创建,即先建立一个空的图形元件,再向其中添加元素;另一种是选中当前舞台中的对象,将其转换为元件。

(1)直接创建。

1)单击"插入"→"新建元件"命令,或按 Ctrl+F8 组合键,弹出"创建新元件"对话框。

23

2）在"名称"文本框中输入元件名称，在"类型"选项组中选择元件类型。

3）单击"确定"按钮，这时 Flash 会将该元件添加到库中，并切换至该元件编辑界面。

在元件编辑界面中，将出现元件的名称在场景的旁边，在工作区中将出现一个"十"字形，代表该元件的中心点，如图 1-53 所示。

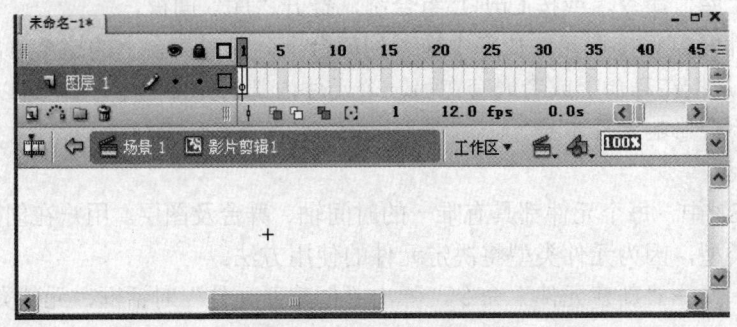

图 1-53　元件编辑界面

1）创建元件内容，可使用绘画工具绘制、导入外部素材或拖入其他元件的实例等方法。完成元件的制作后，单击 场景1 按钮，退出元件的编辑模式，返回场景 1 中。

2）要使用该元件，则直接从"库"面板中把元件拖入到舞台，形成该元件的一个实例。

3）如果要对已创建的元件进行编辑，可以在舞台上双击该实例，或在"库"面板中双击该元件，即可进入该元件的编辑界面，对元件进行编辑了。

（2）将已有对象转换为元件。

1）在舞台上选择一个或多个对象，如图 1-54 所示。

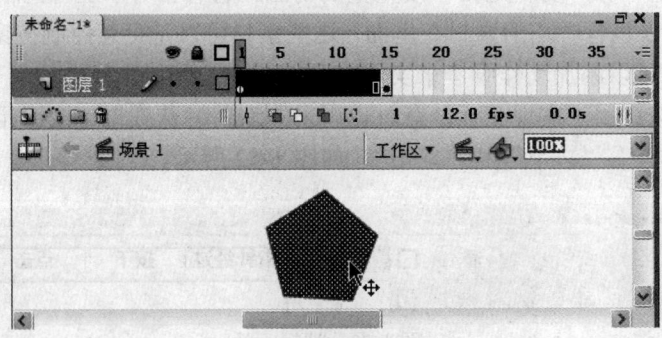

图 1-54　选择对象

2）选择"修改"→"转换为元件"命令，或按 F8 键或右击并选择快捷菜单中的"转换为元件"命令，弹出"转换为元件"对话框，如图 1-55 所示。

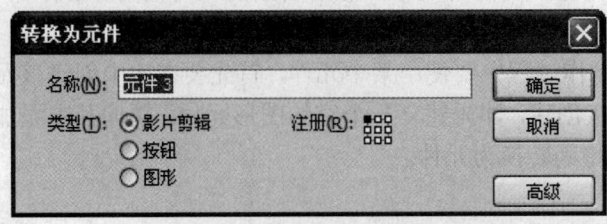

图 1-55　"转换为元件"对话框

3)在"名称"文本框中输入元件名称,在"类型"选项组中选择元件类型,在"注册"中单击选择元件的注册点(中心点)。

4)单击"确定"按钮,完成转换。这时 Flash 会将该元件添加到库中,舞台上待定的对象此时变成了该元件的一个实例。

(3)将已有动画转换为元件。如果想把舞台上一段制作好的动画用到其他地方,就要将该动画转换为元件。

将舞台上的动画转换为影片剪辑或图形元件,操作步骤如下:

1)按住 Shift 键不放,在时间轴的层窗口中单击要复制的所有层,即可选择这些层的所有帧。被选择的帧呈黑色显示,如图1-56 所示。

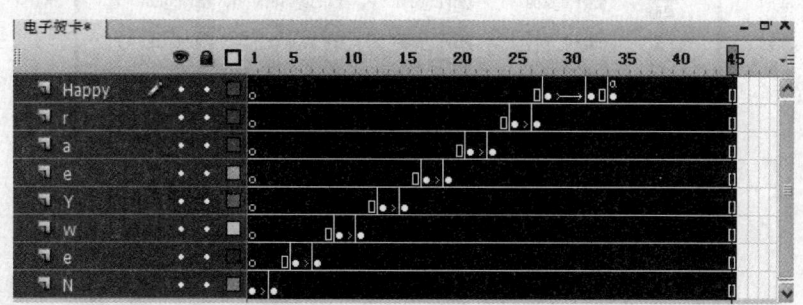

图 1-56　选择所有要复制的帧

2)在时间轴上右击,在弹出的快捷菜单中选择"复制帧"命令,复制刚才选择的这些帧。

3)选择"插入"→"新建元件"命令,在弹出的"新建元件"对话框中输入元件名称,并选择好元件类型。

4)单击"确定"按钮,这时 Flash 会将该元件添加到库中,并切换至该元件编辑界面。在图层1的第1帧上右击,从弹出的快捷菜单中选择"粘贴帧"命令。这样就将刚才复制的所有帧粘贴到该元件中了,如图1-57 所示。

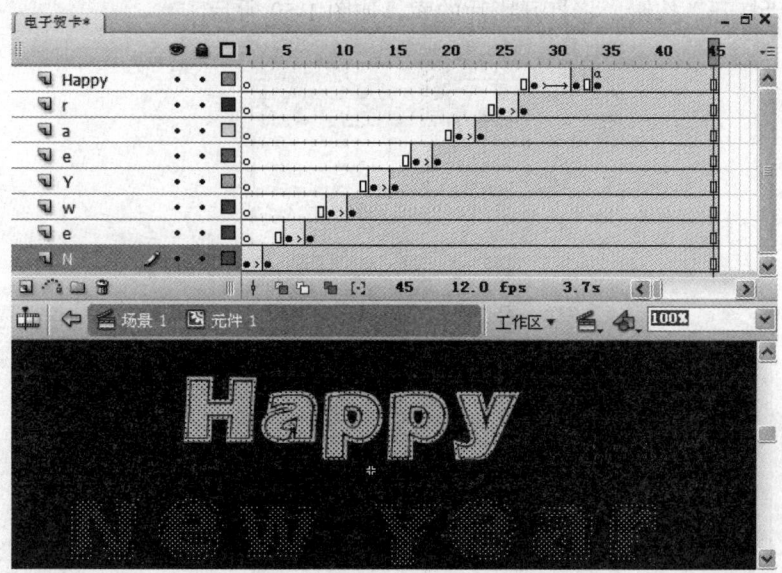

图 1-57　元件中粘贴所有帧

3．库

库中除了可以放置与管理元件外，还可以把其他素材直接导入到库中进行重复使用。

1）选择"文件"→"导入"→"导入到库"命令，弹出"导入到库"对话框，从中选择需要导入的素材，如图 1-58 所示。

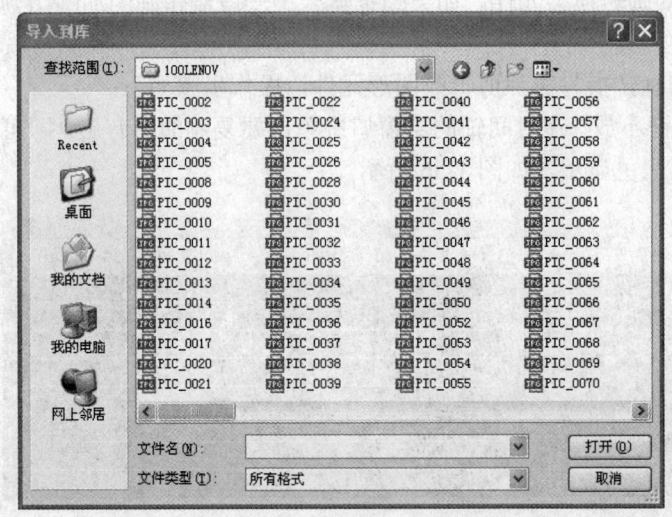

图 1-58　导入到库对话框

2）单击"打开"按钮，素材将会直接导入到当前动画的元件库中。

3）选择库中的素材，使用鼠标直接拖入舞台中的相应位置即可使用。

（1）调用其他动画的库。在制作 Flash CS3 的动画时，可以调用其他影片"库"面板中的元件，这样就不需要重复制作相同的素材，可以大大提高动画制作的效率。方法如下：

1）选择"文件"→"导入"→"打开外部库"命令，弹出"作为库打开"对话框，从中选择其他 Flash 动画影片原文件。

2）单击"打开"按钮，将打开影片的库，如图 1-59 所示。

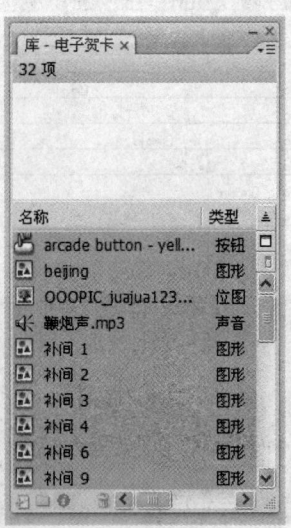

图 1-59　其他动画的库面板

（2）公用库。Flash CS3 在公用库中储存了很多元件，分别存放于"学习交互"、"类"和"按钮" 3 个不同的库中，用户可以直接使用。

选择"窗口"→"公用库"中的 3 项中的一项，可打开或关闭相应的公用库，如图 1-60 所示。

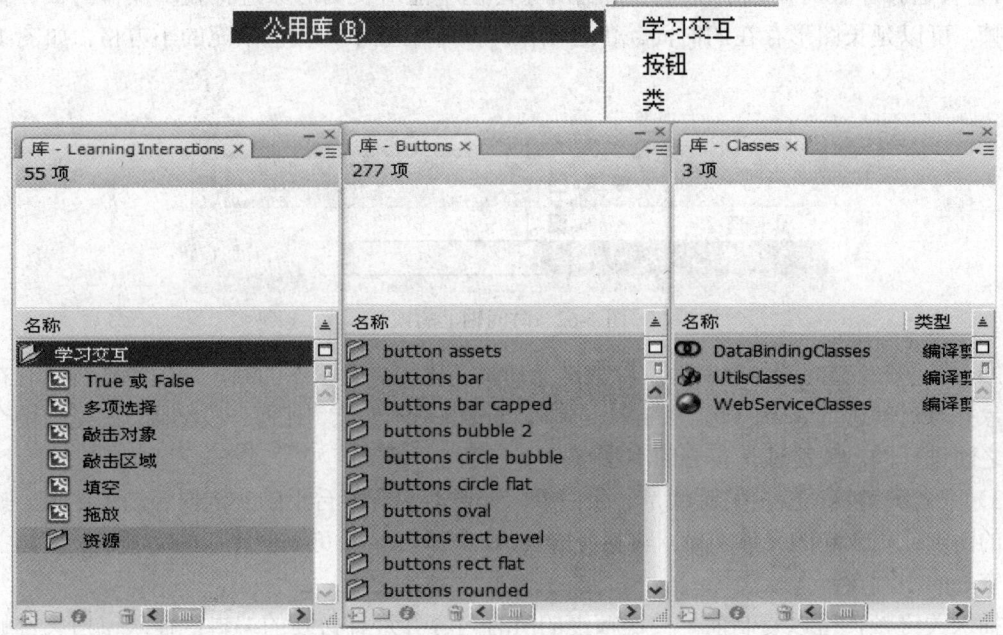

图 1-60　3 个公用库面板

1.2.4　简单动画制作

1. 基本概念

（1）动画原理。Flash 动画，通常由几个场景组成，而一个场景则由几个图层组成，每个图层又由许多帧组成。一个帧就有一幅图片，几幅略有变化的图片连续播放，就成了一个简单动画。

（2）时间轴。时间轴面板由图层面板、帧面板、播放头 3 部分组成。时间轴面板是制作动画的重要部位，用于组织文档中的资源以及控制文档内容随时间而变化，播放时间轴上的内容从而形成动画效果，如图 1-61 所示。

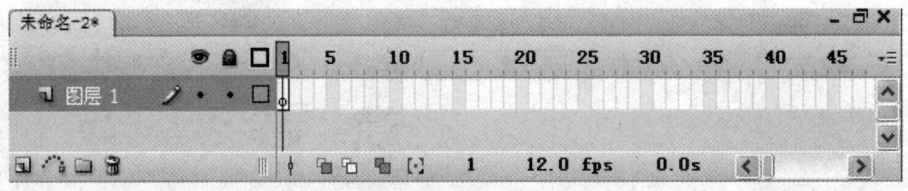

图 1-61　时间轴

（3）图层。图层分为普通图层、引导图层等。普通图层就像没有厚度的透明纸，上图层的图形可以覆盖下图层的图形。单击时间轴面板左下方的"插入图层"按钮 ，即可播放一个普通图层。欲调整图层的上下关系，只需要将光标置于要调整的层上，按住左键，将其拉到想要放置的位置后松开鼠标即可。

(4) 帧。帧是组成 Flash 动画最基本的单位，一帧即一幅画面。

帧分为普通帧、关键帧和空白关键帧。

1) 普通帧。在时间轴上能显示实例对象，但不能对实例对象进行编辑操作的帧。插入普通帧，可以延长图形存在的时间。普通帧在时间轴上显示为灰色填充的小方格，如图 1-62 所示。

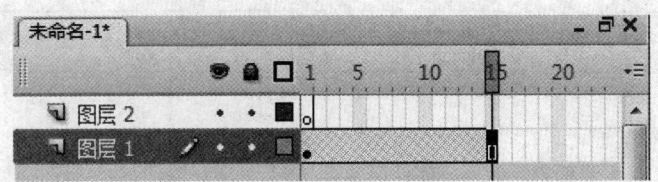

图 1-62　时间轴上的帧

2) 关键帧。有关键内容的帧。用来定义动画变化、更改状态的帧，即编辑舞台上存在实例对象并可对其进行编辑的帧。关键帧是制作动画的基本元素。任何一段动画，都是在两个关键帧之间进行的。关键帧是实心的小圆点。

3) 空白关键帧：空白关键帧是一张白纸，是没有包含舞台上的实例内容的关键帧，当画上新的图形或插入新的元件实例，它就变成"关键帧"了，又可以创建新的动画了。空白关键帧是空心的小圆点。

插入关键帧，可以复制前一关键帧上的所有内容并进行必要的编辑；插入空白关键帧，可以编辑任何对象。

用"选择工具"选中某一帧并右击，在弹出的快捷菜单中选择"插入帧"、"插入关键帧"或"插入空白关键帧"命令，即可分别插入一个普通帧、关键帧或空白关键帧。

(5) 场景。初始状态的场景只有一个，默认名是"场景 1"，通常称它为主场景。单击"插入"→"场景"命令，即可插入一个新场景。

(6) 舞台。舞台，即动画播放的区域。打开 Flash 后，选择"新建"下的一种 Flash 文档进行单击，桌面上就会显示一个宽 550 像素、高 400 像素的白色舞台。如果要改变舞台的属性，单击"修改"→"文档"命令，可以在弹出的文档"属性"面板上重新设置其大小和背景色等，如图 1-63 所示。

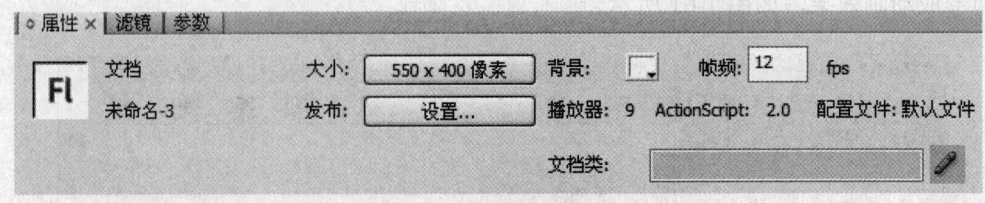

图 1-63　文档"属性"面板

2. 洋葱皮工具

在时间轴控制区域下方的就是"洋葱皮工具"，该工具在动画的制作和编辑过程中非常有用，利用它可同时看到多个帧的动画状态，如图 1-64 所示。

图 1-64 洋葱皮工具

"洋葱皮工具"的各按钮作用如下：

（1）"绘图纸外观"按钮：单击该按钮可显示游标内各帧的原始图形，如图 1-65 所示。通过拖动时间轴上的游标，还可以增加或减少同时显示的帧数量。时间轴上显示如图 1-66 所示。

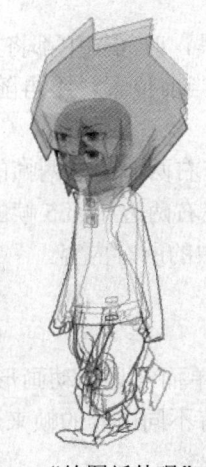

图 1-65　"绘图纸外观"效果

图 1-66　时间轴上的"绘图纸外观"

（2）"绘图纸边框"按钮：单击该按钮后可同时显示游标内除当前帧外的所有帧的轮廓图，如图 1-67 所示。

（3）"编辑多帧"按钮：单击该按钮后可同时编辑游标范围内的所有关键帧的画面，如图 1-68 所示。

图 1-67　"绘图纸边框"效果

图 1-68　"编辑多帧"效果

（4）"修改标记"按钮：单击该按钮将打开如图 1-69 所示的下拉列表，在该列表单中可设置洋葱皮工具的显示范围、显示标记和固定绘图纸等。

29

总是显示标记

锚定绘图纸

绘图纸 2
绘图纸 5
绘制全部

图 1-69　"修改标记"菜单

该列表中各选项的功能及含义如下：
- 总是显示标记：选中该选项后，无论是否使用洋葱皮工具，时间轴中都将显示游标。
- 锚定绘图纸：选中该选项后，时间轴上的游标将固定在当前位置，不再随播放指针的位置移动。
- 绘图纸 2：选中该选项后，在主场景中将只显示当前帧左右两边相邻两帧的内容。
- 绘图纸 5：选中该选项后，在主场景中将只显示当前帧左右两边相邻 5 帧的内容。
- 绘制全部：选中该选项后，在主场景中将显示整个动画中的所有内容。

3. 简单动画制作

简单动画主要包括逐帧动画与补间动画。

（1）逐帧动画。逐帧动画又称为"帧帧动画"，它是一种简单而常见的动画形式，其原理是通过"连续的关键帧"分解动画动作，也就是说连续播放含有不同内容的帧来形成动画。

1）创建逐帧动画的几种方法。

①用导入的静态图片建立逐帧动画。用 jpg、png 等格式的静态图片连续导入 Flash 中，就会建立一段逐帧动画。

②绘制矢量逐帧动画。用鼠标或压感笔在场景中一帧帧地画出帧内容。

③文字逐帧动画。用文字作帧中的元件，实现文字跳跃、旋转等特效。

④导入序列图像。可以导入 gif 序列图像、swf 动画文件或者利用第 3 方软件（如 swish、swift 3D 等）产生的动画序列。

2）逐帧动画实例——马走。

①单击"文件"→"新建"命令，在弹出的对话框中选择"常规"中的"Flash 文件 ActionScript 3.0"选项后，单击"确定"按钮新建一个影片文档，在"属性"面板上默认文件大小为 550×400 像素，背景色为白色，帧频设为 12fps，如图 1-70 所示。

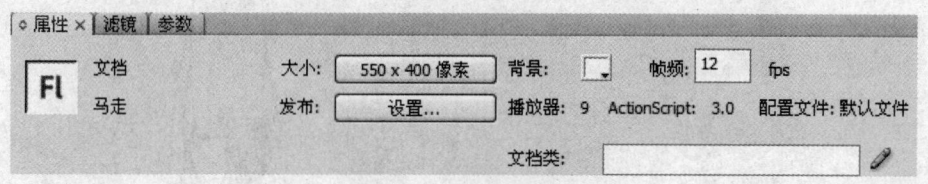

图 1-70　创建新文档

②单击"文件"→"导入到库"命令，将需要的 10 张素材图片依次导入到库中，如图 1-71 所示。

③双击图层 1 的名称，改为"马走"，分别在第 1、3、5、7、9、11、13、15、17、19 处插入关键帧，并在各帧处依次把库中的 10 张马走的图片拖入到舞台。时间轴效果如图 1-72 所示。

第 1 章　制作电子贺卡

图 1-71　马逐帧素材图片

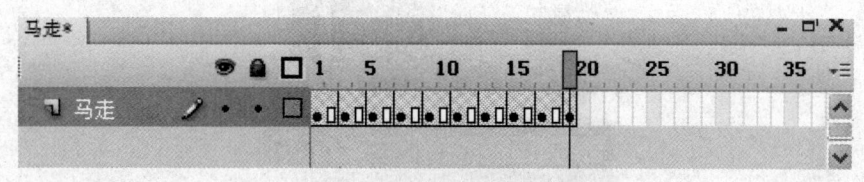

图 1-72　逐帧动画时间轴

④调整对象位置。选择各帧的马对象，通过调整"属性"面板上的位置坐标把其调到同一位置，如图 1-73 所示。

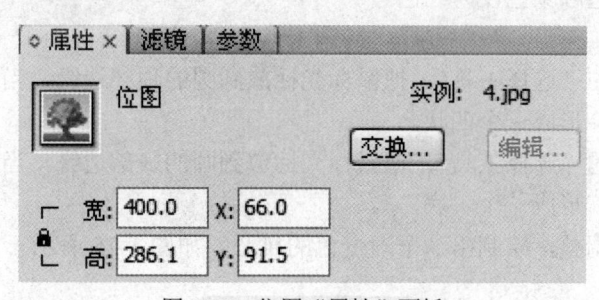

图 1-73　位图"属性"面板

⑤单击"控制"→"测试影片"命令或按 Ctrl+Enter 组合键，观察本例 swf 文件生成的动画有无问题，如果满意，单击"文件"→"保存"命令，将文件保存成"马走.fla"并存盘。如果要导出 Flash 的播放文件，单击"文件"→"导出"→"导出影片"命令保存成"马走.swf"文件。

（2）补间动画。补间动画是在 Flash 动画中应用最多的一种动画制作模式，只需要绘制出关键帧，就能自动生成中间的补间过程，插入补间动画后两个关键帧之间的插补帧是由计算机自动运算而得到的。Flash CS3 提供了运动补间和形状补间两种补间动画。

1）运动补间动画。运动补间动画是实例属性变化过渡的一种动画，是根据两个关键帧中大小、位置、旋转、倾斜和透明度等属性的差别由 Flash 计算并自动生成的一种动画类型，通常用于表现同一图形对象的移动、放大、缩小及旋转等变化。

运动补间动画首尾两帧上的对象，必须是元件实例，且必须是同一个元件的实例。除了元件，组合体或文本也可作为制作动作补间动画的对象。

下面利用一个简单的实例来了解创建运动补间动画的方法和过程，操作步骤如下：

①新建一个 Flash CS3 文档，单击舞台任何地方，在下方的文档属性面板中将舞台"背景

31

颜色"设为黑色，其他选项保持默认。

②在"颜色"面板的"类型"下拉列表框中选择"线性"渐变，渐变颜色设置为红色(255,0,0)到白色(255,255,255)渐变，如图1-74所示。

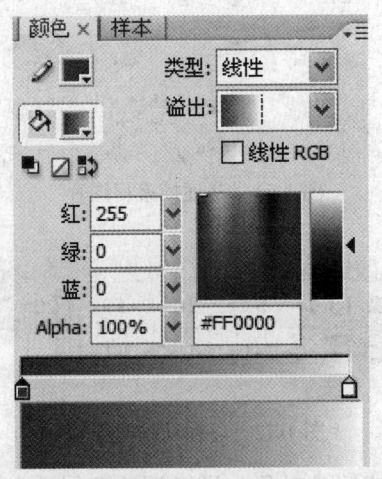

图1-74 "颜色"设置面板

③把工具箱中的笔触颜色设为红色。

④绘制一个桃心。在工具箱中选择"椭圆工具"，按住Shift键画出一个正圆。

⑤选择工具箱中的"选择工具"，把鼠标光标放到圆的顶部边缘，当鼠标光标变成弧状时按住Ctrl键向下拖动，形成一个凹状。

⑥选择工具箱中的"选择工具"，把鼠标光标放到圆的底部边缘，当鼠标光标变成弧状时按住Ctrl键向下拖动，形成一个尖底。

⑦根据需要进行调整，绘制出一个渐变色的桃心，如图1-75所示。

图1-75 桃心

⑧单击工具箱中的"选择工具"，用框选法选中整个桃心，单击"修改"→"转换为元件"命令，或右击并在弹出的快捷菜单中选择"转换为元件"命令，弹出"转换为元件"对话框，如图1-76所示。

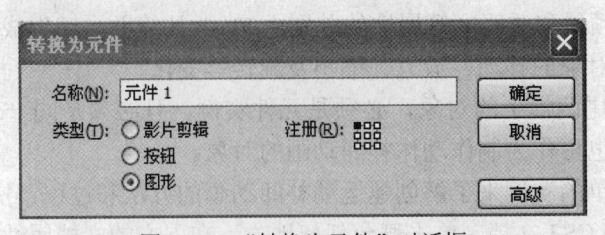

图1-76 "转换为元件"对话框

⑨选择"图形"单选按钮,单击"确定"按钮,把矢量图形转换为元件,并直接放入到库中。

⑩分别在图层上的第 10 帧和第 15 帧处添加关键帧。方法为分别右击第 10 帧与第 15 帧处,并在弹出的快捷菜单中选择"插入关键帧"命令。

⑪单击第 10 帧,选择工具箱中的"任意变形工具",按住 Shift 键对桃心进行等比放大。

⑫右击 1~10 帧中的任意帧,并在弹出的快捷菜单中选择"创建补间动画"命令,或把"属性"面板中"补间"输入框设为"动画",如图 1-77 所示。在 1~10 帧间将产生运动补间帧,制作出运动补间动画。

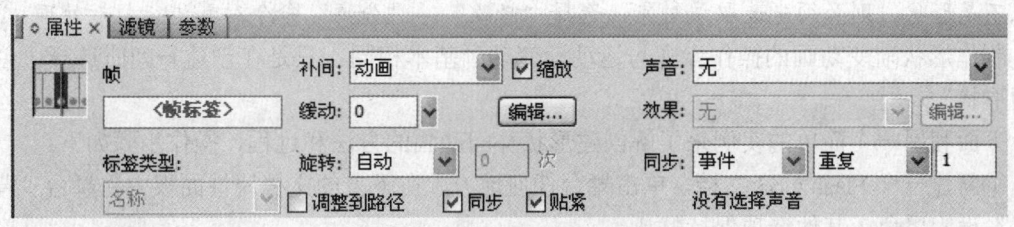

图 1-77　补间动画属性面板

⑬用同样的方法制作 10~15 帧的运动补间动画。

制作完成后,关键帧之间会出现一个长箭头,帧的背景色变为浅紫色,如图 1-78 所示。

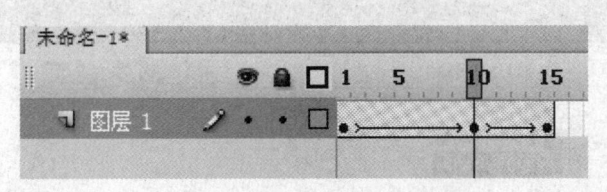

图 1-78　运动补间动画时间轴

⑭按 Ctrl+Enter 组合键预览动画效果,如图 1-79 所示。

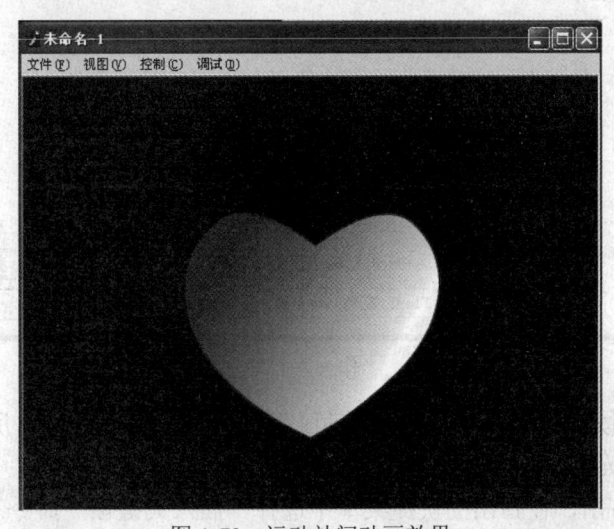

图 1-79　运动补间动画效果

⑮单击"文件"→"保存"命令,将文件保存成"运动补间动画.fla"文件并存盘。

2）形状补间动画。形状动画也称形变动画，通常用于表现不同图形对象之间的自然过渡。在一个时间点（关键帧）绘制一个形状，然后在另一个时间点（关键帧）更改该形状或绘制另一个形状，Flash 根据二者之间的帧值或形状来创建中间帧。

在制作形状补间动画时，需要注意其与动作补间动画正好相反，制作形变的起止对象要求一定都是形状，不能是元件、成组对象、文字对象和位图对象，所以对于在各关键帧中创建的对象，除了直接在舞台中绘制的图形外，其他的如果是使用别的元件在舞台中创建形变动画，一定要先将其打散。

注意：判定形状的方法是用鼠标单击对象，若对象被点所覆盖则说明其是形状；如果该对象不是形状，则必须先选取该对象，选择"修改"→"分离"命令对其进行打散处理。

制作形状渐变动画的操作步骤与运动渐变动画基本相同，只是在创建补间时选择"创建补间形状"。

下面利用一个简单的实例来了解创建形状补间动画的方法和过程，操作步骤如下：

①新建一个 Flash CS3 文档，单击舞台任何地方，在下方的文档属性面板中将舞台"背景颜色"设为黑色，其他选项保持默认。

②单击"文件"→"导入"→"打开外部库"命令，弹出"作为库打开"对话框，选择上例的"运动补间动画"，如图 1-80 所示。

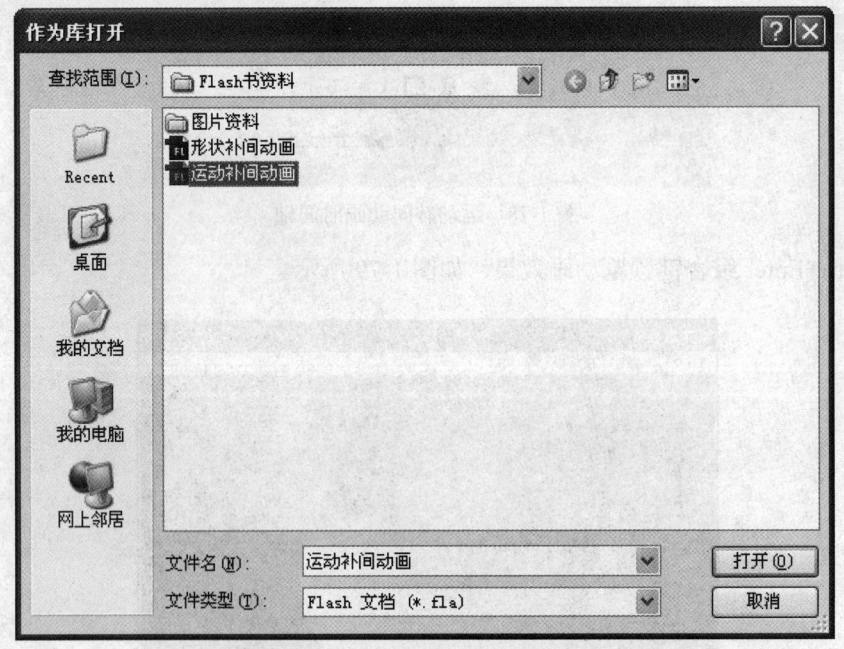

图 1-80 "作为库打开"对话框

③单击"打开"按钮，打开"运动补间动画"文件的库，如图 1-81 所示。

④把打开库中的元件 1 拖入舞台，放到合适的位置。

⑤在第 20 帧处右击，在弹出的快捷菜单中选择"插入关键帧"命令。

⑥选择第 20 帧，选择工具箱中的"文字工具"，输入一个"爱"字，调整此字与桃心中心对齐，如图 1-82 所示。

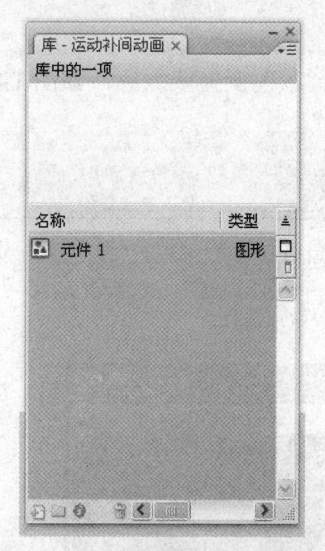

图 1-81　打开的外部库面板　　　　图 1-82　"爱"与"桃心"

⑦删除 20 帧处的桃心，只剩下"爱"字。

⑧为了让"爱"字能暂停一段时间，在第 30 帧处右击，在弹出的快捷菜单中选择"插入关键帧"命令。

⑨在第 50 帧处右击，在弹出的快捷菜单中选择"插入空白关键帧"命令。

⑩右击第一帧，在弹出的快捷菜单中选择"复制帧"命令，右击第 50 帧处，在弹出的快捷菜单中选择"粘贴帧"命令。

⑪为了让桃心暂停一段时间，在第 60 帧处右键单击，在弹出的快捷菜单中选择"插入帧"命令。

⑫选中第一帧，单击"修改"→"分离"命令或按 Ctrl+B 组合键，打散桃心。

⑬用同样的方法，把第 20、30 帧处的"爱"字和第 50 帧的桃心打散，如图 1-83 所示。

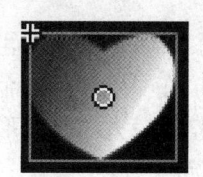

图 1-83　打散"桃心"与"爱"

⑭右击 1～20 帧间的任意一帧，在弹出的快捷菜单中选择"创建补间形状"命令，或把属性面板中"补间"设为"形状"，如图 1-84 所示。这样将在 1～20 帧间产生形状补间帧，制作出形状补间动画。

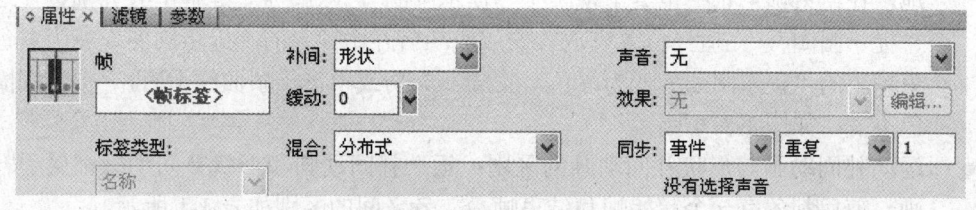

图 1-84　补间动画属性面板

⑮用同样的方法制作 30～50 帧间的形状补间动画。

制作完成后，关键帧之间会出现一个长箭头，帧的背景色变为浅绿色，如图 1-85 所示。

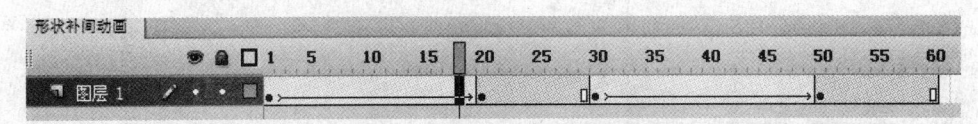

图 1-85　形状补间动画时间轴

⑯按 Ctrl+Enter 组合键预览动画效果，如图 1-86 所示。

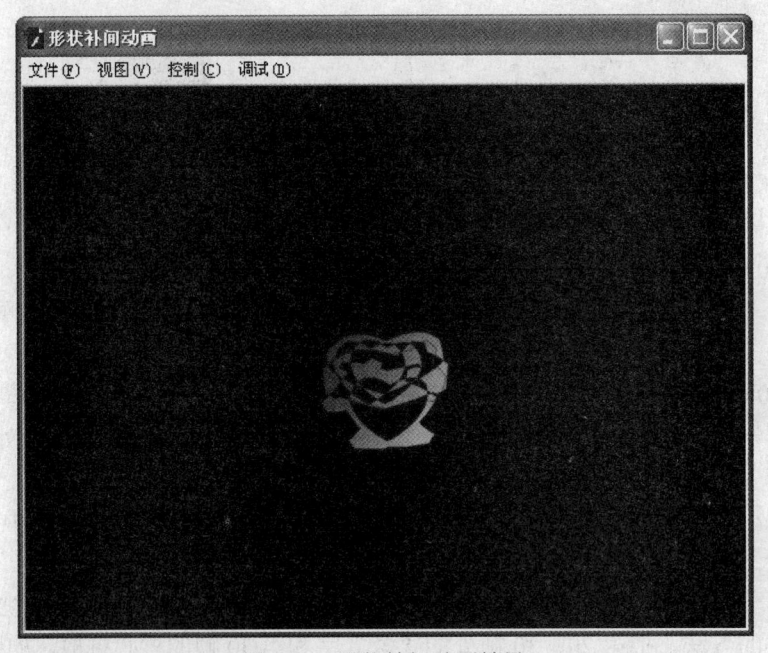

图 1-86　形状补间动画效果

⑰单击"文件"→"保存"命令，将文件保存成形状补间动画.fla"文件并存盘。

- 使用形状提示：形状补间动画看似简单，实则不然，Flash 在"计算"2 个关键帧中图形的差异时，远不如想象中的"聪明"，尤其前后图形差异较大时，变形结果会显得乱七八糟，这时"形状提示"功能会大大改善这一情况。

- 形状提示的作用：在"起始形状"和"结束形状"中添加相对应的"参考点"，使 Flash 在计算变形过渡时依一定的规则进行，从而较有效地控制变形过程。

- 添加形状提示的方法：先在形状补间动画的开始帧上单击，再单击"修改"→"形状"→"添加形状提示"命令，该帧的形状就会增加一个带字母的红色圆圈，相应地，在结束帧形状中也会出现一个"提示圆圈"，用鼠标左键单击并分别按住这两个"提示圆圈"，在适当位置安放，安放成功后开始帧上的"提示圆圈"变为黄色，结束帧上的"提示圆圈"变为绿色，安放不成功或不在一条曲线上时，"提示圆圈"颜色不变，如图 1-87 所示。

- 运动补间动画与形状补间动画的区别：运动补间动画和形状补间动画都属于补间动画。前后都各有一个起始帧和结束帧，二者之间的区别如表 1-1 所示。

没加形状提示　　　　　　添加形状提示后未调整位置时

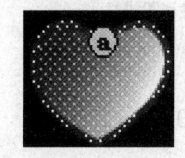

调整位置后开始帧处变黄色　　调整位置后末帧处变绿色

图 1-87　形状提示使用

表 1-1　运动补间动画与形状补间动画的区别

区别之处	运动补间动画	形状补间动画
在时间轴上的表现	淡紫色背景加长箭头	淡绿色背景加长箭头
组成元素	影片剪辑、图形元件、按钮	形状，如果使用图形元件、按钮、文字，则必先打散再变形
完成的作用	实现一个元件的大小、位置、颜色、透明等的变化	实现两个形状之间的变化，或一个形状的大小、位置、颜色等的变化

1.2.5　文字特效制作

制作 Flash 动画中，不可避免地要接触到文字的编辑。在 Flash CS3 中制作文字特效的方法有许多种，其中比较常用的有空心字、彩色字和立体字等。

1. 空心字

（1）新建一个 Flash 文档，文档大小设置为 400×100，背景颜色设置为"黑色"，其他值保留默认，如图 1-88 所示。

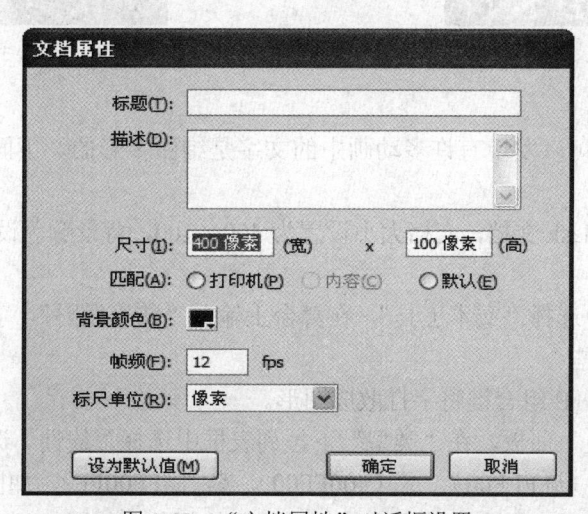

图 1-88　"文档属性"对话框设置

（2）在工具箱中选择"文本工具"，在舞台上输入 Flash，字体属性设置如图 1-89 所示，字体选择得粗些，颜色为白色。

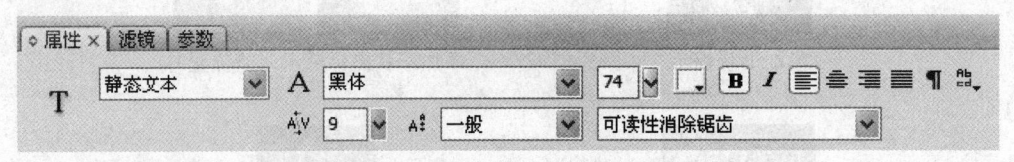

图 1-89 文本属性设置

（3）按两次 Ctrl+B 组合键将字打散成图形，如图 1-90 所示。

按一次 Ctrl+B 后   按两次 Ctrl+B 后

图 1-90 打散文本

（4）选择"墨水瓶工具"，打开"属性"面板，设置笔触颜色为"红色"（#FF0000），笔触高度为 3，笔触样式为"实线"，如图 1-91 所示。

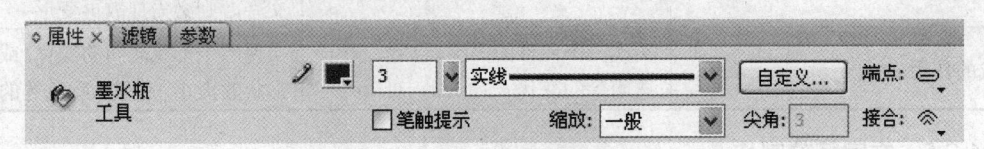

图 1-91 墨水瓶工具属性面板

（5）逐个单击每个文字进行描边，如图 1-92 所示。
（6）选择"选择工具"，按住 Shift 键，逐个单击字的填充部分，全部选中后按 Delete 键删除即可，如图 1-93 所示。

图 1-92 文本描边效果   图 1-93 空心字效果

2. 彩色字

在欣赏动画时，可以发现有许多动画中的文字是绚丽多彩的。下面介绍彩色字的制作方法，操作步骤如下：

（1）新建一个 Flash 文档，文档大小设置为 400×100，背景颜色设置为"黑色"，其他值保留默认。

（2）在工具箱中选择"文本工具"，在舞台上输入"恭喜发财"，字体属性设置如图 1-94 所示，字体选择得粗些。

（3）按两次 Ctrl+B 组合键将字打散成图形。

（4）打开"颜色"面板，在"类型"下拉列表框中选择"线性"选项，并设置颜色依次为红（#FF0000）、黄（#FFFF00）、绿（#00FF00）、紫（#FF00FF），如图 1-95 所示。

（5）设置好颜色后，舞台中的文字就变成设置的颜色，如图 1-96 所示。

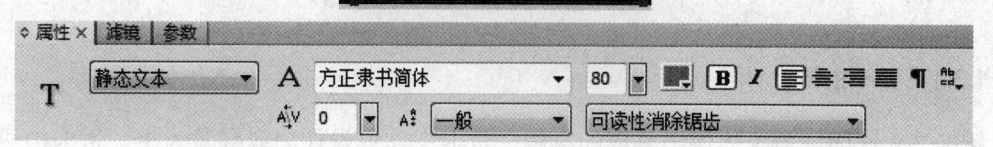

图 1-94 文本及其属性设置

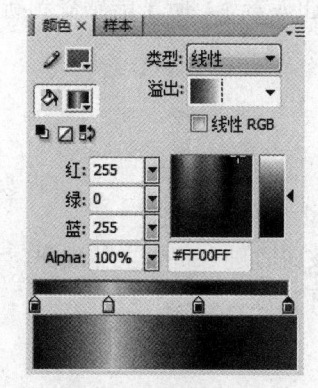

图 1-95 颜色设置

图 1-96 彩色字

3. 立体字

在制作 Flash 动画时,为了让动画的画面效果更具立体感,在编辑文字时也要考虑为文字添加立体效果。下面介绍立体字制作方法,操作步骤如下:

(1) 新建一个 Flash 文档,文档大小设置为 400×100,背景颜色设置为"黑色",其他值保留默认。

(2) 在工具箱中选择"文本工具",在舞台上输入"春天来了",字体设置为"方正隶书简体",大小为 80,颜色为绿色(#00FF00),如图 1-97 所示。

(3) 单击图层中的关键帧将文字选中,按住 Alt 或 Ctrl 键拖动文字将文字复制,如图 1-98 所示。

图 1-97 文本输入

图 1-98 文本复制

(4) 选择原文字,在"属性"面板上的"颜色"列表框中选择紫色(#FF00FF),原文字将变成紫色。

(5) 使用"选择工具"将复制的文字移动到原文字的下方,完成立体字的制作,如图 1-99 所示。

图 1-99 立体字

39

1.3 操作步骤

1.3.1 贺卡主体设计

新年是喜庆的，为了体现出喜庆的氛围，贺卡主体色设计为以红黄为主。贺卡由两部分组成，即开场画面和贺卡主画面，当运行电子贺卡时，首先进入开场画面，单击开场画面上的一个按钮进入贺卡主画面，并给贺卡配上了喜庆的音乐，让人看了、听了能感受到新年到来的喜悦之情。

1. 开场

（1）导入一幅处理好的喜庆的图片素材作为背景。

（2）做一个 Happy New Year 的文字动画。

（3）导入一幅处理好的小女孩放鞭炮的画面放在背景上的合适位置。

（4）下方放置一个按钮，放上文字 go，当单击 go 按钮时进入贺卡主体画面。

在单击 go 按钮前"Happy New Year"的文字动画循环播放。

2. 贺卡主体

（1）导入一幅处理好的喜庆的图片素材作为背景。

（2）在顶部放置 4 个灯笼，制作 4 个灯笼到"新年快乐"4 个字的变形动画，反复播放。

（3）导入处理好的一串鞭炮图片放置在左边，制作从左边画外进入的动画效果。

（4）导入处理好的中国结图片放置在正中，并制作从下边画外进入的动画效果。

（5）使用"文字工具"在中国结上输入一个"福"字，并制作渐入的动画效果。

（6）使用"文字工具"在另一边输入一副竖放的对联"虎啸青山千里锦、风拂绿柳万家春"，使用了阴影滤镜效果，并制作从右边画外进入的动画效果。

（7）导入处理好的老虎图片放置在右下边，并制作从右边画外进入的动画效果。

（8）导入处理好的小老虎图片放置在左下边，并制作从左边画外进入的动画效果。

在进入贺卡主体时，4 个灯笼到"新年快乐"4 个字的变形动画，反复播放。从（3）到（8）的动画依次进行播放，并且只播放一次。

3. 音乐合成

为了获得更好的效果，给贺卡配上喜庆的音乐。

把音乐放到贺卡中进行合成，并设置为循环播放。

1.3.2 动画设计

New Year 中的每个字母都由缩放做成由大到小，由透明到不透明的淡入动画效果，然后按顺序一个一个地显示出来，最后 Happy 作为一个整体做成相同的动画效果显示出来，当动画播完后，整个文字都停留一会儿再重复播放。文字动画做好后作为影片剪辑元件放在背景图片上。

1. 灯笼与文字互变动画

4 个灯笼在一定时间内同时变化为"新年快乐"4 个字，停留一会儿，又由"新年快乐"4 个字变化为 4 个灯笼，再停留一会儿，继续变成 4 个字，就这样反复播放。

2. 贺卡主体中的其他动画

贺卡中的其他动画都是运动动画，主要通过改变素材的位置而形成的。几幅素材图片按顺序由不同的方向进入主体画面。鞭炮由左边进入，中国结由下边进入，"福"字渐入，对联从右边进入，大老虎从右边进入，小老虎从左边进入。

1.3.3 素材准备——绘制灯笼

（1）新建一个文档，文件大小默认为550×400，其他属性为默认。

（2）单击"插入"→"新建元件"命令，弹出"创建新元件"对话框，选择"图形"单选按钮，并命名为"灯笼"，如图1-100所示，单击"确定"按钮进入"灯笼"元件编辑窗口。

图1-100 灯笼元件

（3）进入"颜色"面板，选择"类型"为"放射状"，设置各项颜色参数，渐变的颜色为白色到红色，如图1-101所示。

选择工具箱中的"椭圆工具"，设置"笔触颜色"为无，在场景中绘制出一个椭圆作为灯笼的主体，大小为65×40像素。

（4）画灯笼上下的边，打开"颜色"面板，按照图1-102所示设置深黄色到浅黄色的线性渐变填充。从左到右3个填充色标的颜色值分别为#FF9900、#FFFF00、#FFCC00。

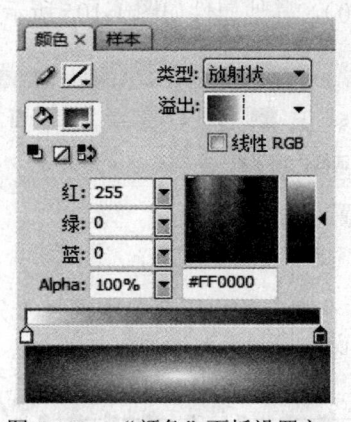

图1-101 "颜色"面板设置之一 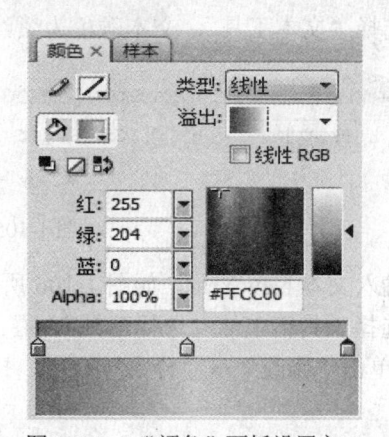　　　图1-102 "颜色"面板设置之二

（5）选择工具箱中的"矩形工具"，设置"笔触颜色"为无，绘制出一个矩形，大小为30×10像素，复制这个矩形，分别放在灯笼的上下方，再画一个小的矩形，长宽为7×10像素，作为灯笼上面的提手。

最后用"线条工具"在灯笼的下面画几条黄色线条作为灯笼穗，一个漂亮的灯笼就画好了，如图1-103所示。

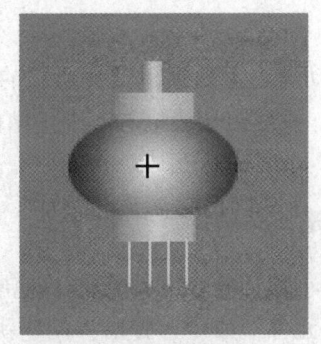

图 1-103　画好的灯笼

1.3.4　动画制作

1. Happy New Year 的文字动画制作

1）单击"插入"→"新建元件"命令，弹出"创建新元件"对话框，选择"影片剪辑"单选按钮，并命名为"开场文字动画"，如图 1-104 所示，单击"确定"按钮，进入"开场文字动画"元件编辑窗口。

图 1-104　开场文字动画元件

2）选择"文本工具"，文本颜色为紫红色（#330000），其他属性如图 1-105 所示。

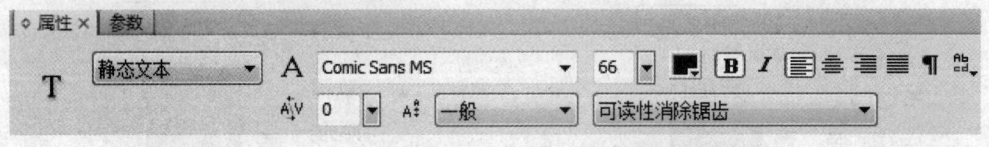

图 1-105　文本属性设置

3）输入文本 New Year，如图 1-106 所示。

4）选择工具箱中的"选择工具"，右击该文本，并在弹出的快捷菜单中选择"分离"命令，或者单击"修改"→"分离"命令，打散文本，如图 1-107 所示。

图 1-106　文本输入　　　　　　图 1-107　打散文本

5）再次右击，在弹出的快捷菜单中选择"分散到图层"命令，如图 1-108 所示，把各字母分散到不同的层，以方便单独制作动画。

(a) 图层调整前　　　　　　　　　　　(b) 图层调整后

图 1-108　文本分散到各图层

6）调整图层，顺序调整为从下往上"N"、"e"、"w"、"Y"、"e"、"a"、"r"。

各字母动画设计制作：每个字母从放大状态到缩小到合适大小，淡入的一个效果。各字母按顺序依次进入，每个字母动画共由 3 帧完成，第 1、3 为关键帧，中间添加补间动画；每个字母动画间间隔一帧。最后 Happy 单词作为整体制作相同的动画。

（1）N 字母动画制作。

1）单击"N"层中的第一帧，选中"N"字母并右击，在弹出的快捷菜单中选择"转换为元件"命令，或单击"修改"→"转换为元件"命令，均可弹出"转换为元件"对话框，如图 1-109 所示，"名称"设为 N，选择"类型"为"图形"单选按钮。

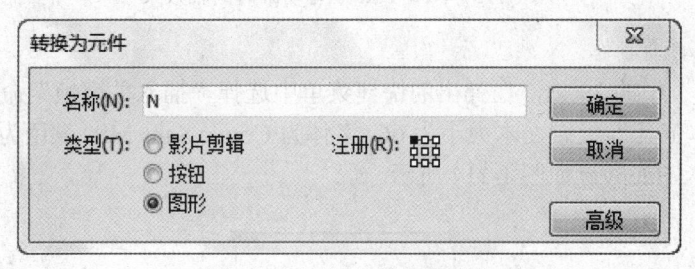

图 1-109　"N"转换为元件

2）右击 N 图层中的第 3 帧，在弹出的快捷菜单中选择"插入关键帧"命令。

3）单击第一帧，选择工具箱中的"任意变形工具"，按住 Shift 键的同时对 N 字母进行等比放大，如图 1-110 所示。

4）在如图 1-112 所示的"属性"面板上的"颜色"下拉列表框中选择 Alpha，把透明度设为 0，效果如图 1-111 所示。

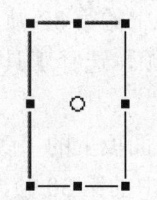

图 1-110　任意变形　　　　　　　　　图 1-111　等比放大，透明度为 0

图 1-112 设置透明度

5）右击 N 层中的第二帧，在弹出的快捷菜单中选择"创建补间动画"命令，完成 N 字母动画。

（2）e 字母动画制作。选择 e 图层的第一帧，按住鼠标左键把该帧移动到第 5 帧处，然后按制作 N 字母动画的方法一样重复步骤，完成 e 字母动画的制作。

e 字母动画后间隔一帧用同样的方法制作 w 字母的动画。依此方法制作完"New Year"中各字母的动画。时间轴如图 1-113 所示。

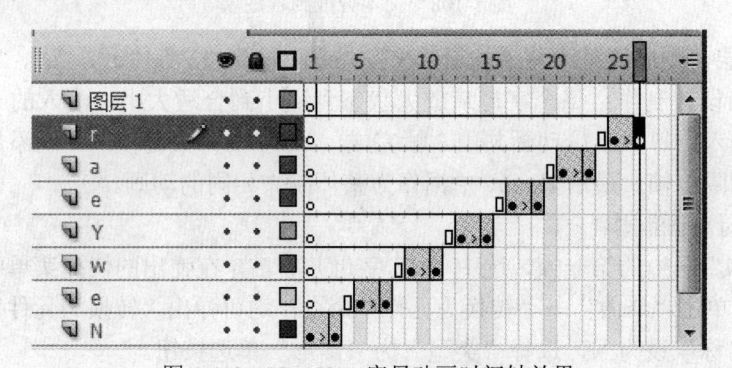

图 1-113 New Year 字母动画时间轴效果

（3）Happy 动画制作。

1）右击图层 1 中的 29 帧，在弹出的快捷菜单中选择"插入关键帧"命令。

2）选择"文本工具"，设置文本大小为 66，字体为 Comic Sans MS，颜色为黄色（#FFFF00），然后在舞台上输入 Happy，如图 1-114 所示。

图 1-114 输入文本

3）单击工具箱中的"选择工具"，单击图层中的第 29 帧，选中 Happy 并右击，在弹出的快捷菜单中选择"转换为元件"命令，或单击"修改"→"转换为元件"命令，均可弹出"转换为元件"对话框，"名称"设为 Happy，选择"图形"单选按钮。

4）右击图一层中的第 32 帧，在弹出的快捷菜单中选择"插入关键帧"命令。

5）单击第 29 帧，选择工具箱中的"任意变形工具"，按住 Shift 键的同时对 Happy 进行等比放大。

6）在"属性"面板上的"颜色"下拉列表框中选择 Alpha，把透明度设为 0。

7）右击图层 1 中的第 30 帧，在弹出的快捷菜单中选择"创建补间动画"命令，完成 Happy 单词动画。

为了让文字动画停止一会儿时间再重复播放，于是在各层的第 45 帧处插入帧延长播放时间。方法为在各层的第 45 帧处右击，在弹出的快捷菜单中选择"插入帧"命令。

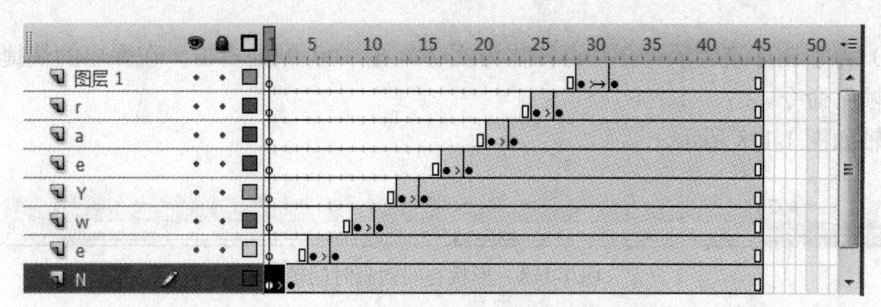

最后时间轴如图 1-115 所示。

图 1-115　Happy New Year 字母动画时间轴

2. 灯笼与文字互变动画

（1）新建元件，选择"影片剪辑"，命名为"新"，单击"确定"按钮，进入编辑窗口。
（2）在第一帧处把制作好的灯笼元件拖入舞台中心。
（3）右击第 40 帧，在弹出的快捷菜单中选择"插入关键帧"命令，使用"文字工具"输入文字"新"，调整好其属性，把文字的中心与灯笼的中心对齐，如图 1-116 所示。

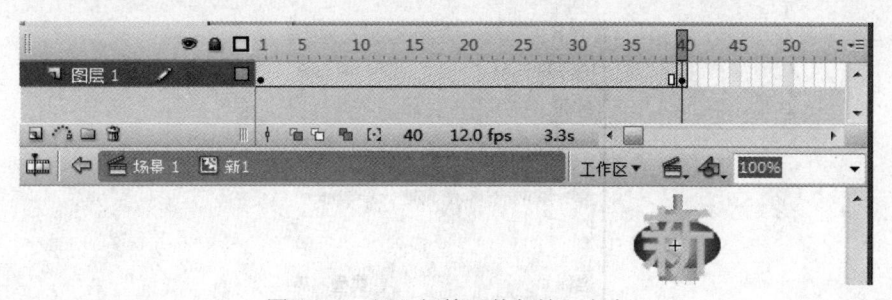

图 1-116　调入灯笼元件与输入文本

（4）选中灯笼，按 Del 键删除，只剩下"新"字。
（5）选中第一帧的灯笼，单击"修改"→"分离"命令进行打散。
（6）选中 40 帧的文字，单击"修改"→"分离"命令进行打散，如图 1-117 所示。

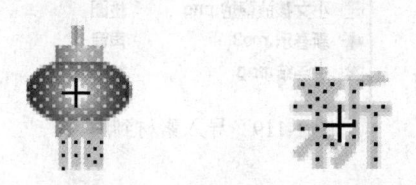

图 1-117　打散灯笼与文字

（7）右击两关键帧之间的任意一帧，在弹出的快捷菜单中选择"创建补间形状"命令。
（8）为了让文字显示一会儿再转化为灯笼，在第 50 帧处右击，在弹出的快捷菜单中选择"插入关键帧"命令，然后在第 90 帧处右击，在弹出的快捷菜单中选择"插入关键帧"命令。
（9）选中 90 帧，按 Del 键删除文字。

45

（10）右击第一帧，在弹出的快捷菜单中选择"复制帧"命令，右击第 90 帧，在弹出的快捷菜单中选择"粘贴帧"命令，把灯笼复制到此。

（11）右击 50～90 两关键帧之间的任意一帧，在弹出的快捷菜单中选择"创建补间形状"命令。

（12）为了让灯笼显示一会儿再转化为文字，在 100 帧处右击，在弹出的快捷菜单中选择"插入帧"命令。

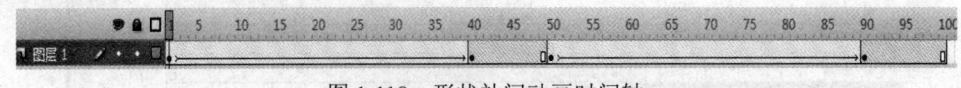

时间轴如图 1-118 所示。

图 1-118　形状补间动画时间轴

（13）重复步骤 1）～11），用同样的方法制作"年"、"快"、"乐"各文字与灯笼的互变动画的影片剪辑元件。

3. 贺卡总体制作

（1）导入处理好的贺卡所需的图片素材。单击"文件"→"导入"→"导入到库"命令，依次导入处理好的各素材，包括开场画面背景图、小女孩放鞭炮图、贺卡主体背景图、鞭炮图、中国结、大老虎图、小老虎贺岁图到库中，并导入两首音乐，如图 1-119 所示。

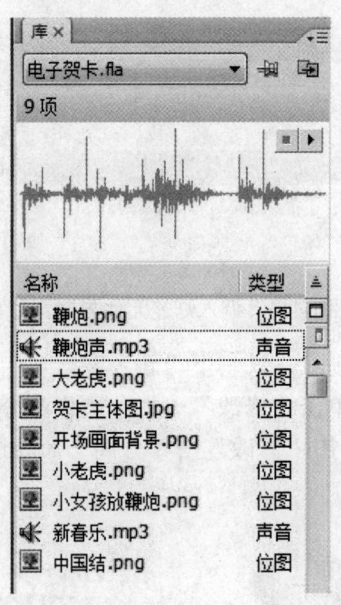

图 1-119　导入素材到库

（2）开场画面制作。

1）回到场景 1，双击图层 1，更名为"开场画面"。

2）把"开场画面背景"文件拖入到舞台中，然后把"小女孩放鞭炮"图拖入到舞台放到右下角合适位置。

3）把"开场文字动画"从库中拖入到舞台放于开场背景右上方空白处，调整好其大小。

4）插入新图层，命名为"按钮"。单击"窗口"→"公用库"→"按钮"命令，打开按钮库面板，在其中选择 classic buttons 类型下面的一款按钮，如图 1-120 所示，按住鼠标左键，直接把该按钮拖入到舞台中，置于开场背景的中下部。

图 1-120　添加按钮

5）选择工具箱中的"文本工具"，在按钮上面输入文本 go。

6）右击按钮，在弹出的快捷菜单中选择"动作"命令，打开动作面板，在里面输入以下脚本：on (release) {gotoAndPlay(5);}，实现当单击按钮时开始从第 5 帧开始播放，进入贺卡主体画面，如图 1-121 所示。

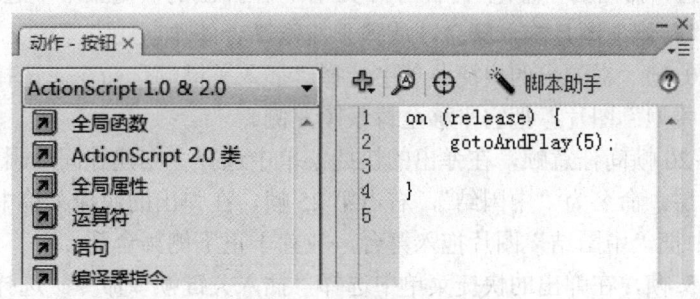

图 1-121　跳转动作代码

7）为了实现在单击按钮前画面停在开场画面上，单击图层上的按钮▣，添加一个图层，命名为"动作"。

8）右击第一帧并在弹出的快捷菜单中选择"动作"命令，在打开的动作窗口里面输入 stop()，如图 1-122 所示。

制作好的开场画面如图 1-123 所示。

（3）主体贺卡画面制作。

1）插入新图层，命名为"主体背景"。从库中把"主体背景图"拖入到舞台中。

2）插入新图层，命名为"灯笼"，右击第 5 帧，在弹出的快捷菜单中选择"插入关键帧"命令。从库中把"新"、"年"、"快"、"乐"4 个影片剪辑元件拖入到舞台，放置于背景的正上方。

47

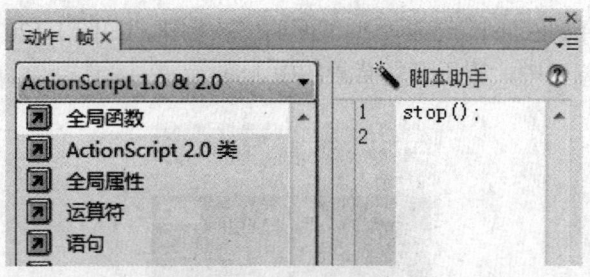

图 1-122　停止动作

图 1-123　开场画面

3）插入新图层，命名为"鞭炮"，右击第 10 帧，在弹出的快捷菜单中选择"插入关键帧"命令。从库中把"鞭炮"图片拖入舞台，放置于左侧舞台外。

4）右击第 20 帧，在弹出的快捷菜单中选择"插入关键帧"命令。选择工具箱中的"选择工具"，选中"鞭炮"图片，把它平移至背景图左侧。

5）右击 10~20 帧间任意帧，在弹出的快捷菜单中选择"创建补间动画"命令。

6）插入新图层，命名为"中国结"，右击第 25 帧，在弹出的快捷菜单中选择"插入关键帧"命令。从库中把"中国结"图片拖入舞台，放置于正下侧舞台外。

7）右击第 35 帧，在弹出的快捷菜单中选择"插入关键帧"命令。选择工具箱中的"选择工具"，选中"中国结"图片，把它往上平移至背景图正中。

8）右击 25~35 帧间任意帧，在弹出的快捷菜单中选择"创建补间动画"命令。

9）插入新图层，命名为"福"。右击第 40 帧，在弹出的快捷菜单中选择"插入关键帧"命令。

10）选择工具箱中的"文本工具"，在"中国结"的中心位置输入"福"字，文字字体设为"汉仪中隶书简"，大小为 96，颜色为"黄色"。

11）选择工具箱中的"选择工具"，右击"福"字，在弹出的快捷菜单中选择"转换为元件"命令，把"福"字转换为图形元件。

12）在 50 帧处插入关键帧。

13）单击第 40 帧，在"属性"面板把"颜色"下拉列表框选择 Alpha，透明度设置为 0%。

14）右击 40~50 帧间任意帧，在弹出的快捷菜单中选择"创建补间动画"命令。

15）插入新图层，命名为"对联"。右击第 55 帧，在弹出的快捷菜单中选择"插入关键帧"命令。

16）选择工具箱中的"文本工具"，在背景图片的右上侧输入对联"虎啸青山千里锦，风拂绿柳万家春"，文字字体设为"楷体"，大小为 20，颜色为紫红色（#330000），文字方向设为"垂直，从左向右"，并添加"模糊"滤镜效果，如图 1-124 所示。

17）在 65 帧处插入关键帧。

18）单击 55 帧，把对联向右平移出舞台。

19）右击 55~65 帧间任意帧，在弹出的快捷菜单中选择"创建补间动画"命令。

20）插入新图层，命名为"大虎"，右击第 70 帧，在弹出的快捷菜单中选择"插入关键帧"命令。从库中把"大老虎"图片拖入舞台，放置于背景图片的右下侧。

图 1-124　对联

21）右击第 80 帧，在弹出的快捷菜单中选择"插入关键帧"命令。选择工具箱中的"选择工具"，选中"大老虎"图片，把它向右平移出舞台。

22）右击 70~80 帧间任意帧，在弹出的快捷菜单中选择"创建补间动画"命令。

23）插入新图层，命名为"小老虎"，右击第 85 帧，在弹出的快捷菜单中选择"插入关键帧"命令。从库中把"小老虎"图片拖入舞台，放置于背景图片的左下侧。

24）右击第 95 帧，在弹出的快捷菜单中选择"插入关键帧"命令。选择工具箱中的"选择工具"，选中"小老虎"图片，把它向左平移出舞台。

25）右击 85~95 帧间任意帧，在弹出的快捷菜单中选择"创建补间动画"命令。

26）为了让贺卡播放后一直停在贺卡主体画面，在"动作"层上将所有主体画面完成的最后帧处添加一个动作，右击，在弹出的快捷菜单中选择"动作"命令，在里面输入 stop()。

贺卡主体画面如图 1-125 所示。

图 1-125　贺卡主体画面

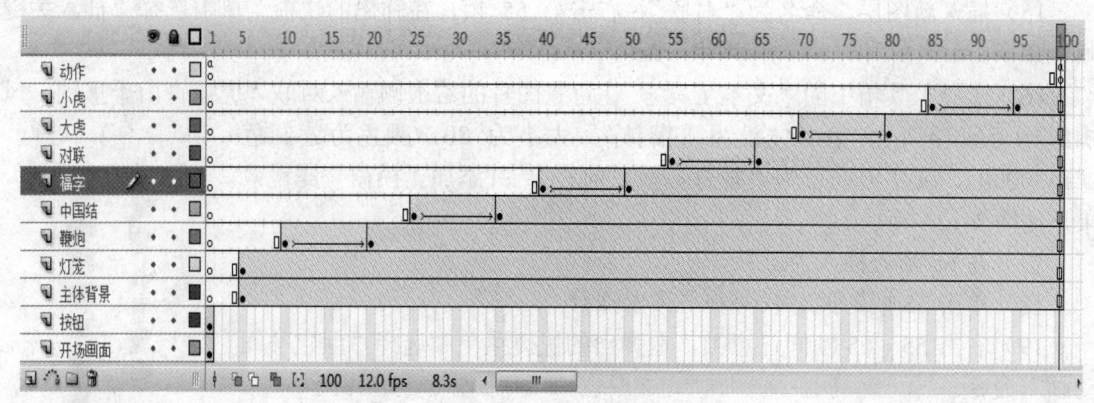

贺卡时间轴如图 1-126 所示。

图 1-126　贺卡时间轴

1.3.5　合成导出

1. 声音合成

（1）插入新图层，命名为"声音一"。从库中把鞭炮声音音乐拖入舞台，在"属性"面板中的"同步"设为"循环"。

（2）用同样的方法把"声音二"添加到贺卡中，如图 1-127 所示。

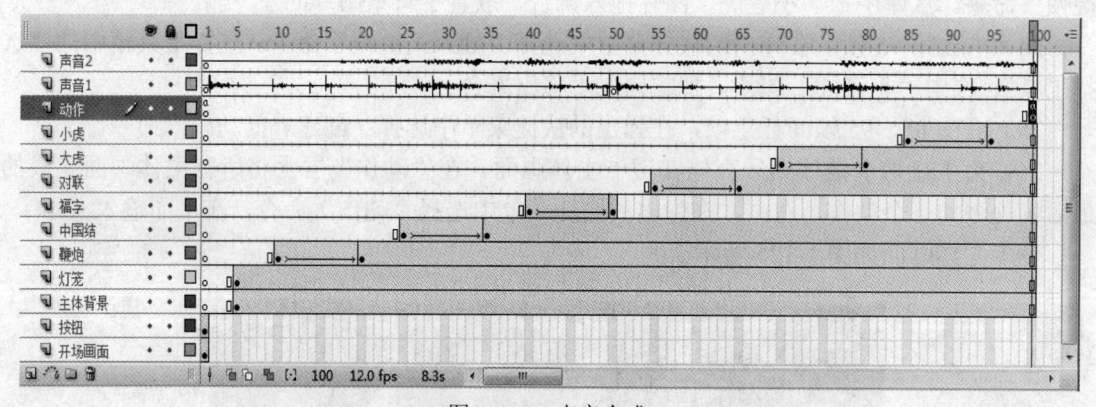

图 1-127　声音合成

2. 测试输出

贺卡做好后，按 **Ctrl+Enter** 组合键进行测试效果。

（1）单击"文件"→"导出"→"导出影片"命令，弹出"导出影片"对话框，如图 1-128 所示。

（2）在"保存在"下拉列表框中选择文件保存的位置，在"文件名"下拉列表框中输入文件保存的名称"电子贺卡"，在"保存类型"下拉列表框中选择保存类型，默认情况下为 swf 格式。

（3）单击"保存"按钮，弹出"导出 Flash Player"对话框，保持默认设置，单击"确定"按钮完成动画文件的导出。

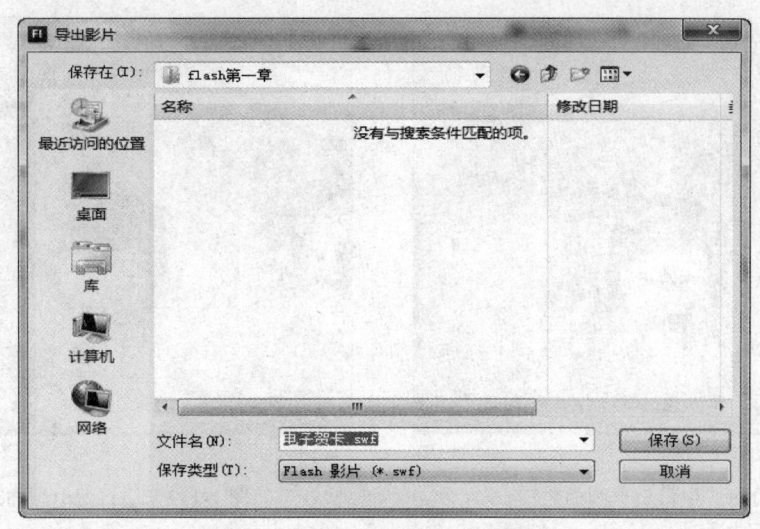

图 1-128 "导出影片"对话框

1.4 技能拓展——生日贺卡制作

为了让读者巩固在本项目中学到的知识，下面将进行技能拓展练习，本次拓展练习为制作一个如图 1-129 至图 1-134 所示的生日贺卡。

（1）开场。在开场画面中，有背景、彩带、植物、一个小女孩、一张桌子、一个插着蜡烛的蛋糕。小女孩睁着眼，手分开，笑着看着蛋糕上燃着的蜡烛。

（2）许愿。用逐帧动画制作小女孩双手并拢，闭上眼睛进行许愿。

（3）许完愿，小女孩睁开眼睛，吹灭蜡烛，小女孩的此动作和蜡烛的熄灭都由逐帧动画完成。

（4）小女孩的父母相继出场，祝福小女孩，跟着唱起生日歌。

（5）彩条飘下来，大家拍掌开心地笑着。

（6）合成音乐，包括背景音乐、吹蜡烛的声音、生日歌和拍掌声。

部分图片如图 1-129 至图 1-134 所示。

图 1-129 生日贺卡画面之一 　　　　图 1-130 生日贺卡画面之二

51

图 1-131　生日贺卡画面之三 　　　　　　图 1-132　生日贺卡画面之四

图 1-133　生日贺卡画面之五 　　　　　　图 1-134　生日贺卡画面之六

1.5　实训小结

通过本项目，主要让读者掌握 Flash CS3 动画制作软件的基础知识、基本操作及简单动画制作的方法。包括 Flash CS3 的功能与特点、Flash 动画制作的基本步骤、操作界面、文档的基本操作，着重介绍了工具箱的工具及其使用方法、元件库的基本使用、基本动画的制作方法，包括逐帧动画和补间动画，补间动画又分为运动补间动画与形状补间动画。在掌握这些基本知识的基础上，最后完成新年电子贺卡的制作。

第 2 章 制作广告

教学重点与难点

- 元件和图层的管理
- 基本动画的设计与制作
- 完成广告短片的制作
- 简单脚本控制语句的使用

2.1 任务布置——品牌彩妆展示动画

2.1.1 分析客户需求

需求是产生项目最主要的原因和驱动因素。在项目客户关系管理中的重点就是管理客户的需求。随着科学技术的日新月异，客户需求日益呈现出多样性、不确定性和个性化的特点。和过去订单-交付的模式明显不同，现在的项目管理过程中客户与项目团队之间具有很强的互动性，项目团队在进行管理的过程中更加依靠客户的支持和帮助。对客户关系管理的好坏，常常导致项目最终的成败。

客户的需求往往是多方面的、不确定的，需要项目团队去分析和引导。由于项目往往涉及的都是缺乏先例的新产品或新服务，所以常常会碰到这种情况：具有某种需求的客户很少能对自己需要的新产品形成非常精确的描述。具体地说，项目团队在收集客户需求时会发现，当客户站在项目团队面前时，他们往往已经对项目产品有了极大的兴趣，能够对自己所期待项目产品的功能有一些描述。但由于客户不熟悉技术，并且对自己的需求认识模糊，因此仍然不知道他们需要的项目产品在项目交付后应该具有什么样的特征。在这种情况下，管理客户需求要注意的重点不是如何去无条件地满足客户的需求，而是对客户的需求做出最精确的定义，根据定义出来的需求再制定项目的目标和项目产品的功能特性。

项目团队要想准确地把握客户需求，就需要增强与客户的沟通，首先要做的就是对客户的需求作出定义。项目中定义客户的需求就是指通过项目双方在项目的设计阶段进行沟通，对客户所期望的项目产品希望具备的用途、功能或潜在需求进行逐渐发掘，将客户心里的模糊需求认识以精确的方式描述并展示出来的过程。

如何合理地定义客户需求，明确项目范围，是实施项目管理面临的首要问题。一般情况下，项目产品能否被客户接受取决于客户的需求和产品特性的结合程度，所以对于项目经理和项目团队来说，项目设计中关键的一部分就是调查和掌握客户的真实需求，按照客户的需求对产品的功能进行组合设计，提供给客户一件最适合他们的产品。在进行客户需求分析和管理的时候，项目经理必须牢记的一点是，在项目管理的环境中，项目质量的概念是围绕满足客户的需求而产生的，而不仅仅是满足某项技术指标。

本次案例中客户的需求如表 2-1 所示。

表 2-1　客户需求表（客户/市场需求档案）

客户名称：*******公司		客户类别：公司
需求量记录		
项目名称	品牌彩妆展示动画（商业广告）	
数量	1 个	
完成日期	5 个工作日	
客户基本需求	展示动画；色彩明快；能突显产品特点	
完成人	****、****	
其他需求	1. 规范元件和图层 2. 色彩使用暖色系 3. 需要配合恰当的音乐 4. 动画效果流畅	

根据客户需求，首先确定本次的动画为一个商业广告，目标是展示一个品牌彩妆，要能够突显该品牌的彩妆效果，以加深用户对该产品的印象。通过多次与客户的沟通与协调，最终确定了本次动画的主题色调及重点展示效果。

2.1.2　搜集素材

根据客户要求，收集和整理素材是制作整个动画的第一步，也是最关键的一步，但是这也是最容易被人忽视的一个步骤。

素材的收集方法包括以下几种方式：客户提供、网上收集、自行设计。一般情况下，能由客户提供素材是最方便的方法，因为这种素材往往都是客户认为可以使用并且符合主题的，这样可以减免一些返工的工作量。但是如果客户那边不能提供有效的素材，网上收集和自行设计就是不可避免的。大家在采用这两种方式的时候一定要注意再三分析客户的需求，以免准备的素材资料不符合主题而返工，并且这两种方式的素材往往都需要大家处理之后才能使用。

1. 图片素材

在本项目中，用到的图片素材比较多，有些是客户提供的，有些是网上下载的，也有部分是自行设计的。

根据需要通过搜集处理或用软件制作得到如图 2-1 所示的素材。

2. 音乐素材

搜集韩国流行的音乐作为背景音乐，突出产品的流行与新潮的特点，然后进行相应的处理。

图 2-1　素材展示

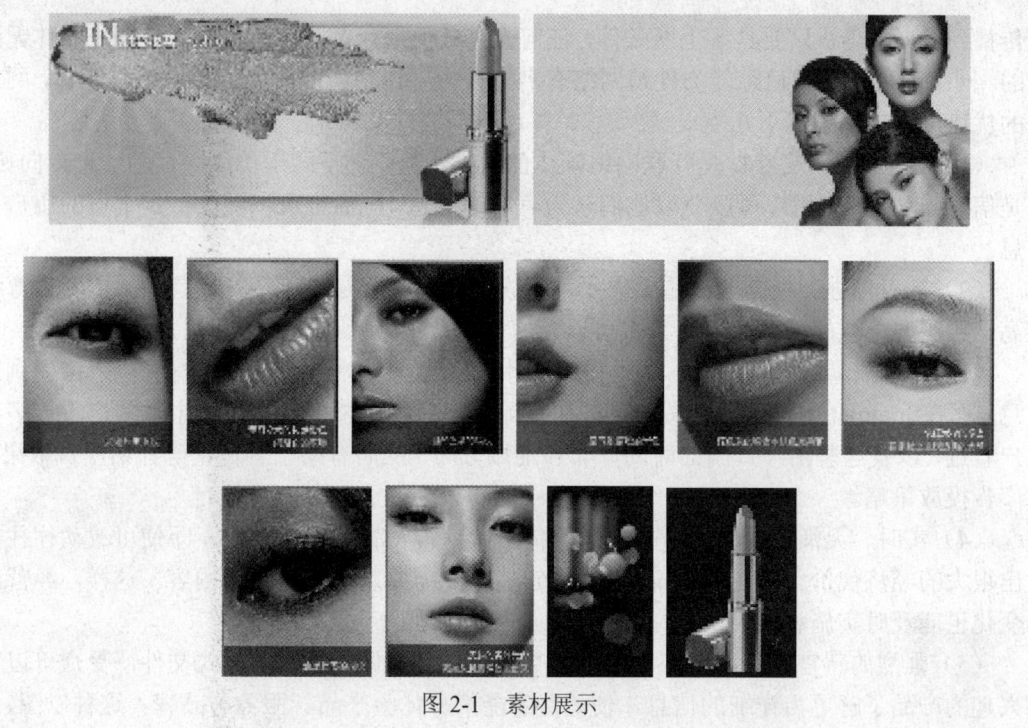

2.2　知识技能

2.2.1　广告的设计思路

网络广告是随着近年来互联网的兴起而逐渐产生的一种宣传方式，网络广告是指通过 Internet，利用 WWW 在网页上所发布，或者是指通过电子邮件等电子文档形式所发出的网络信息，这些网络信息通常包括文字、图形图像、动画、视频和声音，又被称为 Web AD。网络广告是广告的一种，就像电视广告、平面广告都是广告的一种一样。广告是确定的广告主以付费方式运用大众媒体劝说公众的一种信息传播活动。所以，网络广告是以确定的广告主付费方式运用网络媒体劝说公众的一种信息传播活动。

与通常的商业广告一样，网络广告主要分企业形象广告和产品广告两大类，但是从广告的最终意图来讲，都是为着产品促销这一根本目的。所以，可以这样来认识广告，网络营销是网络广告的出发点；网络广告是网络营销的实施形式。网络广告具有一个无与伦比的优势：它可以根据更精细的个人差别将顾客进行分类，分别传送不同的广告信息，即可以实现真正的个人化服务。

网络广告的兴起是与 Internet 的迅速发展以及电子商务的出现紧密联系在一起的。网络营销是电子商务的一种形式，是将传统营销革新成为以客户为中心的新型营销模式。尽管目前网络广告收入占整个广告营业额比例较小，但其发展势头十分强劲，极具发展潜力。

1. 网络广告的特点

网络广告的传播不受时间和空间的限制，它通过国际互联网络把广告信息 24 小时不间断地传播到世界各地。只要具备上网条件，任何人在任何地点都可以阅读，这是传统媒体无法达到的。网络的可锁定和追踪能力使得网络有潜力成为广告主所能利用的可信赖的媒体，网络广告的优势可以概括为以下几点：

（1）交互性强。交互性是互联网络媒体的最大优势，它不同于传统媒体的信息单向传播，而是信息互动传播，用户可以获取他们认为有用的信息，厂商也可以随时得到宝贵的用户反馈信息。

（2）针对性强。根据分析结果显示，网络广告的受众是最年轻、最具活力、受教育程度最高、购买力最强的群体，网络广告可以帮您直接命中最有可能的潜在用户。

（3）受众数量可准确统计。利用传统媒体做广告，很难准确地知道有多少人接受到广告信息，而在 Internet 上可通过权威公正的访客流量统计系统精确统计出每个客的广告被多少个用户看过，以及这些用户查阅的时间分布和地域分布，从而有助于客商正确评估广告效果，审定广告投放策略。

（4）实时、灵活、成本低。在传统媒体上做广告发版后很难更改，即使可改动往往也须付出很大的经济代价。而在 Internet 上做广告能按照需要及时变更广告内容。这样，经营决策的变化也能及时实施和推广。

（5）强烈的感官性。网络广告的载体基本上是多媒体、超文本格式文件，受众可以对某感兴趣的产品了解更为详细的信息，使消费者能亲身体验产品、服务与品牌。这种以图、文、声、像的形式，传送多感官的信息，让顾客如身临其境般感受商品或服务，并能在网上预订、交易与结算，将更大大增强网络广告的实效。

（6）无时间、地域限制，传播范围极大。网络广告传播范围广，可全天候传播，并且无地域限制，可以尽可能地让更多的受众看到，并参与进来。

（7）多对多的传播过程。

（8）检索便捷。

网络广告未来的发展趋势是很让人看好的。首先，现在所有的大型软件开发厂商都在为新一代的网络传播开发新的软件。就现在而言，比较成熟的 Flash Player 就已经达到了富媒体的概念，富媒体就意味着网络广告在技术方面是绝对占有优势的。其次，网络是从来没有过的疯狂，现在可以肯定的是没有一样东西能够与网络相比的，就连电视也是包括其中的。虽然现在的电视观众还比计算机的用户多得多，但是电视广告绝对没有计算机网络更有效果，更重要的是现在的计算机普及速度极快。第三，基本上只要打开网页就能够看到广告，即网络广告无处不在。较好的广告能增添网页的可看性，让人容易接受而且不影响客户的其他需求，这样就没有霸王广告的感觉了。

随着信息技术的飞速发展，人类社会信息化进程的加快，人们的工作方式和生活方式的方方面面都将被网络渗透，从这一点来看，网络广告的作用将越来越大，网络广告的受众将越来越多，这是必然趋势。

2. 网络广告设计原则

网络广告，在之前很长一段时间里，都是网站盈利的唯一途径，虽然后来 SP 收入、网络游戏收入等异军突起，但是网络广告的收入，依然是各个网站最稳定和重要的收入来源。网络广告的这一特点，在个人网站上的体现更为明显，很多个人网站，网络广告的收入是其唯一的收入来源。

(1) 网络广告的分类。网络广告的分类，可以按照投放目的、投放形式两种划分方法：

1) 投放目的。按照投放目的划分方法，是以网络广告投放最终的需求来分类的。一般而言可以分为以下几种。

- 信息传播类。信息传播类的广告，其目的是将某个消息传播出去，主要是将新产品上市的信息让更多的人知道。信息传播类广告的效果衡量标准根据广告的具体内容有一些区别，如果信息属于网络的内容，那么点击效果（包括点击量、点击有效性等）是衡量的主要标准。如果信息是属于一个传统的活动（比如某商场开业酬宾），那么它的效果比较难评估，一般的办法是将这个活动的一些属性提取出来，成为网络内容（比如提供一个有奖网络调查、活动的网络报名），如图2-2所示。

图2-2 信息传播类广告

- 品牌广告类。品牌广告，是针对某一个品牌进行的宣传，其目的是为了提升品牌的知名度和美誉度。比如爱立信在通信世界网上投放的介绍自己业绩的广告，就是属于品牌广告。网络上的品牌广告的衡量标准，可以通过点击效果和互动活动来综合衡量。另外，这类广告的投放也有讲究。因为属于品牌广告，其投放地点将直接影响投放的效果。这个就好像公厕人流量最大，但是哪个公司都不愿意在这里投放广告的道理是一样的，如图2-3所示。

- 销售/引导类广告。销售类广告，目的就是为了销售出去产品。比如大家经常看到的SP的图铃广告都可以归到这类广告中去，如图2-4所示。

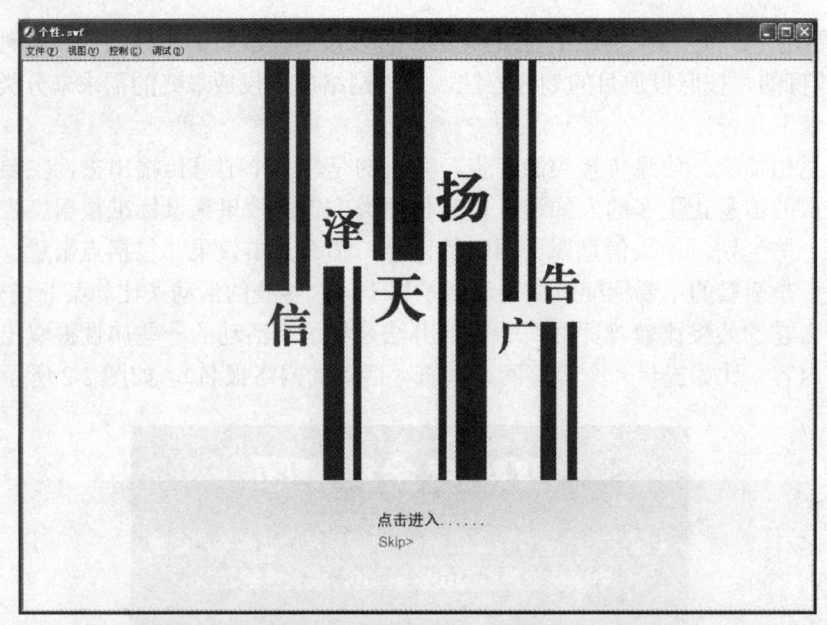

图 2-3 品牌广告类广告

图 2-4 销售/引导类广告

销售类广告，如果现售的产品是网络产品，那么可以通过实际的销售结果进行衡量。这类广告是属于"抓到老鼠就是好猫"的一类广告，一般不管投放到什么地方去，只要能卖出去东西就可以。不过，这也带来的挂羊头卖狗肉的情况发生。比如 SP 的包月服务，经常被挂着一些"色情"的头去欺骗用户。

2）投放形式。随着网络广告的不断发展，网络广告的投放形式也不断翻新。现在的网络广告形式有以下几种：

- 片头动画。片头动画是指在网站或多媒体光盘前，运用 Flash 等软件制作的一段动画诠释了整个光盘内容，并浓缩了企业文化的一段简短多媒体动画。它具有简练、精彩的特性，如图 2-5 所示。一段优秀的片头设计，代表了一个可以移动的品牌形象，可以运用在企业对外宣传片、行业展会现场、产品发布会现场、项目洽谈演示文档，甚至企业内部酒会等多个领域。

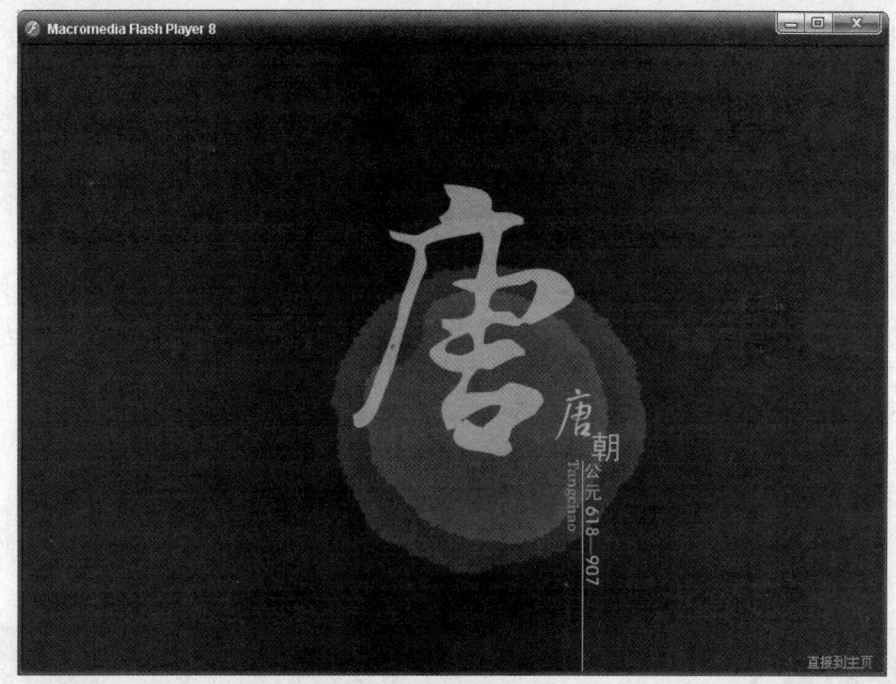

图 2-5 片头动画

- 横幅广告（Banner 广告）。横幅广告是最早采用，也是最常见的广告形式。它是通过网络媒体发布广告信息的一种新型广告形式，它通过在网上放置一定尺寸的广告条来告诉网友相关信息，进一步通过吸引网友点击广告进入商家指定的网页，从而达到全面介绍信息、展示产品和及时获得网友反馈等目的，如图 2-6 所示。它的特点是，在某一个或者某一类页面的相对固定位置放置广告。横幅广告将广告、动画和网络结合在一起，是一种新兴的广告媒体。在网络高速发展的时代，商家也越来越重视这被称为"第四媒体"的沟通和营销的新载体。它的推出也反映出全球网络化营销的新趋势。这种广告，一般是定期更换，手工或者自动地通过统一的系统进行投放。广告由广告主与网站主协商确定，与内容无关。

图 2-6 Banner 广告

- 上下文相关广告。上下文相关广告，是在 Banner 广告的基础上，增加广告与上下文的相关性，由广告投放平台通过分析投放广告的页面内容，然后从广告库中提取出

- 相关的广告进行投放。上下文相关广告最早是 Google 开始推出，后来，百度、SOHU 等都相近推出。
- 图标广告。图标广告就是具有按钮效果的广告，与一般按钮不同的是它不仅可以实现按钮功能，即链接到另外一个网页，同时具有良好的广告效果，因此很多网站经常用它来宣传自己或通过它来建立与其他网站的友情链接。另外，在很多网页上看到的浮动广告也是其中一种形式。
- 弹出广告。弹出广告的历史之比固定未知广告晚一些。弹出广告早期是在页面打开的时候，使用 JavaScript 代码打开新窗口的方式显示广告，如图 2-7 所示。后来逐步有所变化：一种是 JavaScript 打开的窗口，不再是一个广告窗口，而直接是内容页面；第二种是部分弹窗广告采取后弹模式，也就是说，当页面载入完成后弹在当前页面后；第三种是部分弹窗广告采取关闭触发的模式，也就是说，当用户关闭窗口，或者离开当前页面的时候弹出。弹出广告，严重影响用户的访问体验，但是，因为其对 ALEXA 排名的提升，对宣传效果的突出，使很多广告主对此很是喜爱，价格也比较高，所以弹出广告一直没有被杜绝。

图 2-7 弹出式广告

- 内文提示广告。内文提示广告，也叫"划词广告"，即在内文中，划出一些关键字，然后当鼠标移动到上边的时候，使用提示窗口的方式显示相关的广告内容。这种广告形式比较新颖。广告平台据笔者所知的是宏界。这种广告比较有特色的是既与上下文相关，又不占用页面位置。
- 插件/工具条安装广告。随着网络的发展，很多插件、工具条为了获得大量的用户基础，开始有了推广的需求，软件/插件安装广告即应运而生。早期的插件/工具条的安装，都会有明确的提示。因为部分用户对网络知识的了解匮乏，以及对网站的信任，安装率非常高。后来随着插件的泛滥，以及插件给计算机本身带来的危害，用户开始拒绝插件安装。后期的很多插件开始使用病毒手段，在不提示的情况下，强制安装。

随着舆论的声讨，以及插件服务商之间的争斗，垃圾插件被广泛的质疑，插件/工具条安装广告也开始逐步走向没落。但是在一定范围内，特别是部分个人网站上仍然存在。

在这些广告形式中，目前比较常用的有片头动画、横幅广告、图标广告和弹出式广告。

（2）网络广告策划。网络广告业务包括网络广告策划、网络广告调查、网络广告制作、网络广告发布、网络广告预算和网络广告测评。在诸多业务之中，网络广告策划是其中最为重要的一个，它涉及全局，有着指导的重要职能。它克服了网络广告技术性服务的分散与盲目，把网络广告业务整合为一个有机整体，并将其自身纳入企业整体营销策划和整体广告策划中来。它作为网络广告业务的代表性职能，将代表网络广告业务发展的整体水平。网络广告的设计原则最为重要的也就是网络广告策划的原则。

网络是广告媒体的一种，网络广告是企业采用的诸多广告形式之一，网络广告策划是企业整体广告策划的一个有机组成部分。

网络广告策划，就其性质而言，它属于广告策划中的单项策划，是媒介策划的一种，但它不同于广告媒体策划，因为广告媒体策划要考虑的是多种不同媒介的组合运用问题，网络广告既要考虑不同类型的网络广告的综合利用，也要考虑和其他媒体的配合，要考虑选择什么样的广告媒体。比如：电视、电台、报纸、杂志，当然，在网络广告中，主要媒介是网络，但没有哪一家企业只在网络上做广告，因此，选择什么媒体互相配合，在形式、时段、版式版面选择，持续时间等因素上做到互相配合和一致。

就其时间而论，网络广告策划基本都是长期广告策划，因为就企业而言上网不会是一个短期行为，在现代企业中，这几乎是一个必要条件了。当然，在不同的时期内，网络广告在形式、内容等方面都应该做适当的调整，但这并不妨碍企业拿出尽可能长远的网络广告策划方案。

成功的网站作为一种广告形式，有别于一般的广告，它并非只是支出，还会带来收益。比如网易、新浪等网站，其策划者都是身家丰厚。因为网络作为传媒有别于其他大众传媒，它可以是自己的，并可以成为自己盈利的工具。从这个意义上讲，网络广告策划是一项很值得投入的工作。

（3）网络广告策划的内容。广告是一门说服的艺术，其目的是让消费者自觉自愿地购买商品或服务，网络广告当然也不例外。说服的过程是一个非常复杂的过程，它必须与消费者的购买心理活动相契合，才能达到预期的目的。网络广告策划作为广告策划的一种或者一部分，其工作内容和广告策划差不多，也就是要通过一定的方法说服消费者来购买产品。

1）在网络广告策划活动中，首先应该合理确定广告对象。确定了广告对象，才能有针对性地制定吸引这些人注意力、激发他们购买欲的广告。要找准广告对象并不容易，所有的网民并不一定都是广告对象，要经过周密布置和细致划分才能确定。

找准广告对象的指标有多种，如性别、年龄、文化、收入、兴趣、职业等。性别不同，人的需求偏好就不同，在生活必需品之外的产品消费上有天壤之别。如果产品本身带有性别色彩，那么对网民性别比例的判断就非常必要。年龄段也是一个因素。年轻人，尤其是未婚者，更关心如何让自己更加完美和浪漫，在服装、化妆品等商品上往往不惜花大钱；结婚的人更加实际，对生儿育女、家庭装潢、饮食起居等更关注。如果产品是家用电器，那么，选择年龄偏大一点的网民群体是必要的。同一年龄段的网民中，会在收入、兴趣、职业等多方面表现出差别。收入决定消费，不同的收入水平有不同的消费结构。准确划分网民的收入比与人口比，这样才能决定推出什么档次的产品，决定使用什么样的广告基调。特殊职业往往有特定的消费需求和动机,网民的职业分配并不呈现规律性,但特色化的网站中肯定有网民的许多共性,对这些特点和共性的把握是为了分析网民的消费动机和消费偏好,基于不同职业上的商品认可是不同的,在做广告策划时,对此要把握准确。

广告对象策划的另一个值得注意的问题是对对象的研究不具体、不细致,抓一而概百,因此根本找不到消费焦点,在一些看似重要、实际却无关痛痒的问题上花大力气。这往往是影响广告整体效果的致命因素,却常常被忽视。更多的广告策划者愿意在"设计"、"构思"、"图案"、"色彩"上下功夫,而对实际很重要的广告对象的调查和研究工作做得不够,从而导致广告的失败。

2)广告要配合营销计划。营销计划有地域性,比如全国的、城市的、南方市场、北方市场等。这样,广告也就有了相应的地域色彩。网络广告还要考虑到另外一些因素,如同类广告知名度、同类产品市场占有率、购买者特点、潜在竞争对手等。

3)选择合适的广告传播方式。网络广告的传播方式分为开诚布公式、说服感化式、货比三家式、诱"客"深入式4种。

- 开诚布公式。开诚布公式是在将自己的产品性能及特点,客观、公正地讲给顾客。为了达到客观性和科学性,可以借助科学手段方法,比如物理、化学方法进行产品性能检测,如图2-8所示。为了达到客观性与说服性,可以邀请名人在网上与网民交流,比如聊天室、在线直播等形式。

图2-8 开诚布公式广告

- 说服感化式。说服感化式是先制造悬念再诱导购买的方法。悬念是说服感化的前奏,只有吸引了消费者的"注意力"得到"许可",才有说服感化的可能,如图2-9所示。可以在网站某个位置设置一些富于挑逗性的语言,比如"活150岁,你想吗?""今天你就会拥有爱情"等,再配上一幅动感十足的画面,往往会达到引人入胜的效果。悬念在于吸引,真正需要下功夫的是诱导——如何说服顾客购买。诱导分为权威感化和情感感化两种,前者是用权威性的评论或判断让消费者相信这种产品是信得过的，这对于有一定消费经验，对产品有一定了解的人来说，这种方法更加奏效。对于另外一些富于情感的人群来说，使用情感诱导则是有效的，这个群体可能并不要求产品的实际性能有多么出众，而只注意情感的表达，比如恋人之间、特定节目中的节日礼物等，这时真情流露会感化顾客。在网上，只需在悬念之后再设一个窗口，就可以对被吸引过来的网上消费者进行说服，既简单又有效。

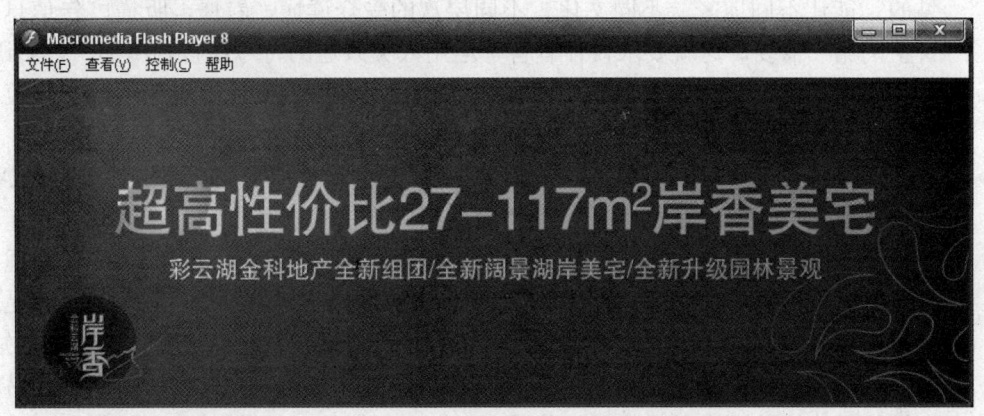

图 2-9　说服感化式广告

- 货比三家式。货比三家式是针对顾客"货比三家"的心理而策划的战术。网络中，提供同类产品信息易如反掌。通过比较，可客观地证明自己的优越性。在比较的时候，要将自己产品的性能、设计等优点摆出来，再把同类产品的同项指标摆出来，尽量不要做任何评论，加入了评论，有贬低对方嫌疑，广告法不允许，还容易引起网民的逆反心理。
- 诱"客"深入式。诱"客"深入式是指利用问卷、提示、甚至夸张比喻的手法将顾客"抢"过来，如图 2-10 所示。可以请消费者来设计广告标志、广告图案、广告用语，然后对其中有用的少量部分进行奖励。网络中，有许多免费的东西就是为了引诱网民点击的"诱饵"。在免费搜索引擎中有两个较常见的站点 E-Poll 和 Bonus，它们用电子邮件的方式与网民取得定期联系，发出问卷，当被访者的回答一定数目后，就可以获得相应的礼品。问卷本身就是广告，顾客的回答过程就是识记广告产品的过程。这种诱"客"上钩法在网络社会有广阔的发展潜力。

图 2-10　诱"客"深入式广告

（4）网络广告策划的原则。

1）网络广告的设计原则。网络广告存在着众多的自身特点，设计者在设计网络广告的时候就必须针对其特点调整自己的思路和设计方法，以适应这一广告的特性，扬长避短，才能更好地发挥广告的传播效果。

- 运用人类共通的符号语言和图形，色彩语言，避免不同文化范围忌讳的图形符号。由于网络广告依托于 Internet，它不受国家、地区的限制，网络信息来自世界上完全不同的地方，网络广告没有距离感。网络广告传播的范围通常被默认为是全球性的，这也是它与生俱来的优势。因此，网络广告设计中所有的符号要素（语言、文字、图形、色彩、图片）的设计运用，都必须尽可能是所有受众群体易于接受和喜闻乐见的。能让不同地区、不同文化、不同层次的受众读懂、看懂、听懂广告信息是广告主的第一需要。这就要求设计者善于运用人类共通的符号语言和图形、色彩语言，尽可能多用国际语言或多种文字语言表达。其次，广告设计要避免不同文化范围忌讳的图形符号的出现。

- 页面和路径设计要容易、方便、快捷。传统广告的设计要使受众在心理上产生 AIDA 过程，只是由于受众是被动决定的。而网络广告的受众是主动的。因此，引起注意不是受众的第一心理过程，广告设计也不能以引起注意为第一目标。受众心理过程是 AIDA 过程。在这里，受众对产品或服务的求知欲望是原心理固有的，或是从其他广告信息引起的。因此，网络广告的第一设计目标应该是保持受众的这种求知欲，并将其顺利引向欲求点。这就需要页面和路径设计能使不同兴趣的受众最容易、最方便、最快捷地查询所需信息。其后，以此引起兴趣，培养欲望，促成行为。

- 色彩设计以清新、明快为宜。网络广告色彩运用的种类不要太多，纯度也不宜太高，否则容易引起受众的视觉疲劳。其对比度以适中为好，色调以清新、明快和能够适应消费者的心理为宜，版面设计的对比度也不宜过强。

- 内容要多而不繁。既然网络广告是主动被点击的，那么受众至少已经对广告主的产品或服务有了初步的欲求，这时受众需要的是对产品的进一步了解、分析和判断，从而决定自己的选择、不选择、等待时机选择和比较后再选择。这就要求网络广告含有该产品更多、更详尽的专业内容，同时能突出产品的主特点和主卖点，在这方面它与样本的设计原则相近。

在网络广告中要设计众多的路径，把不同的内容纳入不同的支流，并建立信息反馈窗口。只有这样，才能充分发挥网络广告的交互性优势。在传统广告中，简洁是其设计原则，而在网络广告中，依据受众的不同兴趣，其内容可多设计一些，把不同的内容通过不同的界面反映出来，其支流的内容要多而不繁。页面要以简洁、明快、易懂、易于记忆为主，而不是语言的冗长和画面的重复，广告设计的整体原则应是能始终抓住受众的兴趣，并引导其最终产生消费行为。

- 把不同的卖点集中于不同的路径。由于网络广告有着无限的空间，这些空间是通过不同的路径体现的，而不同类型的受众又有着不同的兴趣点。因而，网络广告的设计必须把产品或服务的不同点分别集中在不同的路径之中。具体的说，也就是在不同的路径中把不同卖点作为第一主卖点，把传统广告的众口难调变为众口可调。

- 建立反馈平台，跟踪信息反馈。传统广告的制作周期长，且造价昂贵，加之信息反馈不畅、欠准，所以广告完成后很难改动。而网络广告不仅制作经济、快捷，而且信息反馈便利、准确，可以随时根据市场和消费者的需要调整广告。这一切依赖于 Web 广告的交互性，而交互的完成依赖于网页上信息反馈渠道的建立。因而，反馈平台的建立和随时跟踪信息反馈是十分重要的。

- 整体统一。首先要与传统媒体的广告策划、广告设计保持统一。考虑到传统的四大媒体已经发展得比较完善,在选择网络广告之前,企业可能已经有了较为成熟的广告体系,如 CIS 企业识别系统。网络广告作为新增的部分,可以也应该与原来基于传统媒体的广告策划、广告设计保持理念的统一和关键视觉部件的统一。而新兴的产业,也常借助于传统媒体的力量,以通过各种媒体长时间的、多方位的、同一性的传播来强化社会对企业的认同,从而更完整地体现广告策略的整体思考和统盘操作。

第二是全球各个站点遵循一个模式。由于网络广告具有国际性,考虑到世界各国使用不同语言,可以通过使用统一的文字内容和语调以及统一的图形和标志显示品牌的力量,让消费者觉得这些信息对其有同样的价值,使全球的消费者对同一个品牌持有相同的价值感。使企业的形象能够完整地凸现在商业的海洋中,在公众心目中树立起统一的形象,最终实现产品或服务的推广。

第三是网站内部设计保持形象设计的统一,各个页面保持风格的统一。使用统一的色调,统一的标志,统一的图形,各链接页面使用统一的版式,更新页面时注意保持风格的统一。如果将网络广告与其他媒体进行对比,就会注意到网络广告的特点是灵活性和互动性。但是从另一方面来看,这些特点也容易导致网络广告零散片面的不完整感。为了让自己的站点在信息的海洋里能够吸引和留住更多的注意力,必须把局部和整体统一起来。

- 讲究时效。及时、准确是信息社会对网络广告的要求,把握信息的传播速度正是网络广告的特点。一方面,网站能抓住时效,提供最新的数据;另一方面,提供充分的历史数据资料,其数据存储量之大,远远超过传统的图书馆及报刊杂志。网络广告的更新比其他媒体更方便、更快捷。
- 增加趣味。趣味性是网络广告与传统广告最为相近的一个特性。相对于政府、金融等严谨的网站,娱乐、休闲、艺术类的网站显得稍微轻松,而企业网站,偶尔设计一些有趣的场景,也能让人觉得亲切。免费的礼物,有奖竞猜,注册赢金点,动态的图形,使紧张的浏览和下载有了一些欢快的气氛。文字的立体化、图形化、运动化处理,跟随鼠标的互动、翻转效果,按照一定路线运动的小小图形广告,更体现了网络广告独特的趣味性。

2) 网络广告的设计创意方法。现在乃至将来都是一个过剩的消费时代,在一个相对富裕的社会里,消费者的消费目的,不只是为了需要而消费,更多地是为消费而消费,为感觉而消费。此时的消费者便不单单满足于量和质,而会寻求更高层次的感性满足。人的情感是最丰富的,也是最容易激发的。

广告中的感性诉求便是基于此种缘由,通过挖掘或附加商品情感,来激发人们心中相同的情感,使人们对商品产生好感,从而导致购买行为。

对于网络来说,感性诉求广告有这样几个优点:

- 通用性。几个国家或地区的语言、风俗可以相异,不同民族的审美观、价值观可以不同,但情感却可以相通。这一点非常适合网络广告国际性的特点。
- 互动性。正因为人类有着极为丰富的感情,并容易被激发,所以感性诉求广告具有很大的互动性,这正是情感诉求广告在网络上具有较高点击率的原因。
- 非商业性。对于具有鲜明意图的商业宣传,人们不免怀有防备之心。感性诉求广告正因为紧紧把握住人情味这个要素，才能在商业宣传中淡化其商业气息，使消费者自觉自愿地点击广告，接受所宣传的产品或服务。

网络感性诉求广告有这样几种创意方法：

- 感知效应——品质的冲击力。网络广告所显示的商品经常具有独特的品质或功能，让消费者真正感知到这一点，是网络广告设计最有效的手段和目的。但一般而言，网络广告由于其文件和幅面大小的限制，其表现方式有很大局限性，但如果找到合适的表现方法，则能取得事半功倍的效果，如图 2-11 所示。

图 2-11 感知效应

- 情趣效应——情节的吸引力。网络广告可以制作成动画，这样它就可以像影视广告一样，表现一定的情节。具有情节的广告与众不同，容易吸引网友的注意力和好奇心，获得认同感，达到更好的广告效果，如图 2-12 所示。

图 2-12 情趣效应

- 情感效应——氛围的感染力。在网上，富有情感的广告更易激发人点击的欲望。设计师通过色彩、文字、图像、构图等手段营造出一种氛围，它使观看广告的人产生了一种情绪，正是这种情绪使人们接受并点击广告，从而接受了广告所推出的服务或产品。网络广告应该设法提高自己的情感效应，善于认识、发挥甚至赋予商品所适合的情感，营造出使网友产生共鸣的氛围，使广告被接受，如图2-13所示。

图 2-13 情感效应

- 理解效应——事实的说服力。运用理解效应的基本原理就是帮助消费者找出他们购买商品的动机，并将产品与此动机直接联系起来。有时消费者并不清楚该产品会给他们带来什么好处，可以在广告中强调商品某方面功能的重要性。对于横幅广告来说，应注意的是选材的精炼，如图2-14所示。

图 2-14 理解效应

- 记忆效应——品牌的亲和力。网络广告只是行销战略的一小部分。广告无法真正卖掉这个产品，而只能吸引潜在购买者的兴趣，以便向他们提供更详尽的产品介绍材料。广告可以在推销这个产品时将产品背后的公司一起推销出去，即利用树立公司的威信来让消费者对产品也产生信心。另外，从心理学效果看，知道的事物比陌生的事物更能博得人们的信任。而这正是强调品牌的原因之一。广告在不同媒体上信息传达的统一性战略，就是为了建立这种熟悉感。利用对企业形象的突出和强调能够唤起人们对已经认可的事物的再度认可，也是一种提高广告效果的方法，如图 2-15 所示。但是，由于各种媒介之间的差异性，在传达同一信息时又必然各有特色。在网络广告中，对于品牌的过分宣传会降低网友的好奇心，从而影响点击率，这其中的利弊得失，需要权衡。

图 2-15　记忆效应

- 社会效应——文化的影响力。中国是一个历史悠久的国家，几千年的古老文化传统，塑造了中国人所特有的价值观和审美观。中国人对于家庭的观念是比较特殊的。西方人比较注重个人的满足，而中国人更注重天伦之乐。在家庭关系上，父母不仅仅是生育了子女，而且几乎把自己的全部心血都倾注到子女身上。这种父母与子女的骨肉之情很容易使人们在感情上产生共鸣。因此，广告越来越多地把父母与子女的情感运用于其中。中国人眼中的"家"是一个较完整的群体，一个由父母、兄弟、子女甚至于亲友组成的，更易表现为唯情主义。此外，中国漫长的五千年历史中，形成了独特的文化特色，将这种特色应用在网络上，既熟悉又新鲜，总能起到很好的效果，如图 2-16 所示。

图 2-16　社会效应

- 机会效应——利益的诱惑力。机会效应是指在网络广告中告诉网友，点击这则广告可以获得除产品信息以外的其他好处，而不点就会失去。因为点击网络广告需要网友付出时间和经济上的代价，所以给他们一种付出会有收获，而不付出就会有所丧失的感觉十分重要，通常表现为"奖"、"礼"，或者"免费"等。

利用机会效应，提高广告的机会价值是提高广告点击率行之有效的方法，如图2-17所示。

图 2-17 机会效应

- 行为效应——点击的召唤力。根据康斯托克的心理模式，对一个行动的特定描述可导致学习那个行动，对个人来说，这种描述越是显著（即这一行动在个人所看到的全部广告中载突出），就越具有激发力，如图2-18所示。所以，网络广告可以通过对特定行为的描述来引导别人点击。大家应该将传统的设计原则、广告的经验与网络特色结合在一起，发展这种新的广告形式，让网络广告早日焕发出它应有的光彩。

3. 网络广告的表现手法

从广告表现手法来看，网络广告的传播界面非常丰富多彩。它可以充分调动文字、声音、影像、动画、色彩、音乐等诸多手段，几乎集电视、报刊、广播等所有传统媒体的优点于一身。可在24小时内不间断地传播信息，对任何年龄和文化层面的浏览者都会带来强烈的视觉冲击。

（1）互动式表现手法。互动式广告出现在网络广告中，比弹出式广告与浮动式广告更富人性化，其界面与创意设计风格得到人们青睐。互动式广告充分尊重受众的选择权与主动性，通过富于创意的广告形式吸引受众主动地去逐步点击广告内容，增强了受众对商品或服务的好感与亲和力。互动式广告的应用范围较广，从具体商品的营销到品牌形象的塑造，到公益事业都可采用这种别开生面的形式，如图2-19所示。

Flash 项目案例教程

图 2-18　行为效应

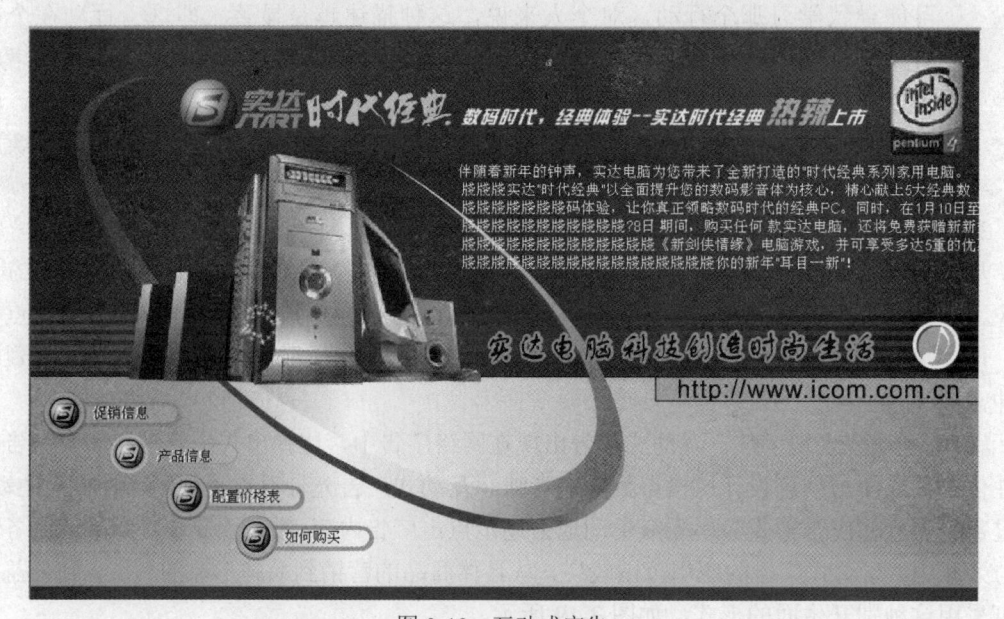

图 2-19　互动式广告

比如为了吸引更多人观看网络广告甚至将其内嵌于自己的网站当中，Google 正在测试一项新的服务名为"酷件广告"（Gadget Ads）的广告格式。酷件广告允许企业制作出包括音频、视频、游戏在内的广告，看上去有点像网页当中的一个小网页，其中一则是尼桑汽车的广告，用户在其中输入美国邮政区号即可获得当地的交通状况信息。广告主可以通过酷件广告获得关于用户的详细数据信息，比如广告的浏览次数、独立访问量、交互次数等。Google 声称，0.3%的酷件广告用户与其发生了互动。对于用户来说，酷件广告的一大好处是不必点击广告至另外一个网站。例如，一个天气酷件广告可以及时更新特定地区的天气预告。广告商利用这种特性可以设计出更多实时吸引用户的广告形式出来。

（2）意境式表现手法。意境是中国传统美学思想的重要范畴，在传统绘画中是作品通过时空景象的描绘，在情与景高度融汇后所体现出来的艺术境界。意境的构成是以空间景象为基础的，画家通过富有启发性和象征性的艺术语言和表现手法显示时间的流程和空间的拓展，给欣赏者提供了广阔的艺术想象的天地，使作品中的有限空间和形象蕴含着无限的大千世界。广告创意中同样能够运用意境式表现手法利用简短的时间表达丰富的创意思维，如图 2-20 所示。

图 2-20 意境式表现手法

意境式表现手法也可用潜在话语展现商品的特性，如白沙集团的"鹤舞白沙，我心飞翔"的香烟广告，虽没出现香烟实物，但广袤的芦苇荡、展翅飞翔的白鹤、柔软的手势表现出香烟让人飘飘欲仙的潜在功能。

（3）幽默表现手法。幽默是生活中一种不可缺少的精神食粮，幽默式广告语是充满着智慧和想象力的一种有趣的或可笑的语句。幽默式广告语的特征之一，就是令人发笑，使人觉得有趣。幽默式广告语被人们广泛使用，原因主要是人类的心理需要轻松、开朗。因此，这种幽默式广告语常常具有感人的吸引力，能够使人们对广告产品产生浓厚的兴趣。

现代广告采用多种表达方式和表现手法，幽默感越来越强，人们在笑声中不自觉地增强了对产品的认同感，而放松了对广告本质的警惕和排斥，在轻松愉快的情绪体验中，产生深刻的印象，如图 2-21 所示。不过同时应当看到，幽默式广告在实际应用时，最大的问题是幽默尺度较难把握。同样的一则幽默广告，某些人群会感到乐不可支，另一些人群可能会认为是低级趣味，甚至有人还会产生厌恶。因此，幽默广告需要把握合理的度。

图 2-21　幽默式表现手法

（4）留白式表现手法。"留白"一词源于中国画，是绘画中的一种构图方式或技法。具体指在构图时，预留部分空间不着笔墨而保留纸面本色，后来，这种形式上的"留白"发展为思想表达上的预留。它通过预先设计的画面构图，用黑与白、实在与虚空、确定与未知的对比来引导观众去领略作者的创作激情和目的所在。这种意味深长的布局给人宽广的思维空间，充满"暗示"的表达方式，以最简明的程式承载最精致的情感，让所要表达的内容含而不露，能达到"此时无声胜有声"的静态效果，让人心领神会，回味无穷，如图 2-22 所示。

留白广告策略于今天的广告人已见怪不怪了，大面积的版面空白，一行依偎在边框或蜷缩在一角的广告文字，不但没有浪费版面，反而倍加引起读者注意力，使你发布的广告能够在浩繁的媒体广告当中脱颖而出。

广告版面上采用大量留白手法，可以让图文更加突出和美观，品牌形象也更加鲜明。在任何一个平面中，留白量的多与少，直接影响着人们的记忆程度。好的广告，皆是把大量的空白留给消费者，将消费者的想象带入你的广告中，完成二度创作。

如果消费者对产品的特性已经有了一定的了解，而整体的广告策略也只是为了树立产品或企业的品牌形象，那么留白手法就可以发挥较大的作用。但如果推广的对象是一个新产品，性能、特点、功效等基本信息都还不广为人知，那么还是多用一些笔墨来介绍它为好，否则只会让消费者一头雾水，达不到促进销售的目的。

图 2-22 留白式表现手法

（5）玄虚式表现手法。广告贵在创意，有创意才有魅力。玄虚式表现手法就是高吊胃口，制造悬念，有意隐去其"庐山真面目"，延长人们对广告内容的感受时间，诱导人们带着疑问弄个明白，迫不及待想早点看到"谜底"，为以后加深广告印象打下伏笔，如图 2-23 所示。

图 2-23 玄虚式表现手法

运用此法要注意的是：切忌噱头玩得太过，否则不仅不会引发受众的好奇心，反而会造成对产品诚信形象的伤害。保险的做法是：在玄虚过后，把实在的广告信息传递给受众。

有创意的广告，才是有生命力的投入，才会有回报。大家应当认真地研究广告创意的手法、手段、技巧等，只有创意度高的广告作品才能在浩瀚的信息海洋中脱颖而出，才能吸引受众日渐挑剔的注意力，最终促成消费者的购买行为。在抽象概念具像化的广告创意过程中，创新性地运用语言，精致、巧妙地进行信息建构，多手法的运用表现形式，广告作品才能激发人们审美动机和关注，产生购买欲望，实现广告传播的目的。

4. 广告设计方案

网络广告设计制作是一件复合型较强的事，它需要美术设计和计算机处理方面的技能。从具体制作的角度看，往往也需要多种软件的配合使用。无论是网页设计制作还是网页中的广告制作，通常都是利用一些应用工具软件来完成的。在制作过程中，要用到图形图像处理方面的软件、网页动画的设计生成软件、网页制作软件等各种各样的工具软件。

片头动画是目前网络中广告的常见方式，由于一般公司制作片头动画都是为了能让浏览者在进入网站之前就对该公司有个大致的了解，因此，片头动画的内容比较丰富，画面效果比较美观，但随之而来的就是文件量普遍较大。

能够制作片头动画的软件较多，常用的就是 Flash。根据本次案例中的客户需求，可以确定本次所需制作的广告类型为品牌广告类的片头广告，在设计的过程中，采用说服感化式，并使用感知效应的创意方法来设计本次的广告。

2.2.2 元件和图层的分类管理

元件：在 Flash 中，元件包括图形元件、按钮元件和影片剪辑元件，所有的元件一经创建就保存在"库"面板中，并可以反复使用。

图层：图层的使用方法在上一个项目案例中已经做过讲解，大家一起回顾一下。

所谓元件和图层的规范使用，简单来说就是要针对不同的元件和不同的图层进行命名。这里所说的命名并不是说随便给起个名字就可以，而是要依据当前的元件或者图层所涉及的内容进行有意义的命名。本项目中图层的规范如图 2-24 所示。

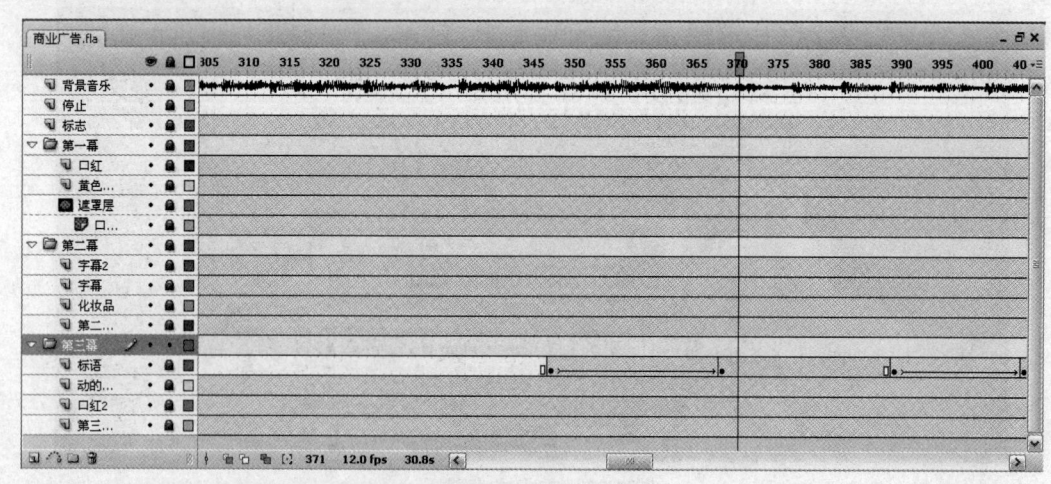

图 2-24 图层规范

本项目中库中元件的规范如图 2-25 所示，分别为背景音乐、图片、图形元件及影片剪辑元件 4 类，其中图片和图形元件的部分比较多，如图 2-26 和图 2-27 所示。

图 2-25　元件规范

图 2-26　库（图片部分）

图 2-27　库（图形元件部分）

2.2.3　遮罩动画及引导层动画的设计与制作

遮罩动画：是 Flash 中很实用且最具潜力的功能，利用不透明的区域和这个区域以外的部分来显示和隐藏元素,从而增加了运动的复杂性,一个遮罩层可以链接多个被遮罩层。

1. 遮罩动画的概念

(1)什么是遮罩?

"遮罩":顾名思义就是遮挡住下面的对象。在 Flash 中,"遮罩动画"也确实是通过"遮罩层"来达到有选择地显示位于其下方的"被遮罩层"中的内容的目的,在一个遮罩动画中,"遮罩层"只有一个,"被遮罩层"可以有任意个。

(2)遮罩有什么作用?

在 Flash CS3 动画中,"遮罩"主要有两种用途,一种作用是用在整个场景或一个特定区域,使场景外的对象或特定区域外的对象不可见,另一种作用是用来遮罩住某一元件的一部分,从而实现一些特殊的效果。

2. 创建遮罩的方法

(1)创建遮罩。在 Flash CS3 中没有一个专门的按钮来创建遮罩层,遮罩层其实是由普通图层转化的。只要在某个图层上右击,在弹出的快捷菜单中把"遮罩"前打个勾,该图层就会生成遮罩层,"层图标"就会从普通层图标变为遮罩层图标,系统会自动把遮罩层下面的一层关联为"被遮罩层",在缩进的同时图标变为,如果想关联更多层被遮罩,只要把这些层拖到被遮罩层下面就行了。

(2)构成遮罩和被遮罩层的元素。遮罩层中的图形对象在播放时是看不到的,遮罩层中的内容可以是按钮、影片剪辑、图形、位图和文字等,但不能使用线条,如果一定要用线条,可以将线条转化为"填充"。被遮罩层中的对象只能透过遮罩层中的对象被看到。在被遮罩层,可以使用按钮、影片剪辑、图形、位图、文字和线条。

3. 遮罩动画案例

在本项目中主要使用了遮罩动画以切换不同的背景。

例如,第一幕中的口红背景的显示即是用的遮罩动画,如图 2-28 所示。

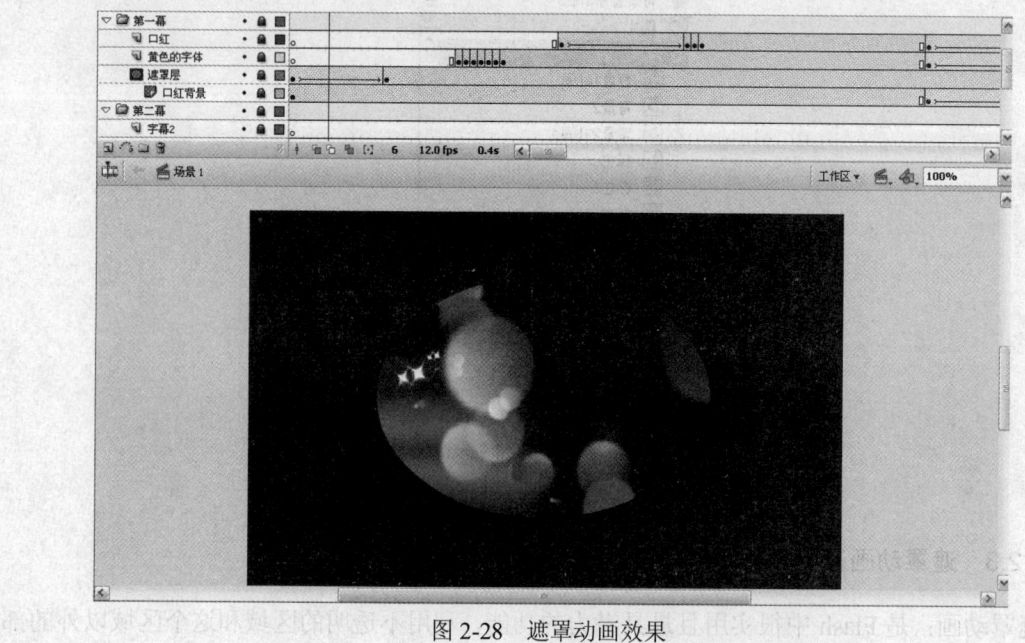

图 2-28 遮罩动画效果

制作步骤如下：

（1）新建文件，命名为"商业动画.fla"，文件大小为650×400，背景为黑色，其他设置保持默认，如图2-29所示。

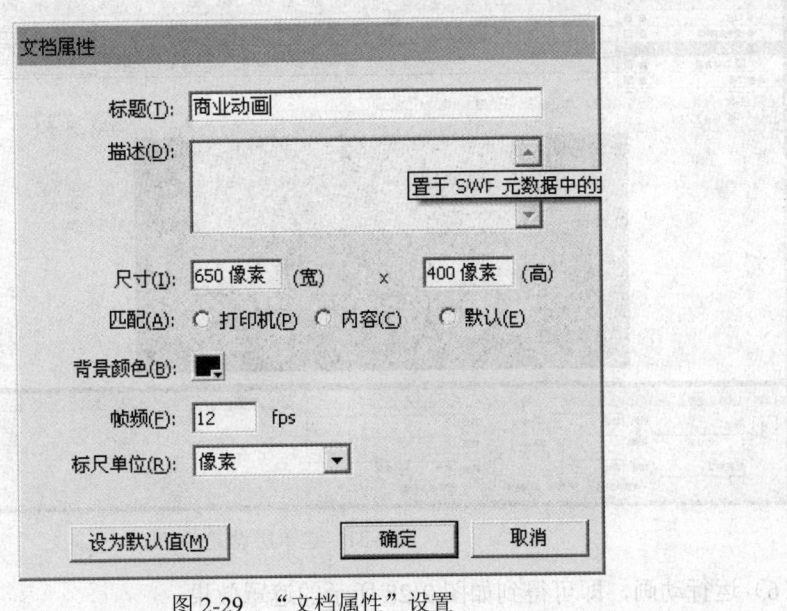

图2-29 "文档属性"设置

（2）新建一个图层，将现在图层面板上的两个图层分别命名为"遮罩层"和"口红背景"。

（3）在遮罩层新建一个图形元件命名为遮罩圆，在元件内绘制一个椭圆，并将该元件拖动到遮罩层中，在第15帧添加一个关键帧，并在第1~15帧之间设置动作补间动画，动画效果为椭圆由小变大。

（4）从库面板中将"口红背景.png"拖动到口红背景层，设置为居中，效果如图2-30所示。

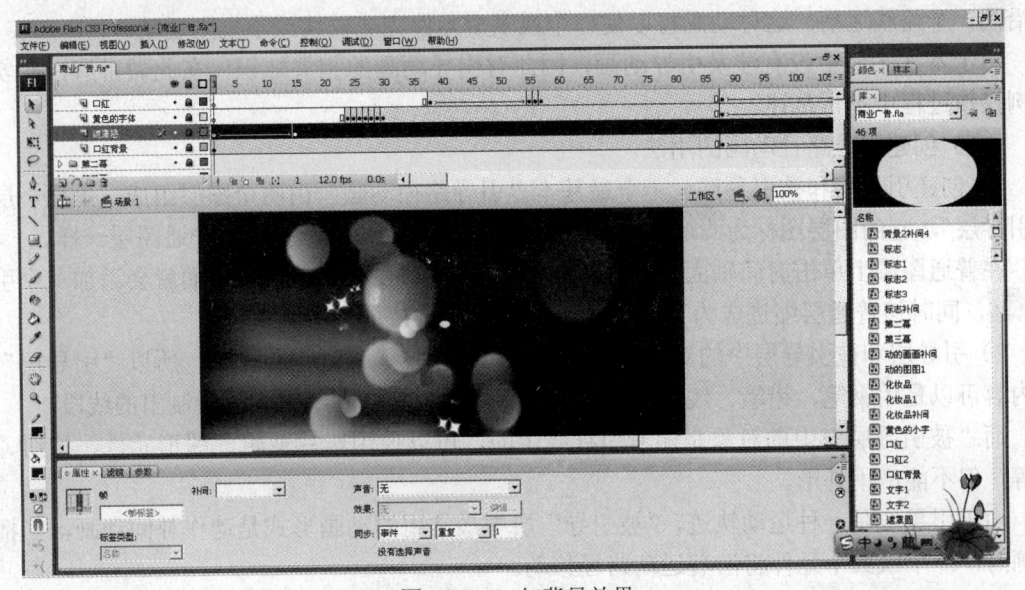

图2-30 口红背景效果

（5）在遮罩层上右击，从弹出的快捷菜单中选择"遮罩"命令，设置遮罩层如图 2-31 所示。

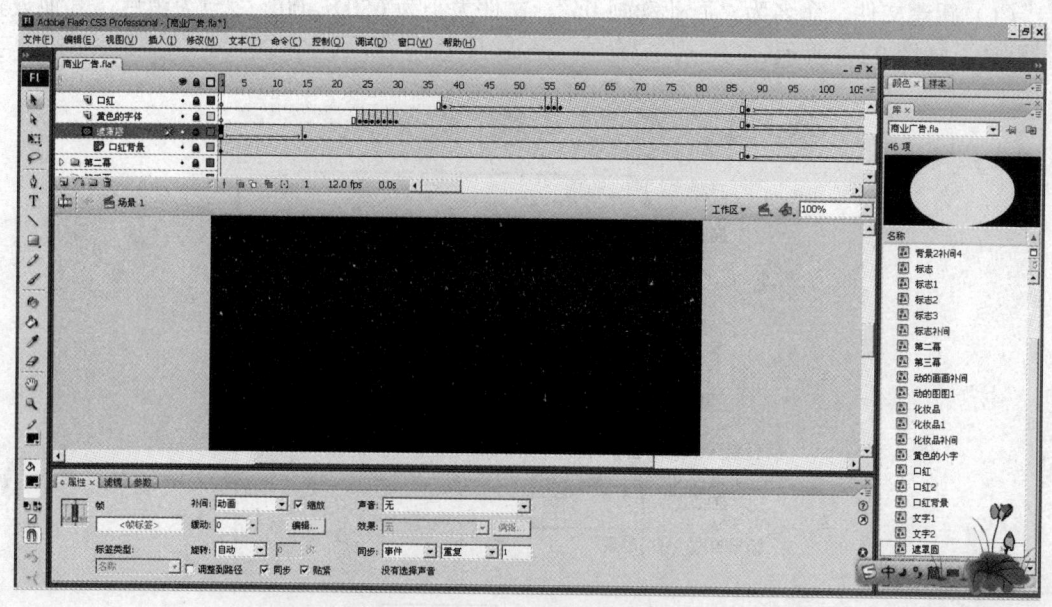

图 2-31　遮罩层设置

（6）运行动画，即可得到如图 2-28 所示的遮罩效果。

2．引导动画

单纯依靠设置关键帧，有时仍然无法实现一些复杂的动画效果，有很多运动是弧线或不规则的，如月亮围绕地球旋转、鱼儿在大海里翱翔等，在 Flash 中能不能做出这种效果呢？

答案是肯定的，这就是"引导路径动画"。

引导动画：可以自定义对象运动路径，可以通过在对象上方添加一个运动路径的层，在该层中绘制运动路线，而让对象沿路线运动，而且可以将多个层链接到一个引导层，使多个对象沿同一个路线运动。这种动画可以使一个或多个元件完成曲线或不规则运动。

由于本次案例中没有涉及引导动画，因此对引导动画的相关知识仅在此做讲解，在实际案例操作过程中不再赘述。

（1）创建引导路径动画的用法。

1）创建引导层和被引导层。一个最基本"引导路径动画"由两个图层组成，上面一层是"引导层"，它的图层图标为 ，下面一层是"被引导层"，图标 同普通图层一样。

在普通图层上单击时间轴面板的"添加引导层"按钮 ，该层的上面就会添加一个引导层 ，同时该普通层缩进成为"被引导层"，如图 2-32 所示。

2）引导层和被引导层中的对象。引导层是用来指示元件运行路径的，所以"引导层"中的内容可以是用钢笔、铅笔、线条、椭圆工具、矩形工具或画笔工具等绘制出的线段。

而"被引导层"中的对象是随着引导线走的，可以使用影片剪辑、图形元件、按钮、文字等，但不能应用外形。

由于引导线是一种运动轨迹，"被引导"层中最常用的动画形式是动作补间动画，当播放动画时，一个或数个元件将沿着运动路径移动。

图 2-32 引导路径动画

在引导层中使用铅笔工具绘制一条引导线,如图 2-33 所示。

3)向被引导层中添加元件。在被引导层中添加一个图形元件,绘制如图 2-34 所示的一个简单图形,并将元件实例放入被引导层中。

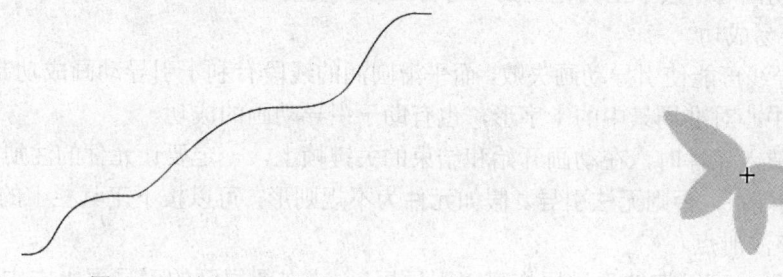

图 2-33 绘制一条引导线　　　　图 2-34 简单图形效果

"引导动画"最基本的操作就是使一个运动动画"附着"在"引导线"上。所以操作时特别得留意"引导线"的两端,被引导的对象起始、终点的两个"中心点"一定要对准"引导线"的两个端头,如图 2-35 所示。

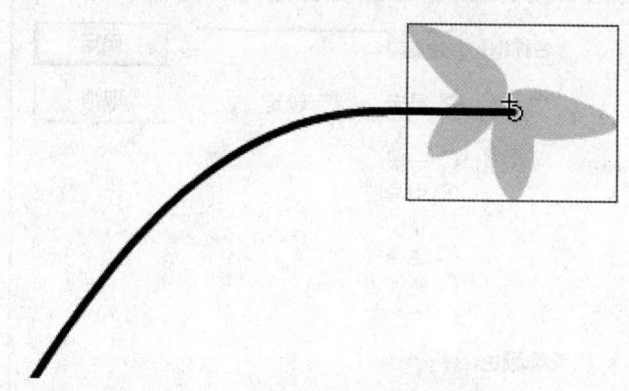

图 2-35 元件中心十字形对准引导线

在图 2-35 中,可以看到"元件"中心的十字形正好对着线段的端头,这一点非常重要,是引导线动画顺利运行的条件。

将引导设置好后可以按下 Ctrl+Enter 组合键查看引导动画效果。

(2)应用引导路径动画的技巧。

1)"被引导层"中的对象在被引导运动时,还可作更细致的设置,比如运动方向,选中"属性"面板上的"调整到路径"复选框，对象的基线就会调整到运动路径，如图2-36所示。

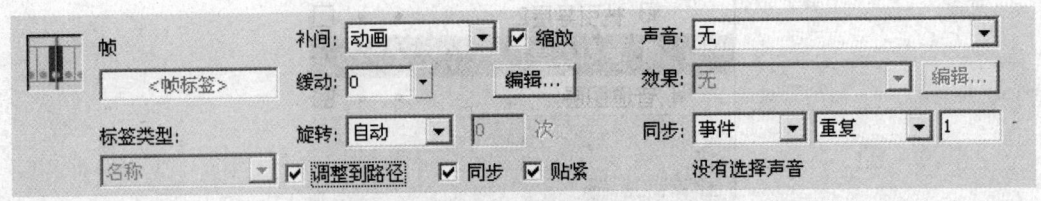

图2-36 路径调整和对齐

2）引导层中的内容在播放时是看不见的，利用这一特点，可以单独定义一个不含"被引导层"的"引导层"，该引导层中可以放置一些文字说明、元件位置参考等，此时，引导层的图标为 。

3）在做引导路径动画时，按下工具栏上的"对齐对象"功能按钮 ，可以使"对象附着于引导线"的操作更轻易成功。

4）过于陡峭的引导线可能使引导动画失败，而平滑圆润的线段有利于引导动画成功制作。

5）被引导对象的中心对准场景中的十字形，也有助于引导动画的成功。

6）向被引导层中放入元件时，在动画开始和结束的关键帧上，一定要让元件的注册点对准线段的开始和结束的端点，否则无法引导。假如元件为不规则形，可以按下工具栏上的"任意变形工具" ，调整注册点。

7）假如想解除引导，可以把被引导层拖离"引导层"，或在图层区的引导层上右击，在弹出的快捷菜单上选择"属性"命令，在弹出的对话框中选择"一般"作为图层类型，如图2-37所示。

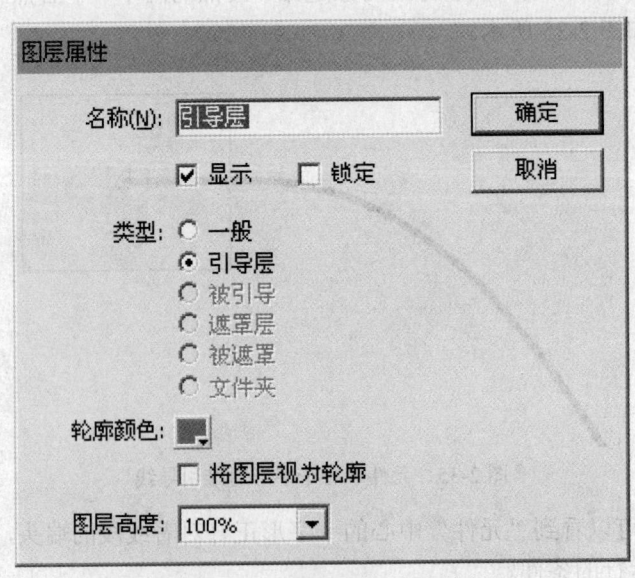

图2-37 "图层属性"对话框

8）假如想让对象做圆周运动，可以在"引导层"画个圆形线段，再用橡皮擦去一小段，使圆形线段出现两个端点，再把对象的起始、终点分别对准端点即可。

9）引导线可以重叠，比如螺旋状引导线，但在重叠处的线段必须保持圆润，让 Flash 能辨认出线段走向，否则会使引导失败。

2.2.4 动画声音合成

导入到 Flash 里的声音文件，一般都用 Flash 支持的 MP3 和 WAV。导入方法：执行菜单中的"文件"→"导入"命令。在打开的"导入到库"对话框中，选择要导入的声音文件，单击"打开"按钮。导入的声音最初并不出现在时间轴上。同组件一样，导入的声音在库中，需要时可以随时使用这个声音。"导入到库"对话框如图 2-38 所示。

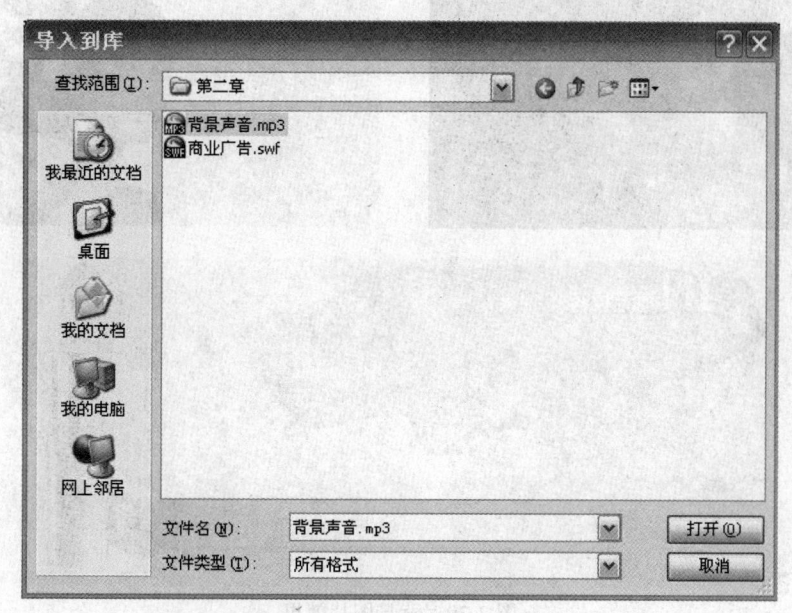

图 2-38 "导入到库"对话框

2.2.5 简单脚本控制语句的使用

根据平时做的 Flash 动画经验，下面列出了一部分常见的脚本语句。
- Go to：跳转到指定的帧。
- Play：播放。
- Stop 停止。
- Toggle High Quality：在高画质和低画质间切换。
- Stop All Sounds：停止所有声音的播放。
- Get URL：跳转至某个超链接。
- FSCommand：发送 FSCommand 命令。
- Load Movie：装载影片。
- Unload Movie：下载影片。
- Tell Target：告知目标。
- If Frame Is Loaded：判断帧是否被完全载入。
- On Mouse Event：鼠标事件。

2.3 操作步骤

2.3.1 设计主体动画

（1）确认需要用到的 3 幅背景图片并做相应处理，如图 2-39 所示。

图 2-39 背景图片效果

（2）导入欧莱雅的图标，如图 2-40 所示。

图 2-40 欧莱雅图标效果

（3）导入制作滚动动画时所需的 8 张图片，如图 2-41 所示。

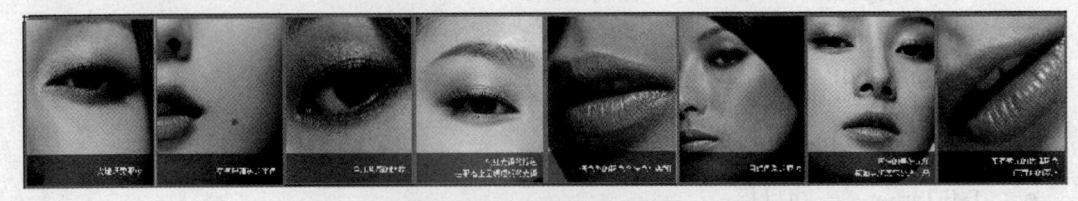

图 2-41 滚动动画图片效果

（4）导入背景音乐，如图 2-42 所示。

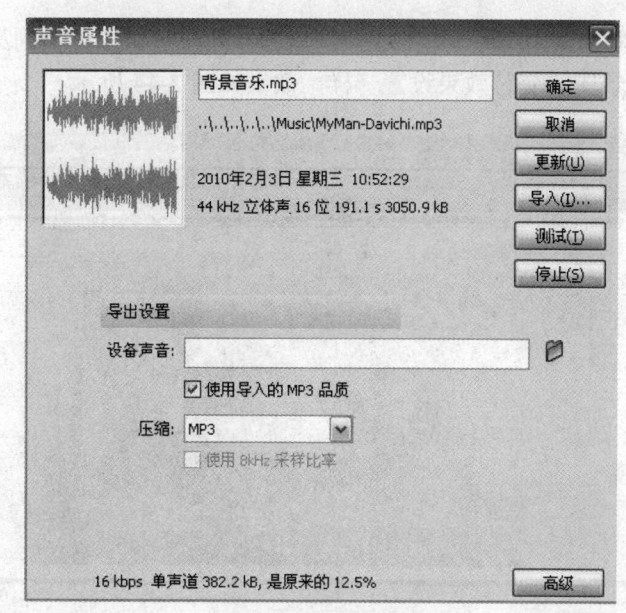

图 2-42 导入音乐

2.3.2 设计滚动动画

1. 设计 3 幅背景图片的出现方法和出现时间

（1）第一张背景图片出现时间为第 1 帧到第 119 帧，出现方法为遮罩出现，具体操作方法详见 2.2.3 节遮罩动画及引导层动画的设计与制作中的遮罩动画实例。

（2）第二张背景图出现时间为第 88 帧到第 214 帧，这里要注意，在第一张背景图和第二张背景图直接有一段交叉的时间，即第 88 帧到第 119 帧，在这段时间内，制作第一张背景图逐渐消失的补间动画，以及第二张背景图的逐渐展现的补间动画，效果如图 2-43 所示。

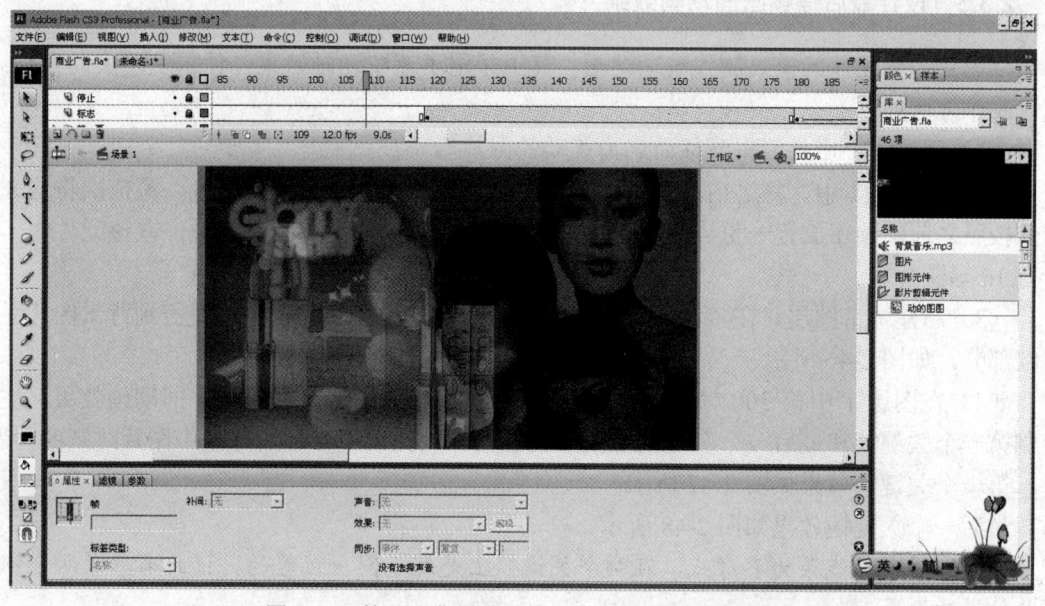

图 2-43 第一张背景图与第二张背景图交替的效果

（3）第三张背景图出现时间为第 195 帧到第 580 帧，从第 195 帧到第 214 帧之间与第一张背景图和第二张背景图的交替效果设置一样，效果如图 2-44 所示。

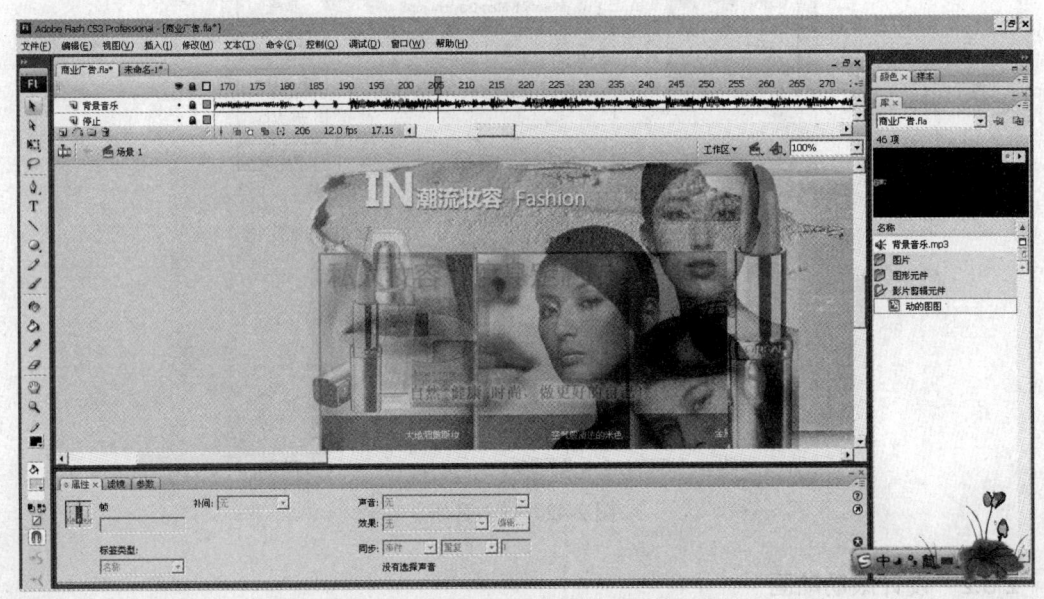

图 2-44　第二张背景图与第三张背景图交替效果

2. 设计背景图片上面的点缀小动画以逐帧动画和补间动画的形式出现

由于这里涉及的点缀小动画较多，制作方法比较简单，请大家参考源文件制作。

3. 添加文本以补间动画的方式设置动画效果

文本动画与点缀动画类似，均以补间或者逐帧动画的形式制作，涉及的知识点在第 1 章中曾做了详细讲解，这里也不再赘述，请参考源文件制作。

2.3.3　设计最后停顿画面动画效果

以影片剪辑元件的模式制作滚动动画，其中采用了遮罩动画效果，使得呈现滚动效果；制作方法如下：

（1）新建一个影片剪辑元件命名为"动的图片"。

（2）在图层 1 中，将之前准备好的 8 幅图片依次拖入并将位置对整齐，再依次将这 8 幅图片按照之前的顺序放置一份到图层 1 中，效果如图 2-45 所示，也就是说，在该元件中，共计有 16 幅图片。

（3）新建一个图层，在该图层上绘制一个矩形，矩形大小为正好能覆盖到背景图片 3 的口红部分，如图 2-46 所示。

（4）在图层 1 中第 200 帧添加关键帧，并在第 1~200 帧之间设置补间动画效果。注意控制第一个关键帧和最后一个关键帧上图片的位置，以免出现在播放过程中图片跳跃的问题。

第一个关键帧效果如图 2-47 所示。

最后一个关键帧效果如图 2-48 所示。

注意：绿色的线条为参考线，在两个关键帧上是处于同一位置的，借此来参考两个帧上图片位置的设置。

第 2 章 制作广告

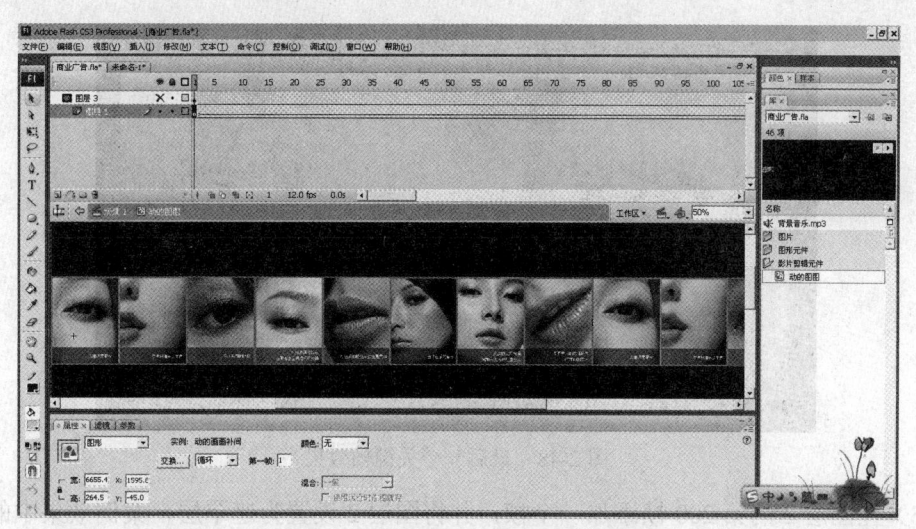

图 2-45 影片剪辑中的图片摆放效果

图 2-46 遮罩层矩形位置及大小

图 2-47 第一个关键帧效果

85

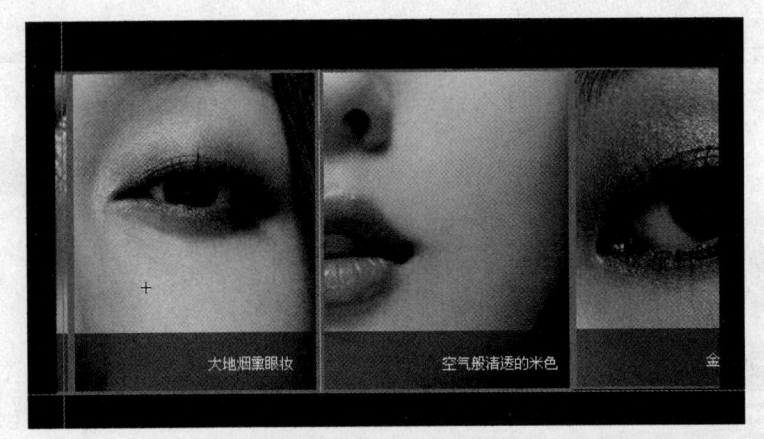

图 2-48　最后一个关键帧效果

（5）在图层 2 的第 200 帧添加一个帧，并将图层 2 设置为遮罩层，案例效果中的最后停顿画面动画至此就完成了，效果如图 2-49 所示。

图 2-49　完成效果

2.3.4　动画控制

使用补间动画以放大的方式显示宣传语，停顿一段时间之后放置于右上角作为整个动画的标志。

在滚动动画的影片剪辑实例上设置脚本程序如下：

```
on (rollOver) {stop();
}
on (Rollout) {play();
}
```

使得当鼠标移动到滚动图片时,动画静止下来,以便能够看清楚图片内容;当鼠标移开时,动画继续播放。

在整个图层上新建一个图层命名为"停止",在该图层的最后一帧添加一个关键帧,并对帧设置脚本程序:stop();,使得动画在此时停止循环播放。

2.3.5 添加背景音乐

新建一个图层命名为"背景音乐",并将库面板中 MP3 音乐拖动到场景中。拖入之后效果如图 2-50 所示。

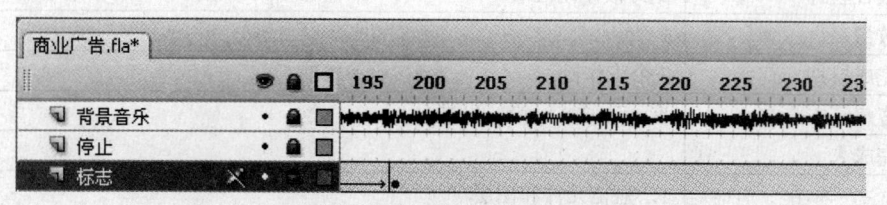

图 2-50 添加背景音乐

2.3.6 动画优化与导出

将动画设计与制作完成之后,需要对动画进行优化和导出。单击"文件"→"发布设置"命令,弹出如图 2-51 所示的对话框,根据自己的动画发布需要进行设置即可。

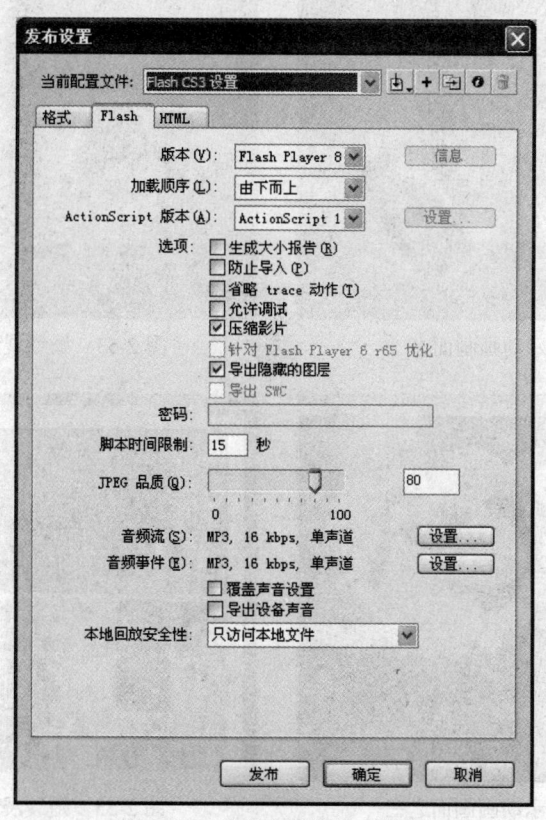

图 2-51 "发布设置"对话框

2.4 技能拓展——婚纱展示动画

为了让读者巩固在本项目中学到的知识，下面将进行技能拓展练习。本次拓展练习为根据提供的项目订单，设计符合要求的动画效果，案例效果如图 2-52 至图 2-57 所示。

客户名称：*******公司	客户类别：公司
需求量记录	
项目名称	婚纱展示动画
数量	1 个
完成日期	7 个工作日
客户基本需求	展示动画；时尚、先进
完成人	
其他需求	1. 规范元件和图层 2. 色彩搭配协调 3. 需要配合恰当的音乐 4. 动画效果流畅

图 2-52　婚纱展示动画画面之一

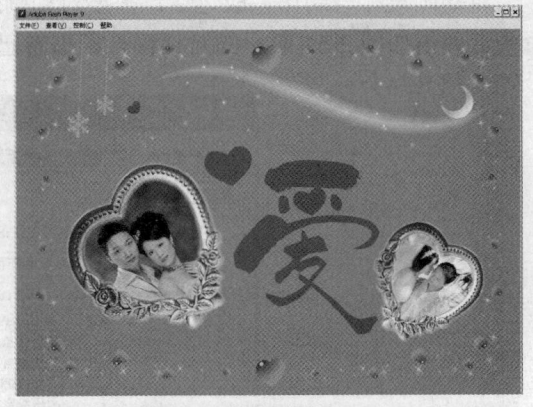

图 2-53　婚纱展示动画画面之二

图 2-54　婚纱展示动画画面之三

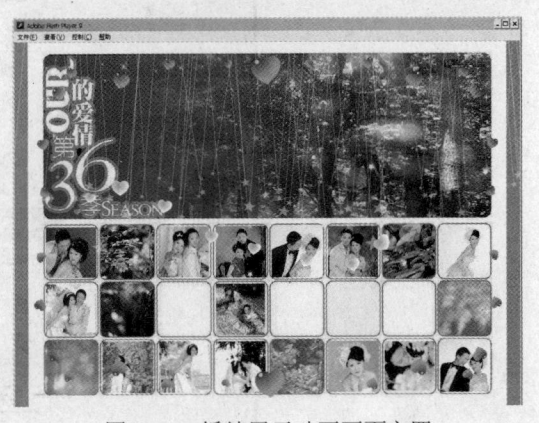

图 2-55　婚纱展示动画画面之四

图 2-56　婚纱展示动画画面之五　　　　　图 2-57　婚纱展示动画画面之六

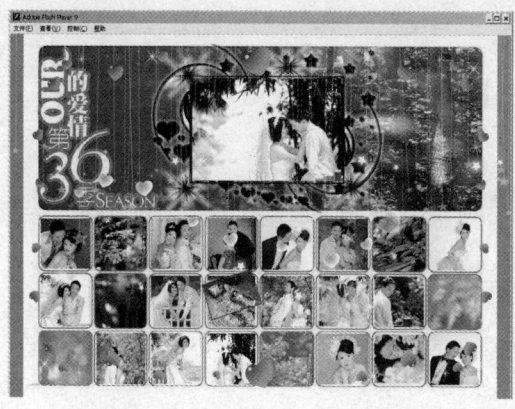

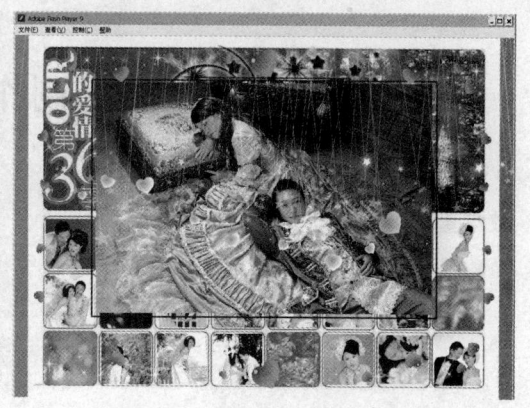

2.5　实训小结

通过本项目，主要让学生巩固基本动画的设计与制作，强调对元件和图层的规范化管理，以及根据客户需求设计动画效果。由于采用的是分组教学，因此在操作过程中，除了考核记录学生的个人完成情况，还特别考评了学生的小组合作意识和能力，将个人成绩和团队成绩综合成最终评定成绩。

第 3 章 制作 Flash MV

教学重点与难点

- 图层的管理与应用
- 动画角色、场景设计
- MV 动画制作

3.1 任务布置——"我是一只小小鸟"MV 制作

3.1.1 分析客户要求

为了克服视频 MTV 在观看时因为网速过慢而时断时续的缺点，现在许多用于网络传播的 MTV 都采用了 Flash 来制作。使用 Flash 动画制作的音乐 MV，故事简单明了、画面流畅、音质优美且色彩明快。根据调查分析，本项目的客户要求如下：

（1）体现出 MV 中的角色。
（2）MV 中动画尽量符合音乐意境。
（3）动画效果流畅。
（4）有基本的控制按钮。

3.1.2 收集整理素材

在前期策划阶段，需要选择用于 MV 的歌曲，本项目选择赵传演唱的"我是一只小小鸟"，确立 MV 的风格为卡通小动物系列，确定 MV 要表现的情节内容：一只小鸟想要飞翔，总是感觉自己是只孤单的小小鸟，想要飞却怎么也飞不高，但它并没有放弃，而是相信风雨过后会有彩虹。确定好情节后，可以去搜集制作所需要的场景、文字、声音等，也可以自己制作矢量背景，如图 3-1 所示。

图 3-1 用 Flash 绘制的矢量背景

根据情节需要，有时还需要对选定的音乐文件进行处理，比如希望在动画中出现打雷或者下雨的声音，那么可以将打雷或者下雨的声音添加到音乐文件中，当然也可以在制作的过程中添加声音到动画里面，而不需要对声音文件进行特别的处理。在本项目中，由于考虑到 MV 的片头部分的音乐，还有动画中的打雷声音等，所以事先用音频处理软件将 3 段音乐文件融合在一起，详见素材库（sound1.mp3）。

3.2 知识技能

3.2.1 角色动画制作

单依靠 Flash 软件来制作动画确实存在比较大的局限性，传统动画工艺中的制作手法在特殊情况下反而显得快捷有效。例如，角色的转面动作，角色走、跑和跳等幅度较大的动作等。因此，适当地将传统动画的制作手段与 Flash 软件配合、鼠绘与手绘相结合，以及逐帧和补间的灵活运用便成为制作 Flash 动画片行之有效的解决方案。本节就主要介绍使用鼠标绘制动画中的人物、动物等角色，以及实现角色的基本动作动画制作。

1. 使用鼠标绘图

在制作动画时，常常需要在场景中绘制大量的图形，这些图形大多需要用户自己绘制，若用户没有使用鼠标绘图（以下简称鼠绘）功底，或鼠绘的能力不强，绘制出的图形就不会那么完美。因此，掌握一定的鼠绘技巧是制作动画的重要前提之一。在绘制时，除手对鼠标掌握的灵活程度会影响绘制效果外，能否熟练使用快捷键、鼠绘方法和鼠绘风格也是绘制者应该注意的几个方面。

（1）鼠绘常用快捷键。在 Flash 中，结合鼠绘使用快捷键，不仅可以减少误操作，还可以提高鼠绘速度。这些快捷键通常用于切换绘图工具，主要包括以下快捷键：

- V 键：按该键切换到"选择工具"选择状态，这在修改线条和选择场景中的对象时使用较多。
- A 键：按该键切换到"部分选择工具"选择状态，这在编辑复杂曲线或绘制图形时使用较多。
- N 键：按该键切换到"线条工具"选择状态，此时可直接在场景中进行线条的绘制。
- Y 键：按该键切换到"铅笔工具"选择状态，此时可使用铅笔工具。
- P 键：按该键切换到"钢笔工具"选择状态，此时可进入钢笔绘图状态。
- K 键：按该键切换到"颜料桶工具"选择状态，此时可对图形进行填充。
- E 键：按该键切换到"橡皮擦工具"选择状态，以便对场景中的图形进行擦除。
- Z 键或 M 键：按这两个键可切换到"缩放工具"选择状态，此时可单击鼠标左键放大显示场景，或按住 Alt 键单击鼠标左键缩小显示场景。
- J 键：在绘制图形时，按该键将激活对象绘制，激活以后绘制的图形将是图形格式的。
- Ctrl+Z 组合键：按该组合键后将执行撤销命令一次，可多次执行。一般建议在对键盘无任何操作时，左手手指保持按 Ctrl+Z 组合键的姿势。

（2）鼠绘常用方法。虽然图形基本都可以使用线条进行绘制，但在合适的时候使用其他一些方法，可以加快绘图的速度。通常使用的方法有几何图形法、移动组合法和辅助上色法。这里将以绘制头部头发为例来介绍 3 种方法的使用。

1）几何图形法。几何图形法通过对基本几何图形进行组合来绘制图形，并通过编辑使图形达到需要的效果。使用几何图形法绘制图形时，要注意图形间的组合关系，且绘制好图形后，要对图形进行必要的修饰，如图 3-2 所示。

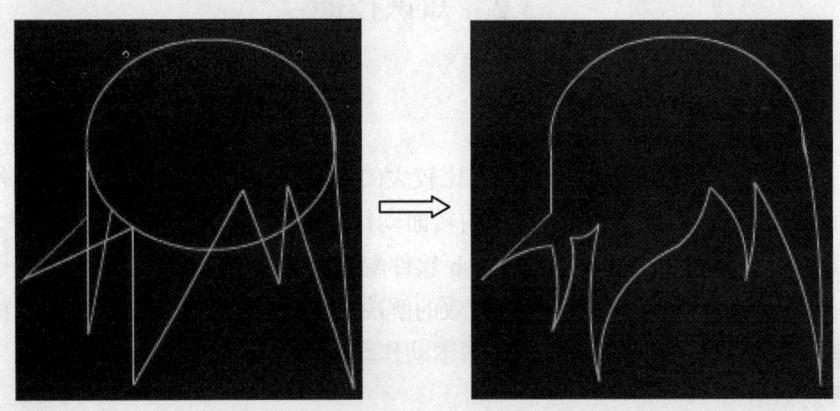

图 3-2　使用几何图形法绘图

2）移动组合法。移动组合法是指在绘制图形时，对其各部分分别绘制，然后将绘制好的各部分移动到一起组合成完整的图形，有时也需要结合几何图形法完成对图形的修饰，如图 3-3 所示。

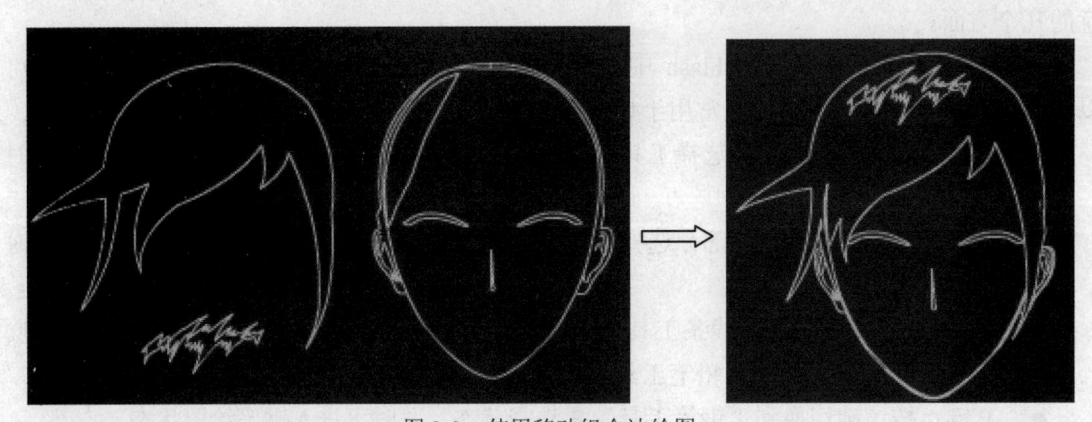

图 3-3　使用移动组合法绘图

3）辅助上色法。通常在填充颜色时都会使用"颜料桶工具"，但使用该工具填充颜色时会整块地填充，而实际上在填充卡通或其他图形对象时，简单的整块填充并不能满足需要，这时需要借助辅助线划分颜色区域，填充完颜色后再将辅助线删除，调整出最后的效果，如图 3-4 所示。

（3）常见鼠绘风格。要制作好的动画，不仅要有好的创意，恰当的绘画风格也是非常重要的。在 Flash 动画中常用的绘画风格有古典风格、四季风格和远近风格等。

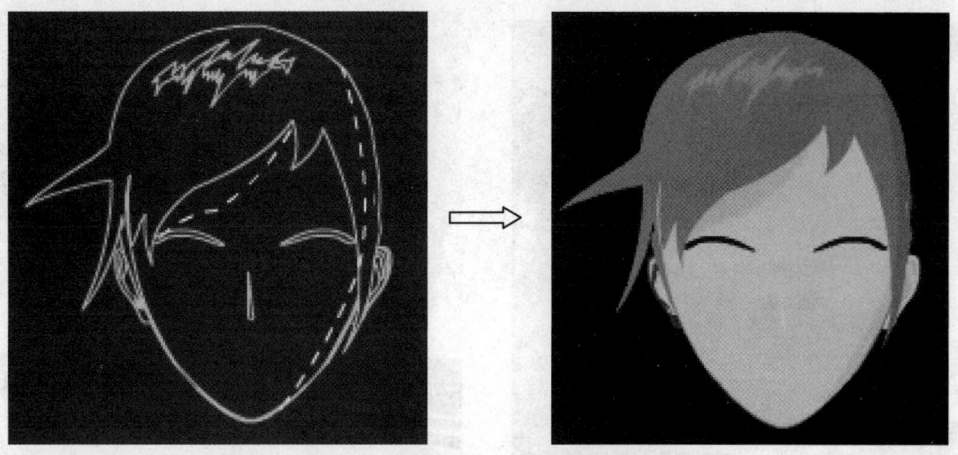

图 3-4　使用辅助上色法填充图形

1）古典风格。在制作历史题材的动画时，常常使用充满古典韵味风格的图形。在绘制古典图形时，多使用土黄、深红、黑和灰等颜色，而且画面要保持平衡，色彩之间的对比不要太过强烈，如图 3-5 所示。

图 3-5　古典风格

2）四季风格。许多 Flash 动画中都需要表达出季节的变化，春天的绿意盎然，夏天的火红热情，秋天的金色收获，冬天的白雪皑皑，如图 3-6 所示。

3）远近风格。在绘制图形时还需要考虑空间的远近关系，将人真实的视觉远近关系表现在图形中，如近的物体比较大且清晰，而远处的物体较小且模糊，如图 3-7 所示。

(a) 春 　　　　　　　　　　　　　(b) 夏

(c) 秋 　　　　　　　　　　　　　(d) 冬

图 3-6　四季风格

图 3-7　远近风格

鼠绘并非一朝一夕能熟练掌握的技巧，在学习的过程中，不仅要多观察多练习，还需要多借鉴其他优秀动画中绘制的图形，学习鼠绘高手们绘制图形的技巧，下面将主要介绍一些人物、动物等角色的绘制技巧及动画制作方法。

2．人物角色动画

动画的主要表现对象最终还是角色，而人物和动物是动画作品中的主要角色。角色动画不能仅仅依靠放大、缩小或静态移动来解决，尽量在 Flash 动画中，具体的动作细节表现没有传统动画制作那样严格的限制，但是仍然需要遵循动画制作中的常用手法。

（1）制作头部转动动画。

1）新建一个 ActionScript 3.0 文档，设置帧频为 12fps。使用"画笔工具"绘制一个头部造型或者在纸上面画好之后导入位图，如图 3-8 所示。

图 3-8　正视

2）根据头部的结构特征，制作角度变化后的画面。在绘制过程中，应注意造型的统一，包括头部轮廓的大小、五官的位置形态、饰品和衣物的形态等。一般情况下，Flash 动画并不追求精致的动作细节，因此，不必严格效仿传统动画制作要求，只绘制关键的角度即可，如图 3-9 至图 3-11 所示。

图 3-9　偏正视　　　　　　　　　　图 3-10　角度继续加大

图 3-11 左侧面

3）制作完成，按 Ctrl+Enter 组合键预览动画。

除了一般动作的动画制作，还可以根据内容、情节及情绪的需要，通过改变关键帧之间的距离，控制转动的时间和节奏。比如，在两个关键帧之间添加普通帧，即可控制转动的速度。

（2）制作走路动画。走路动画是任何动画作品都无法回避的内容，传统动画制作的走路动画弹性十足，动态效果良好，所以在很多 Flash 作品中依然使用了传统的走路制作模式。制作走路动画，若有位图可以直接导入，如果没有就在 Flash 中用画笔制作。

当然也有很多特殊情况下的走路动画，如小心翼翼地走路、垂头丧气地走路、蹑手蹑脚地走路等待。还有正面、侧面及背面走路等。

以侧面走路为例，介绍创建过程。新建一个 ActionScript 3.0 文档，默认参数设置，以逐帧形式绘制。

1）右腿向前，充分伸直，左腿后蹬，左臂朝前舒展伸直，右臂稍曲放后，如图 3-12 所示。

2）身体继续朝前移，左腿在后提起，朝前收拢，左臂稍往回收，右臂稍往前收在身旁，如图 3-13 所示。

图 3-12 第 1 帧 　　　　图 3-13 第 2 帧

3）左腿收至与右腿并拢，重心前移，左臂往后，右臂往前，均与身子靠近，如图 3-14 所示。

4）身体往前移动，左腿往前稍跨出，右腿后蹬，右臂往前伸，左臂做往后的姿势，如图 3-15 所示。

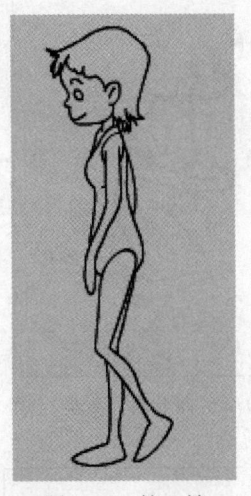

图 3-14　第 3 帧 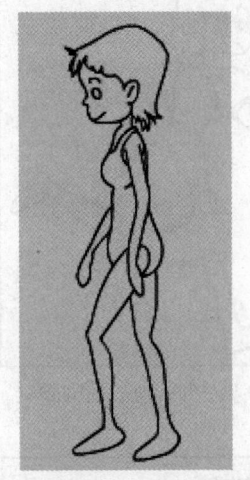　　　　　　图 3-15　第 4 帧

5）左腿朝前伸直，右腿后蹬，左臂放身后稍弯曲，右臂前朝舒展伸直，姿势与第 1 帧方向相反，如图 3-16 所示。

6）右腿在身后提起，作往前的姿势，重心前移，右臂稍往回收，左臂往前靠近身体，姿势与第 2 帧方向相反，如图 3-17 所示。

7）右腿收至与左腿并拢，重心继续前移，左臂往前，右臂往后，均与身子靠近，姿势与第 3 帧相似，只是方向相反，如图 3-18 所示。

图 3-16　第 5 帧 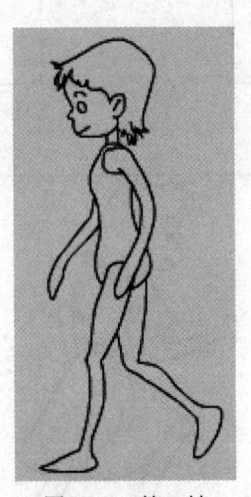　　　　图 3-17　第 6 帧 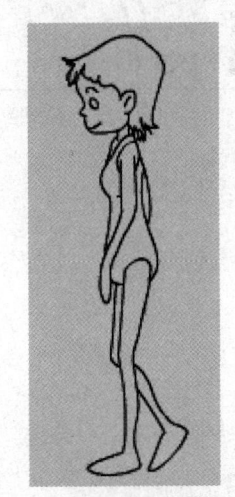　　　　图 3-18　第 7 帧

这样继续做好伸出左臂，伸出右腿的准备，回到第 1 帧的姿势，完成一轮走路动画。如果为了让动画播放起来动作更连贯，还可以继续细化其中的动作，用更多的关键帧来实现走路动画。

（3）制作跑步动画。跑步时四肢的相互关系与走路相似，但摆动幅度要大一些。依次绘制以下动态并以逐帧形式导入到舞台，如图 3-19 至图 3-23 所示。

图 3-19　右脚落地，左脚腾空

图 3-20　左脚落地，右脚勾起

图 3-21　右脚腾空

图 3-22　重心收回，左脚勾起

图 3-23　即将腾空

98

3. 动物角色动画

（1）制作小鸟飞翔的动画。鸟类飞翔时，翅膀煽动的频率因翼展大小不同而各不相同。阔翼类鸟类多在高空翱翔，翅大羽丰，能够轻易地捕捉到有利气流，故而煽动的频率较慢，并伴有展翅不动的滑翔，一般情况下，一个完整的煽动大约持续一秒以上，甚至更长。翅膀短小的雀，飞行动作基本不借助气流，煽动频率很快，一般在 1/2 秒左右。

1）新建一个 ActionScript 3.0 文档，设置帧频为 12fps，大小为 400×300 像素。

2）绘制逐帧飞行动画，如图 3-24 至图 3-27 所示。

图 3-24　双翅向上展翅飞翔

图 3-25　翅膀向下收、头抬高

图 3-26　向下煽动、身体略上移

图 3-27　身体下沉、翅膀展开

3）制作完成，按 Ctrl+Z 组合键预览动画。

（2）制作游动的鱼。鱼类的行动模式很单纯，主要是通过身体尾部的摆动来控制行进方向，辅以脊部、左右下腹部的鳍的摆动来完成运动。行进的轨迹同样是 S 形曲线。可根据摆动频率和速度节奏酌情控制，总的来说比较缓慢优雅，尾鳍越大，速度越慢。制作鱼类游动的动画，可根据移动轨迹的变化来调整鱼的身体形态，注意鱼的身体应同行进方向一致。

本例中是制作的鱼游动时身体的变化，至于行进的曲线和速度通过引导动画来实现。

1）新建一个文档，大小设置为 500×300 像素，其他参数采用默认设置。

2）新建一个图形元件"身体"，实现鱼身体部分的绘制，如图 3-28 所示。

图 3-28 鱼身体

3）新建一个影片剪辑元件"胸鳍",逐帧绘制出鱼游动时胸鳍的变化,如图 3-29 所示。
4）新建一个影片剪辑元件"腹鳍",逐帧绘制出鱼游动时腹鳍的变化,如图 3-30 所示。

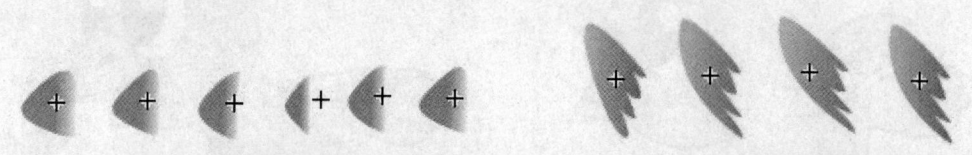

图 3-29 鱼胸鳍的运动　　　　　图 3-30 鱼腹鳍的运动

5）新建一个影片剪辑元件"尾鳍",逐帧绘制出鱼游动时尾鳍的变化,如图 3-31 所示。

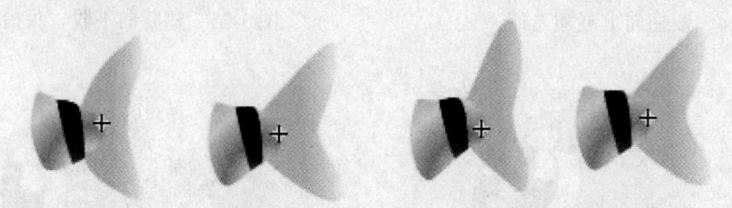

图 3-31 鱼尾鳍的运动

6）新建一个影片剪辑元件"鱼",将前面几个元件综合起来,并完善鱼身体主干部分的绘制,如图 3-32 所示。

图 3-32 完成后的鱼

除了已经各自完成的各个部分的运动外,还可以在此基础上让鱼有细微的位置移动,因此,在元件"鱼"中完成动画制作后的时间轴,如图 3-33 所示。

7）为了实现鱼游动时的曲线路径,在场景中利用引导动画来完成,并适当地调整鱼儿的角度,如图 3-34 所示。

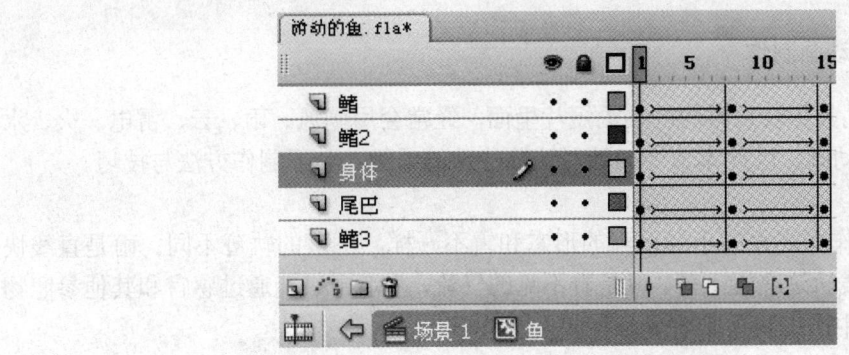

图 3-33 元件"鱼"的时间轴

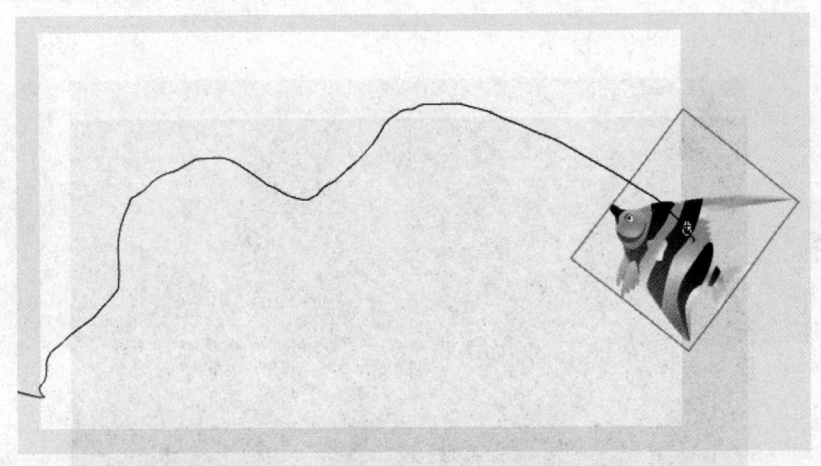

图 3-34 鱼的引导动画

8）为了让整个动画效果更好，本例中还导入一张图片，体现鱼儿游动的环境。并新建一个图形元件"珊瑚"，绘制一些珊瑚草点缀。最后效果如图 3-35 所示。

图 3-35 游动的鱼最后效果

101

3.2.2 自然现象动画制作

在 Flash 动画,尤其是较长时间的动画短片里面,经常会用到风、雨、云、雷电、火、水浪等常见的自然现象动画,因此本节专门针对这些特殊的动画,介绍制作方法与技巧。

1. 风雨动画制作

雪和雨动画的制作方式大同小异,雨的形态和雪不一样,下落的轨迹不同。雨是直线快速下落,而雪是以曲线轨迹缓慢下落。风是看不见的气流,生活中只能通过感官和其他参照物才能体会,动画作品中采用线条来表现。

下雨动画制作。新建一个文档,采用默认参数设置。

(1)新建图形元件"雨",使用"线条工具"绘制斜线,复制并调整位置,如图 3-36 所示。

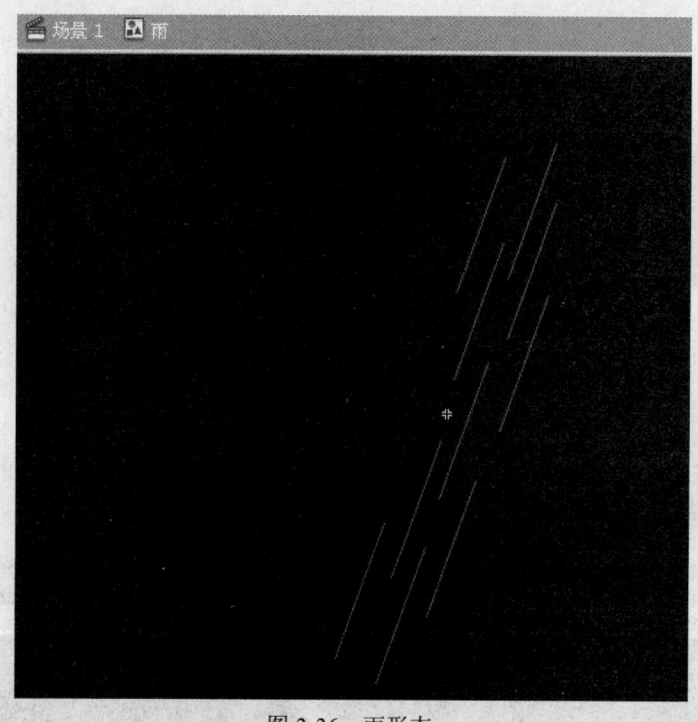

图 3-36 雨形态

(2)新建影片剪辑元件"下雨",将元件"雨"拖到舞台里,制作雨斜下的直线运动动画。为了实现下雨的连续效果,单独一层动画可不能完成。添加图层 2,在第一段动画的中间位置,插入关键帧,将元件"雨"再次拖入到舞台里;位置上要特别注意,应该刚好接在第一段动画里面雨的位置处。形成连续的画面,如图 3-37 所示。继续添加图层 3,做第三段动画,方法同第二段一样,起始和结束的位置都应该参照第二段动画中雨的位置。完成后的舞台及时间轴,如图 3-38 所示。

(3)接下来完成雨花效果。新建影片剪辑元件"水花 1",逐帧绘制水花的变化效果,过程如图 3-39 所示。为了实现水花四溅后的停顿效果,可以在后面添加几个空白帧,起到延时的作用。

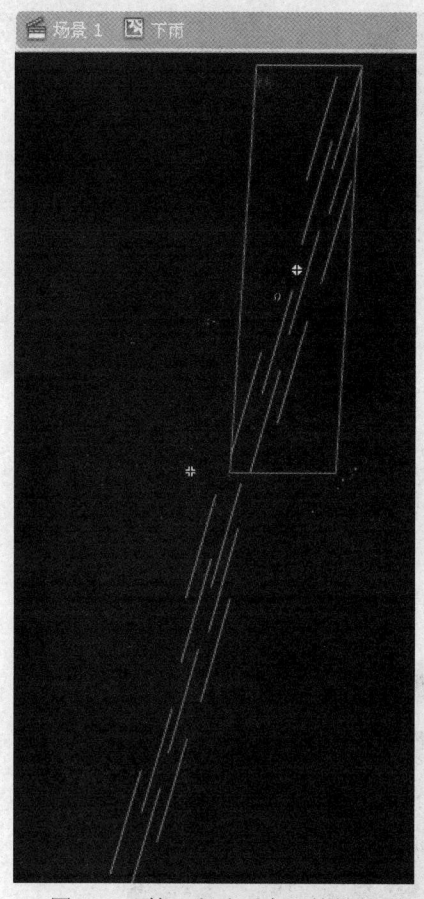

图 3-37 第二段动画中雨的位置 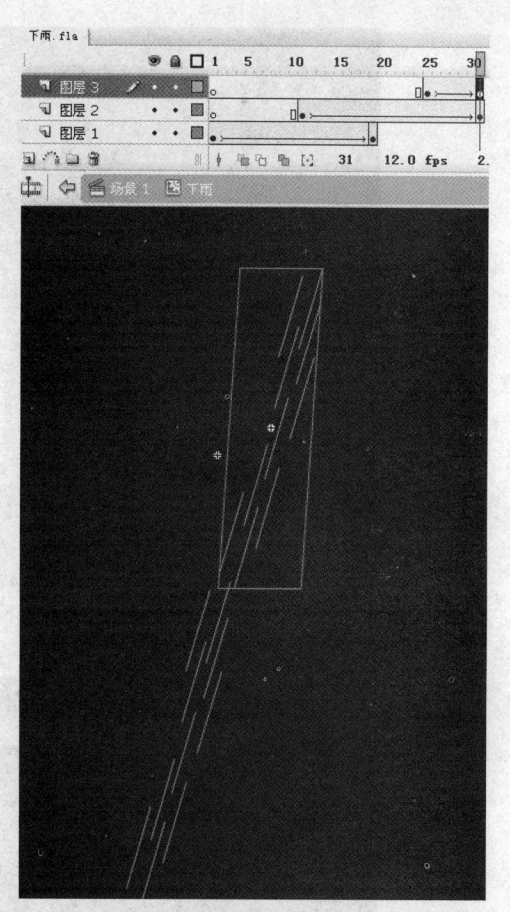　　　　图 3-38 元件"下雨"的舞台效果

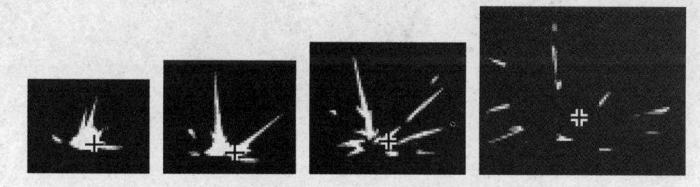

图 3-39 水花的动态效果

（4）同样，为了完成在场景里面多个水花不是同时溅开，新建影片剪辑元件"水花 2"，先空出几个帧，然后再把前面做好的水花的几个帧复制过去放在后面。这样两个元件同时放在舞台上，溅开的时间就错开了。

（5）简单布置下雨的背景。绘制矩形，填充线性渐变的颜色，上面为深蓝色，下面为灰色，如图 3-40 所示。

（6）回到场景 1，将背景放在最底层，添加图层 2，分别将元件"水花 1"和"水花 2"拖动几个到舞台上，交错摆放在舞台的下方位置。添加图层 3，将元件"下雨"拖动到舞台上，同样，多拖动几次，摆满整个舞台，最好舞台上、下、左、右的外面都摆放上，不然只有舞台中间下雨，显得不够真实。

（7）动画制作完成。按 Ctrl+Enter 组合键预览动画，效果如图 3-41 所示。

103

图 3-40 下雨的背景

图 3-41 下雨动画

2. 雷电的动画制作

雷电动画速度很快，颜色多以亮色为主。可以逐帧制作动画，也可以通过黑白画面的快速切换来表现。一个闪电多在 1 秒钟内完成从产生到消失的过程。因为声音比光的传播速度要慢，在制作动画时，雷声基本放在闪电结束后出现。而且过程中往往还会下雨，因此本实例接着前面的下雨效果来做。

（1）打开文件"下雨.fla"，另存为"电闪雷鸣.fla"。

（2）绘制闪电效果。新建影片剪辑元件"闪电"，同下雨的水花一样，闪电也需要设计中间延时，因此可以通过添加空白帧来实现。闪电过程中的形状如图 3-42 所示。为了丰富闪电变化的效果，最后还需要设计闪电逐渐消失的补间动画。

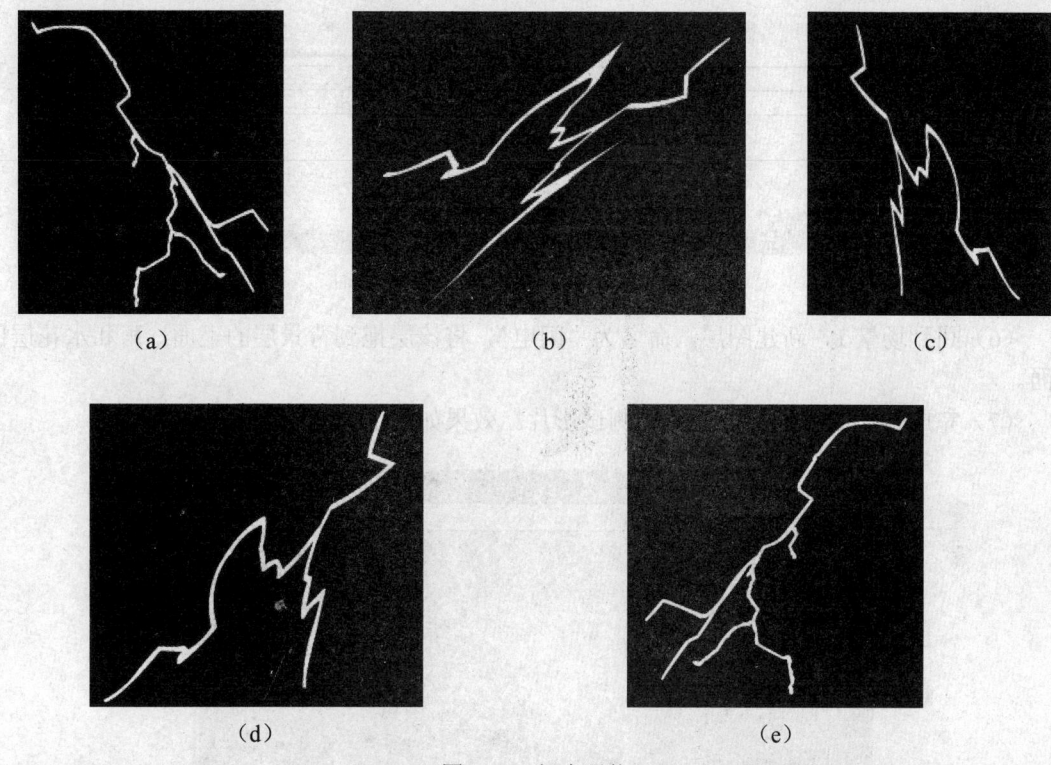

图 3-42　闪电形状

（3）当闪电突然出现时，人们的眼睛受到强光的刺激，感到眼前一片白或亮了许多，闪电过后瞳孔恢复正常，眼前又会出现闪电前的景象。因此，需要在有闪电光带出现的地方，表达出强光的效果。新建元件"bg 亮"，绘制矩形，填充放射状的颜色，突出中间的光亮，为了能和背景不冲突，要将周边的颜色设为原背景色的透明，效果如图 3-43 所示。

图 3-43　亮光背景

（4）回到"闪电"元件，添加图层"背景亮"，拖到闪电层的下方。在新图层中闪电出现的对应位置依次添加关键帧，将"bg 亮"元件拖入到舞台中央，空白帧的地方也要和闪电层一一对应。

（5）继续在元件"闪电"里面加入打雷的声音。添加图层，命名为"声音"，在第 25 帧插入关键帧，从库中将声音文件拖入到舞台。完成后的时间轴如图 3-44 所示。

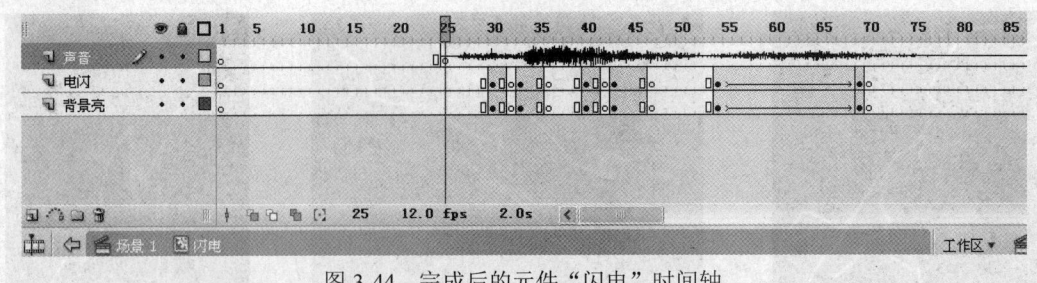

图 3-44　完成后的元件"闪电"时间轴

（6）回到场景 1，新建图层，命名为"闪电"，将该层拖到背景层的上面，雨和水花层的下面。

（7）完成动作制作。保存文件并测试影片。效果如图 3-45 所示。

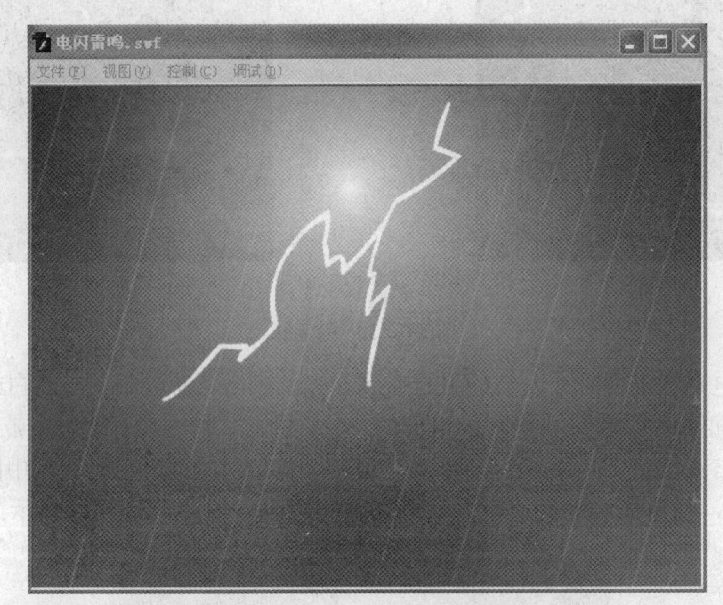

图 3-45　电闪雷鸣动画效果

3．火动画的制作

火的动画属于不规则的曲线运动，原因是火焰在燃烧时极易受到外界条件的影响。无论是风还是阻挡物，甚至是自身产生的热气流、气压，都会轻易地使火焰改变当前的形状。

火焰的基本运动轨迹为曲线，动态包括扩张、聚集、上升、下敛、摇摆、分离、消失等。在设计火焰动画时，必须坚持随意的原则，也不能孤立地处理单独的火苗，应当以团块为单位综合考虑。

按形态大小可把火焰动划分为小火苗、中等火焰和大火。小火动作细碎，跳跃感强，形态变化多端，一般以 6～10 帧的间隔进行不规则循环，多用来表现烛火；中等火焰含燃烧状态和上升分离两部分，最为常见，多用来表现火把、篝火等；大火由数个或数十个中等火焰组成，可分层进行处理，在较大场景中才会出现，如火灾、战争场面。

制作篝火动画。新建文档，设置背景颜色为黑色，其他参数采用默认设置。

（1）新建影片剪辑元件"火焰"，逐帧绘制火的动态画面，颜色以红黄渐变为主，如图 3-46 至图 3-51 所示。

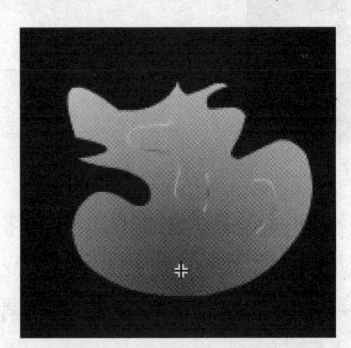

图 3-46 基本形态

图 3-47 火焰顶端逐渐分离

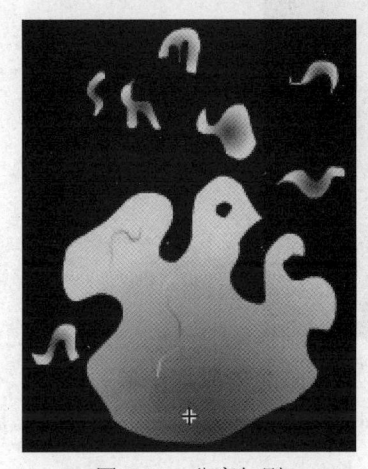

图 3-48 分离加剧

图 3-49 分离的小火焰逐渐上升

图 3-50 小火焰逐渐消失

图 3-51 接近初始形态

（2）新建图形元件"木块"，绘制用来燃烧的木材堆，如图3-52所示。

图3-52 "木块"元件

（3）回到场景1，在图层1中将"木块"元件加强拖到舞台上。添加图层2，将"火焰"元件拖到舞台上，放置在木块上面的合适位置，为了加强火焰的效果，可以再次将"火焰"元件拖到舞台上，水平翻转，并设置"属性"面板上的"颜色"下拉列表框里的"色调"，稍稍改变第2个火焰的色调，以体现火焰的千变万化，如图3-53所示。

图3-53 完成后的篝火画面

（4）完成动画制作，保存文件并测试影片，效果如图3-54所示。

图3-54 篝火动画效果

4. 云雾

云、雾是潮湿空气在上升过程中，随着气温的逐渐降低，一部分水气和空气中的微尘聚集在一起，被空气中上升的气流托着，形成飘在空中的云，而那些上升高度不够的则形成了雾。所以云与雾实质上是一样的，只是它们在大气中所处的位置不同，因此其表现形态也略有不同。

除了可以用 Flash 软件绘制云、雾外，还可以使用 Photoshop 软件来完成。而云、雾动画本身很简单，就是慢慢地移动。所以这里主要介绍云、雾的绘制，并将其融合在一幅画面里面，展现一幅蓝天下白云在飘，而竹林里迷雾茫茫的景象，如图 3-55 所示。

图 3-55 云雾效果

（1）绘制天空背景。绘制矩形，调整其大小和文档一样，并且设置 x、y 坐标都为 0，以保持完全遮住舞台。填充上下蓝白的线性渐变色，如图 3-55 中的背景所示。

（2）新建影片剪辑元件"白云"，这里使用影片剪辑元件的目的是为了后面能够使用"模糊"滤镜。使用"绘图工具"绘制随意性比较强的白云形状，利用前面讲的辅助上色法增强云朵的厚度感，如图 3-56 所示。

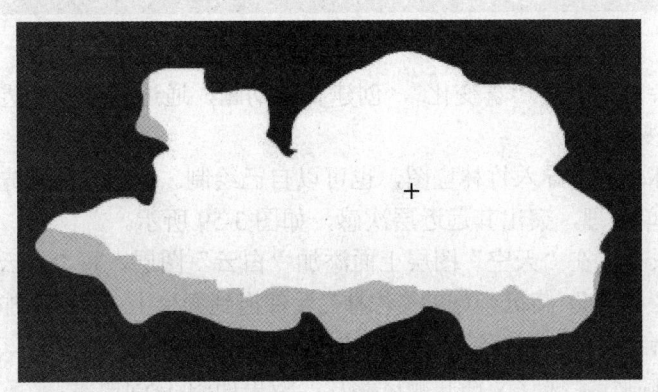

图 3-56 白云形状

（3）新建影片剪辑元件"白云飘"，将"白云"元件拖到舞台上，在"属性"面板上选择"滤镜"选项卡，添加"模糊"滤镜，使得舞台上的白云变得模糊，如图 3-57 所示。制作补间动画，让白云缓慢地水平移动。

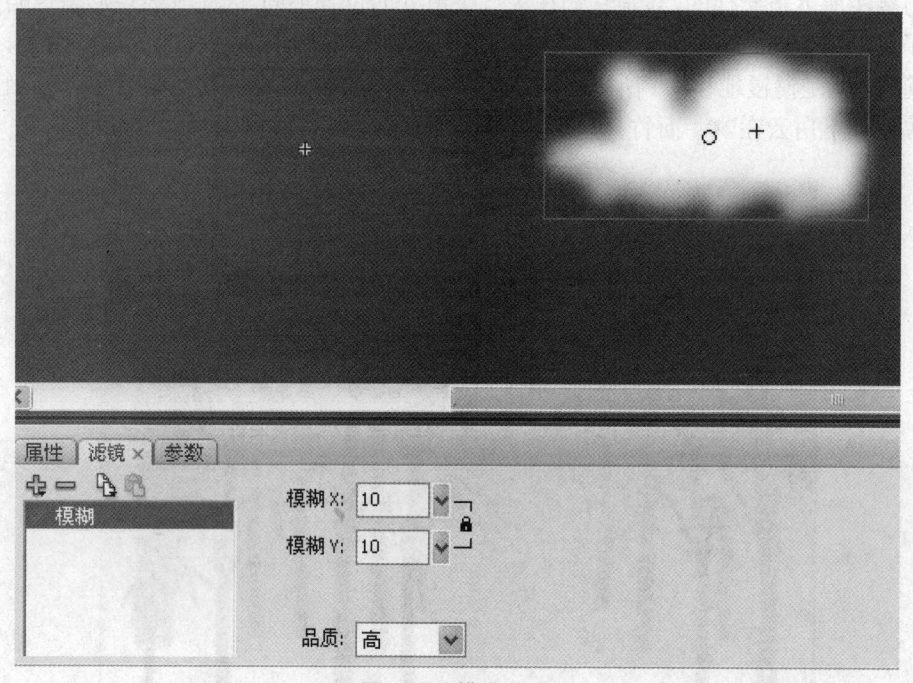

图 3-57 模糊白云

（4）新建图形元件"雾"，完成雾的绘制。同样雾也需要模糊的效果，可以使用和白云一样的方法完成模糊，也可以通过填充透明颜色来实现雾的轻飘感，如图 3-58 所示。

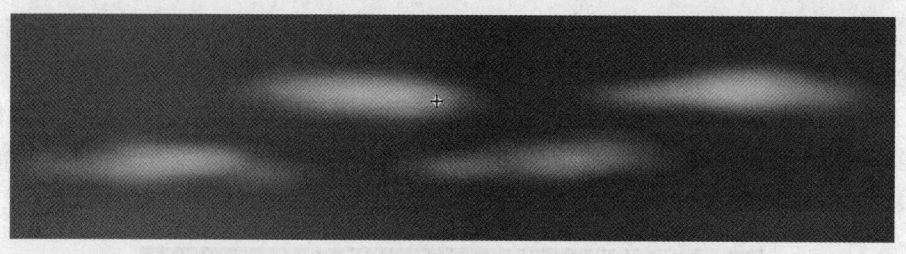

图 3-58 雾

（5）新建影片剪辑元件"雾变化"，创建补间动画，通过设置雾的透明度来实现雾若隐若现、时淡时浓的变化效果。

（6）准备竹林。可以导入竹林位图，也可以自己绘制。这里导入事先准备好的竹林侧面图片，然后进行简单处理，突出其远近层次感，如图 3-59 所示。

（7）回到场景 1，在"天空"图层上面添加"白云"图层，将"白云飘"元件拖到舞台上；继续添加图层"竹林"，将处理好的"竹林"元件拖到舞台上；最后添加图层"雾"，将"雾变化"元件拖到舞台上。调整好各自的对应位置，如图 3-60 所示。

（8）完成动画制作，保存文件并测试影片，效果如图 3-55 所示。

图 3-59　竹林

图 3-60　完成后的"云雾"舞台

3.2.3　视频的导入

通常所说的在 Flash 动画中导入视频文件,是将多种文件格式的视频剪辑导入为嵌入文件。除此之外,还可以将 Flash 视频文件（.flv 格式）导入库中。

1. 在 Flash 中能导入的嵌入视频格式

如果在 Windows 系列操作系统中安装了 DirectX 9.0 或其更高版本,则在导入嵌入视频时可支持的视频文件格式为.mpeg/.mpg、.avi、.wmv 和.asf（Windows 媒体文件）。

111

当导入系统不支持的视频文件格式时,Flash 会打开一个提示信息对话框,说明不能完成导入。对于某些视频文件,Flash 只能导入其中的视频部分而无法导入其中的音频部分,这时 Flash 也会打开一个提示信息对话框,指出无法导入文件音频部分。

2. 在 Flash 动画中导入视频

在 Flash 中,可以用嵌入视频文件的方式导入视频剪辑,嵌入视频剪辑将成为动画的一部分,就像导入的位图或矢量图一样,最后发布成 Flash 动画形式或 Quick Time(mov)电影。

(1)新建一个文档,选择"文件"→"导入"→"导入视频"命令,弹出"导入视频"对话框,在其中单击"浏览"按钮,弹出"打开"对话框,在"查找范围"下拉列表框中选择视频文件的存储路径,在"文件名"组合框中选择视频文件"荷花.wmv",如图 3-61 所示。

图 3-61　选择视频文件

(2)单击"打开"按钮,返回"导入视频"对话框,在其中单击"下一个"按钮,弹出"部署"对话框,如图 3-62 所示,默认选中"从 Web 服务器渐进式下载"单选按钮,单击"下一个"按钮。

(3)弹出"编码"对话框,在"请选择一个 Flash 视频编码配置文件"下拉列表框中选择"Flash8-中等品质(400kbps)"选项,如图 3-63 所示,单击"下一个"按钮。

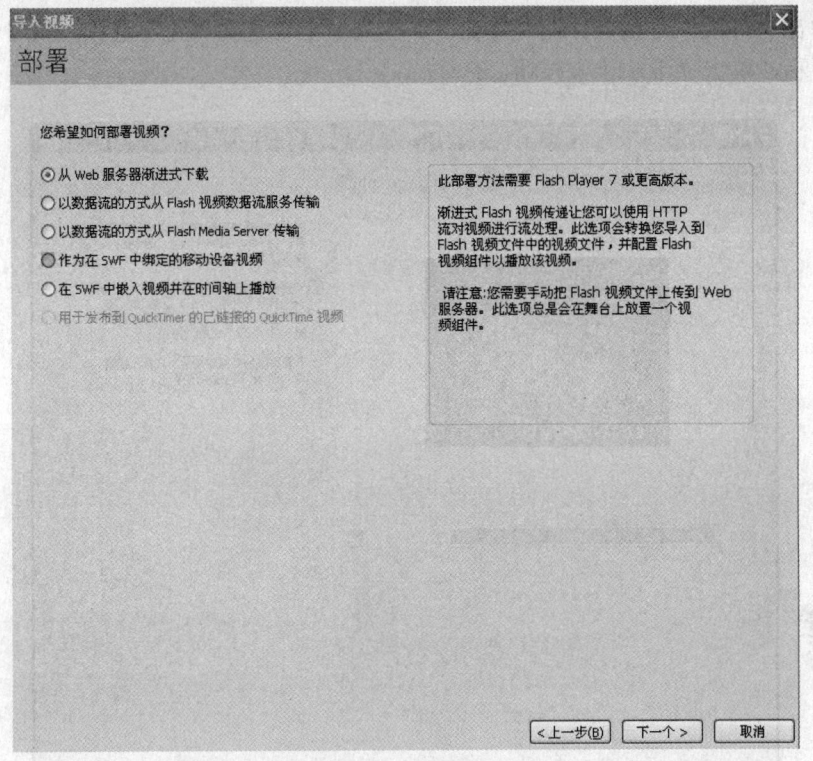

图 3-62 "部署"对话框

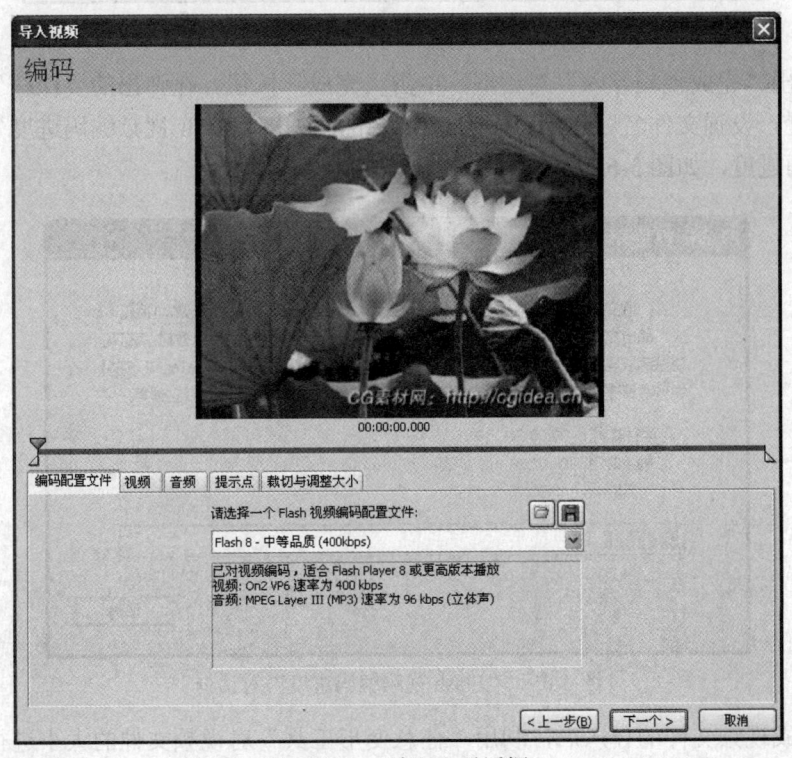

图 3-63 "编码"对话框

（4）弹出"外观"对话框，在"外观"下拉列表框中选择"无"选项，只导入视频文件，如图 3-64 所示，单击"下一个"按钮。

图 3-64　"外观"对话框

（5）弹出"完成视频导入"对话框，单击"完成"按钮。在弹出的"保存"对话框中选择保存的位置，设置文件名后，单击"确定"按钮，弹出"Flash 视频编码进度"对话框，显示视频编码的进度，如图 3-65 所示。

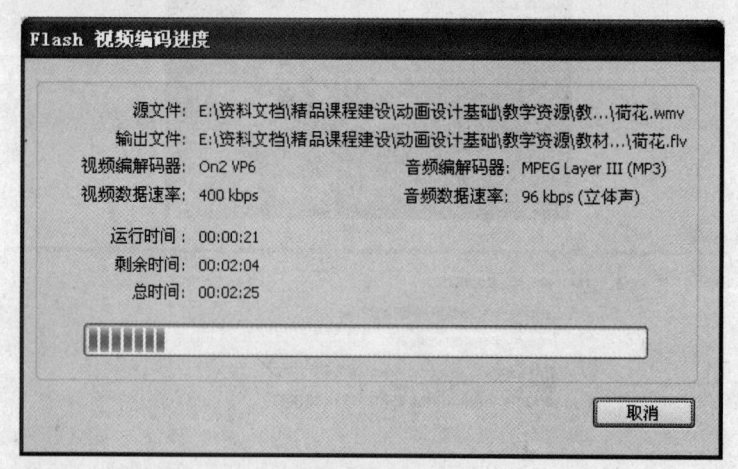

图 3-65　"Flash 视频编码进度"对话框

（6）完成视频文件的导入后，利用"任意变形工具"对视频文件的大小进行调整，使其位于舞台窗口的中心位置。保存文件并测试动画，效果如图 3-66 所示。

第 3 章 制作 Flash MV

图 3-66 视频文件播放效果

3. 视频文件属性的设置

将视频文件导入后，还可以在"属性"面板的"参数"面板中对视频文件的属性进行设置，指定视频文件的名称、改变视频文件的大小等，如图 3-67 所示。在导入视频文件的过程中，图 3-63 所示的"编码"对话框中也可以对视频文件进行设置。在"编码配置文件"选项卡下可以对视频文件和音频文件的一些基本参数进行设置；选择"提示点"选项卡，在对话框的预览窗口拖动播放头到需要位置，单击 + 按钮即可在此帧中添加提示点，在视频文件的某个位置添加标识；选择"裁切与调整大小"选项卡，可在其中对视频文件的尺寸进行设置。

图 3-67 视频文件"属性"面板的"参数"设置

提示：保存测试影片后，原文件夹下对应有 3 个文件：.fla（Flash 动画源文件）、.swf（动画播放文件）、.flv（外部视频，在制作过程中自动通过对原来的视频文件转换得到的 Flash 视频文件）。

3.2.4 Flash MV 的特点

Flash MV 是 Flash 动画的一种重要表现形式，它与视频拥有不同的风格与内容，在制作时使用的人力和物力也更少，非常适合个人创作。总结起来，Flash MV 的特点如下：

115

（1）动画文件小是 Flash 的基本特点，一个时长为 1 分钟的普通动画 MV，其文件大小一般都低于 1MB，因此非常便于在网络上传播。

（2）相对于电视 MV 来说，Flash MV 的制作费用要低很多。因此制作时不需要大量的工作人员，也可以制作出优秀的 MV。

（3）表现形式多样化，有 Q 版风格的，也有完全用手绘制作的。不同的表现形式有着不同的风格，让观众有着不同的感受。

（4）Flash 非常适合个人进行创作，只要掌握基本的动画知识，会熟练使用 Flash 软件，就能制作出完整的 MV。

3.2.5 Flash MV 的制作流程

制作 Flash MV 通常需要经过以下 5 个流程来完成：

（1）前期策划。这是制作 Flash MV 的首要过程，在该过程中应确定用于制作 MV 的歌曲和 MV 要采用的风格，并为 MV 设置要表现的情节和角色形象等内容。在策划的过程中，建议将策划出来的内容（如主要场景、角色布置以及场景之间的过渡方式等）都以草图的方式记录下来，以方便后期的制作。

（2）收集素材。该过程中需要根据策划的内容，有针对性地搜集 MV 中要用到的文字、图片及声音等素材，也可通过专门的软件对其他素材进行编辑和修改，或对需要的素材进行提取来得到特定的素材。

（3）制作动画要素。该过程根据前期策划的内容，在 Flash 中制作 MV 需要使用的各动画要素，如绘制角色形象，绘制动画背景，制作动画中需要用到的图形元件、按钮元件或影片剪辑元件等。

（4）制作声音和动画。该过程需将歌曲导入到动画中，然后结合歌曲在动画中的实际播放情况，利用前面制作好的动画要素，进行动画场景的编辑和调整，并为编辑好的场景添加相应的字幕。

（5）测试并发布。完成动画的初步编辑后，可通过预览动画的方式检查 MV 的播放效果，然后根据测试结果对 MV 的细节部分进行调整，调整完毕后设置 MV 的发布格式、图像和声音的压缩品质并发布 MV。

3.2.6 Flash MV 的优化与管理

在制作 Flash MV 时，不仅是将动画制作出来就结束了，还需要进行一些优化处理和适当的管理措施。具体表现如下：

（1）镜头特效。与拍 MV 电影一样，会使用到一个镜头，通过对动画进行制作，使用移、推、拉、摇、跟随和切换等表现形式，表现出镜头拍摄的真实效果。

（2）动画风格。在制作 Flash MV 时，需要根据音乐表现的主体选择合适的动画风格，以适当的表现形式来突出主体效果。

（3）文件平衡。因为 Flash MV 多用于网络传播，而其中使用到的素材和元件等又非常多，因此很容易造成动画文件过大，这样将不利于网络传播，因此在制作时需要在 MV 的效果与文件大小之间取得一个平衡点。

3.3 操作步骤

本实例制作音乐"我是一只小小鸟"的 MV，制作过程大体分为 7 个部分。

3.3.1 导入声音文件

动画的前期工作包括设置文档属性、导入音乐文件和制作动画角色等，主要是为了后期制作的方便。由于本项目中使用的声音文件是根据策划，重新编辑过的音频文件，其中综合的有片头音乐、主体歌曲音乐、几个场景中需要的音乐等。所以需要事先导入到场景中，以方便后面根据音乐的时间轴帧数来设计动画时长。

在 ActionScript 1.0 和 ActionScript 2.0 中，可以将代码输入到时间轴、按钮实例或影片剪辑实例上。但在 ActionScript 3.0 中不能这样做了，在 ActionScript 3.0 中，只支持在时间轴上输入代码，或将代码输入到外部类文件中。由于本项目中均采用按钮来控制播放，为了控制起来较为简单，因此本项目创建的是 ActionScript 2.0 文档。

（1）创建动画文档。新建一个 ActionScript 2.0 文档，设置场景背景颜色为#000000（黑色）。

（2）选择"文件"→"导入"→"导入到库"命令，将音乐文件导入到库中（素材库里的 sound1.mp3）。

（3）将图层 1 更名为"声音"，选择该层，单击第 1 帧，在"属性"面板的"声音"下拉列表框中选择 sound1.mp3，在"同步"下拉列表框中选择"数据流"选项。

（4）要想知道声音文件一共需要多少帧才能播放完，可以单击"属性"面板上的"编辑"按钮，在弹出的"编辑封套"对话框中单击右下角的 按钮，显示帧，再拖动下面的滚动条，发现音乐的波浪逐渐结束，如图 3-68 所示。

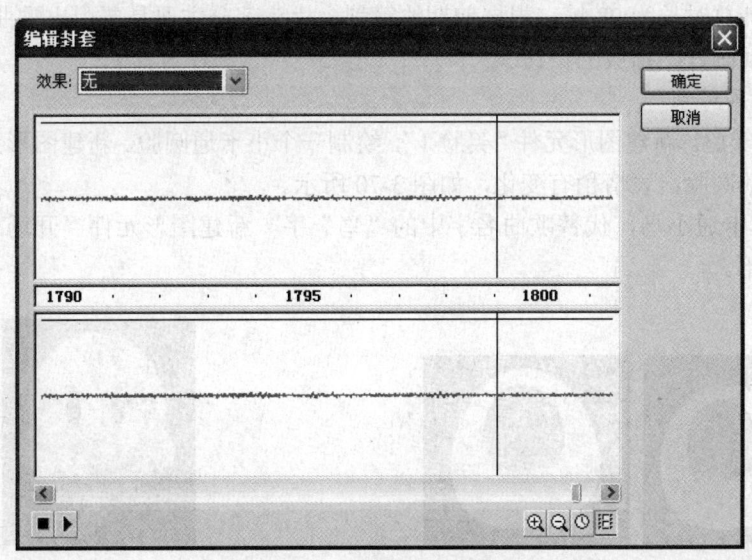

图 3-68 "编辑封套"对话框

（5）回到场景中的声音图层，在第 1800 帧插入普通帧，如图 3-69 所示。在制作动画时还可以根据需要适当地调整帧数。

Flash 项目案例教程

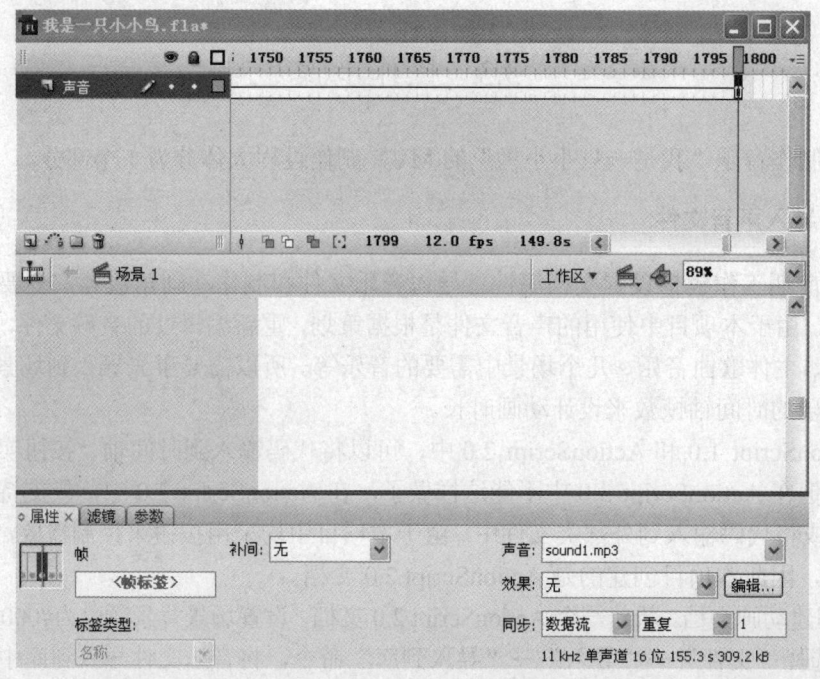

图 3-69 导入声音文件

（6）声音部分暂时处理完，在场景中直接按 Enter 键即可播放音乐。接下来就可以根据时间轴上面音乐的播放，来设计相应部分的动画。

3.3.2 设计片头动画

观察了播放时间轴上面的音乐，发现片头第二段音乐（主体歌曲）从 100 帧开始。所以将片头动画设计总时长为 98 帧。根据前期的策划，片头部分主要是要引出歌曲名称、演唱者以及控制主体动画开始播放的按钮。

1. 制作动画对象

（1）制作笑脸。新建图形元件"笑脸 1"，绘制一个小卡通圆脸。新建图形元件"笑脸 2"，绘制一个相似的圆脸，表情稍有变化，如图 3-70 所示。

（2）制作卡通小鸟，代替歌曲名字中的"鸟"字。新建图形元件"开场鸟"，绘制如图 3-71 所示的图形。

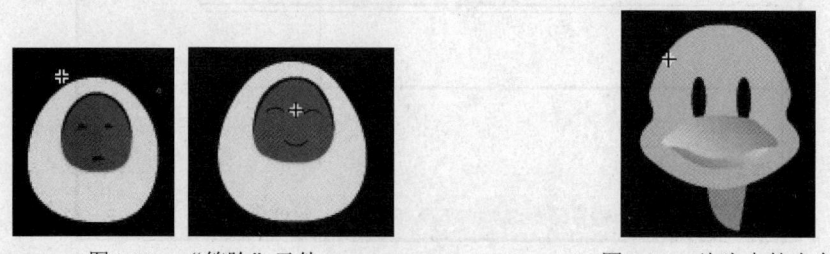

图 3-70 "笑脸"元件　　　　图 3-71 片头中的小鸟

（3）设计歌名的文字效果。用"文字工具"选择一种合适的字体（计算机上最好多安装一些字体），输入文字，然后分离文字，进行一些修饰，结果如图 3-72 所示。

118

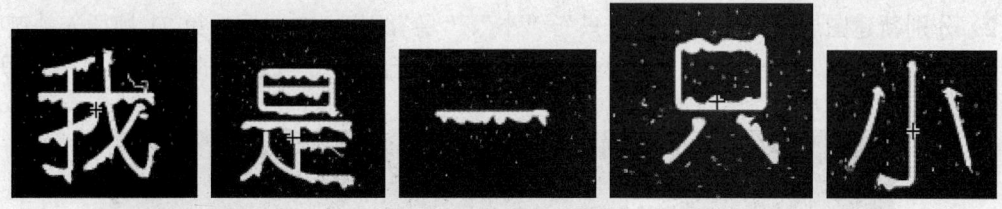

图 3-72 歌名文字效果

（4）制作播放控制按钮。新建按钮元件 Play，简单制作一个纯文字的按钮。输入文字 Play，选择一种合适的字体和大小，分别设置按钮元件的几种状态，主要是颜色的变化即可。

2．制作动画

制作好了主要的元件，就可以开始片头部分的动画制作。大致根据进入的时间顺序来设计。

（1）制作笑脸进入动画。

1）新建图层"笑脸1"，将"笑脸1"元件从库中拖到舞台上，放在右下舞台的外面，从第 1 帧开始，采用 25 帧逐帧实现一上一下跳跃到舞台的左方。

2）新建图层"笑脸2"，在第 1 帧将"笑脸2"元件从库中拖到舞台上，放在右下舞台之外，从第 25 帧开始到第 48 帧逐帧完成笑脸一上一下跳跃到舞台中间，如图 3-73 所示。

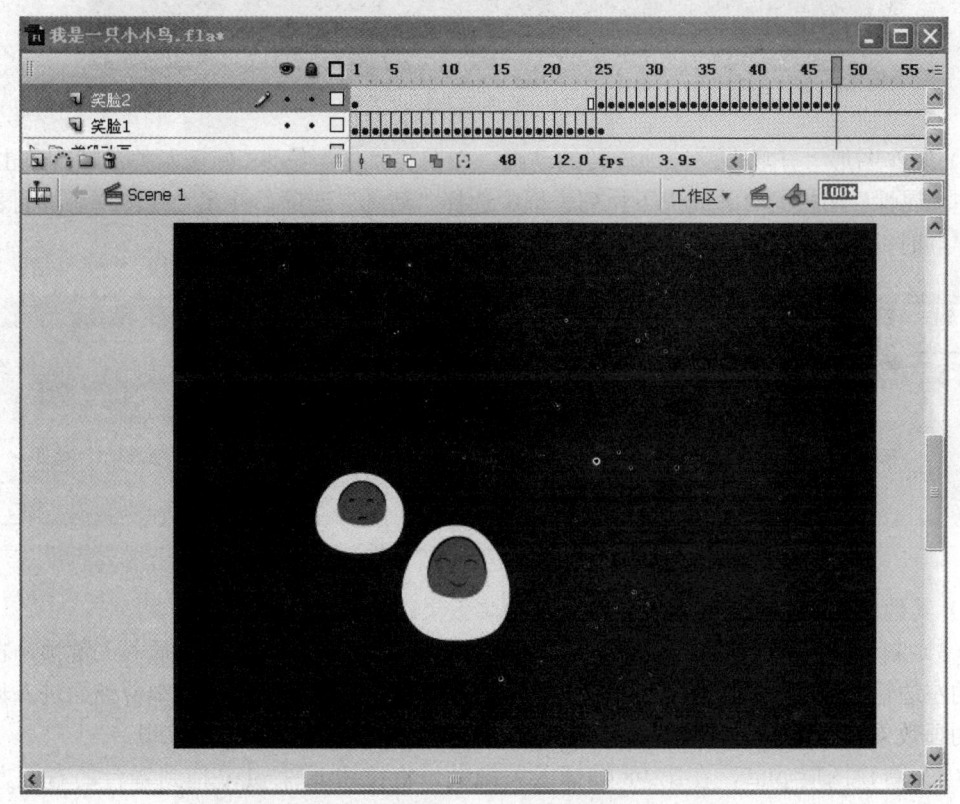

图 3-73 "笑脸"动画

（2）制作歌名进入动画。

1）新建图层"我"，在第 57 帧插入关键帧，将元件"我"拖到左边上方舞台之外，制作文字"我"从上方舞台外面移到舞台中的左上方。

2）分别新建图层"是"、"一"、"只"、"小"、"鸟",分别在图层的第 71 帧插入关键帧,并分别将元件"是"、"一"、"只"、"小"、"鸟"拖到舞台上。摆放出来的效果如图 3-74 所示。

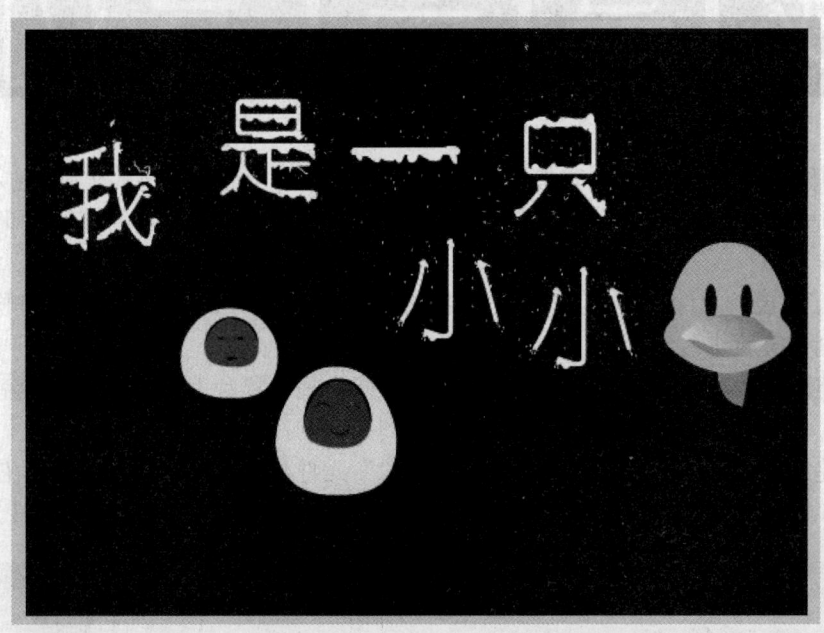

图 3-74 歌曲名称舞台效果

3）制作图形"开场鸟"原地旋转的动画。在图层"鸟"第 98 帧插入关键帧,单击第 71 帧,在"属性"面板的"补间"下拉列表框中选择"动画"选项,并在"旋转"下拉列表框中选择"顺时针",后面的框中输入 2,表明循环两次,如图 3-75 所示。

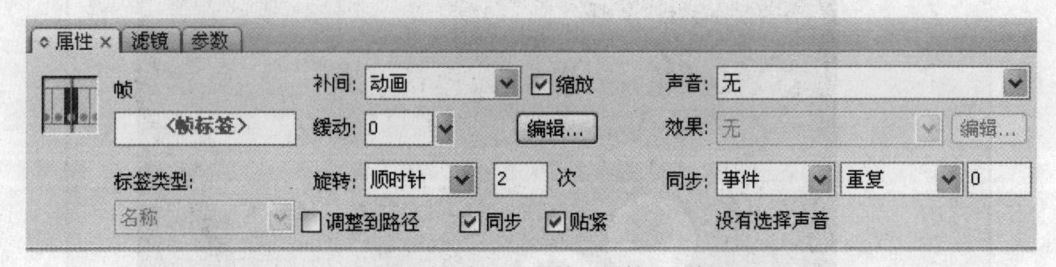

图 3-75 "鸟"动画的"属性"面板

4）其他的文字可根据需要设计合适的动画效果。

（3）制作演唱者名字进入的动画。新建图层"演唱者",在第 89 帧插入关键帧,在舞台下方的左边输入文字"演唱者：赵传",并将其转换为元件。制作文字从舞台外面进入舞台的移动动画效果,并设置文字的淡入动画,通过设置元件实例的 Alpha 来实现。

（4）新建图层 play,在第 98 帧插入关键帧,将按钮元件 play 拖到舞台的右下方合适位置。

（5）至此,片头部分的动画已经制作完成。一个完整的 Flash MV 将需要很多的图层,为了方便管理,将这部分动画的图层放在文件夹中。新建图层文件夹"片头",将现在舞台的这些图层（"声音"图层除外）分别拖到该文件夹下面,如图 3-76 所示。

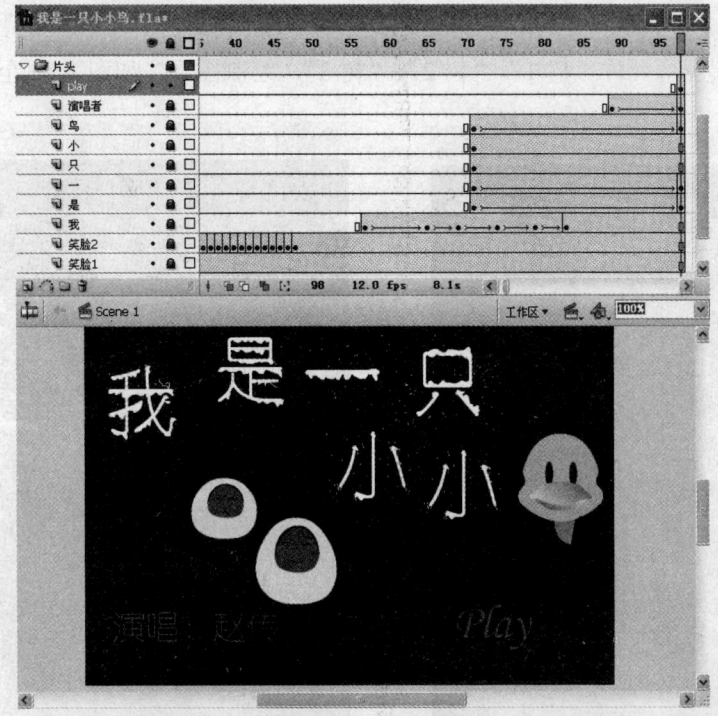

图 3-76 片头动画

3.3.3 设计主体动画

由于主体动画较大，因此根据策划的内容，将动画分为几个主场景来管理，而且每个主场景画面的过渡方式主要用到的是淡入和淡出动画效果。

1. 制作第一主场景动画

一只小鸟在一座山峰上面，想要飞翔，却不能如愿。

（1）制作背景 1，一幅雪地风景，如图 3-77 所示。

图 3-77 雪景

其中的各个元素如下：
1）分别新建图形元件"树1"、"树2"、"树3"，绘制图形，如图3-78至图3-80所示。

图3-78 树1

图3-79 树2

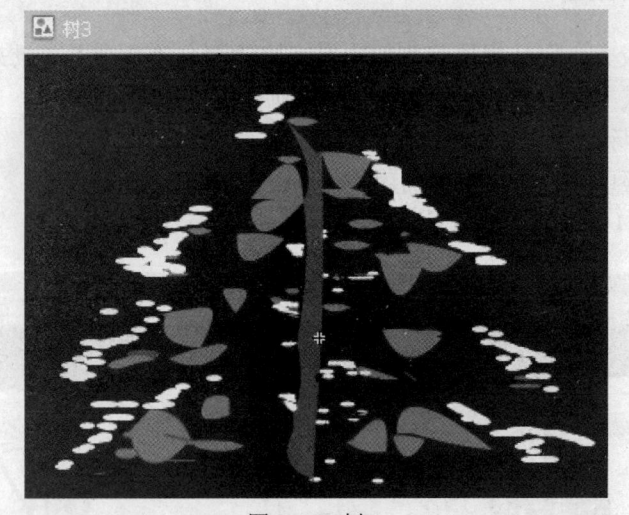

图3-80 树3

2）新建图形元件"雪地"，使用铅笔和刷子工具绘制图形，如图3-81所示。
3）新建图形元件"山脉"，使用铅笔和刷子工具绘制图形，如图3-82所示。
4）新建影片剪辑元件"背景1"，将以上的元件拖到舞台上，形成如图3-77所示的雪景画面。

（2）制作背景2，一座山峰画面。新建影片剪辑元件"山峰"，使用绘图工具绘制图形，如图3-83所示。

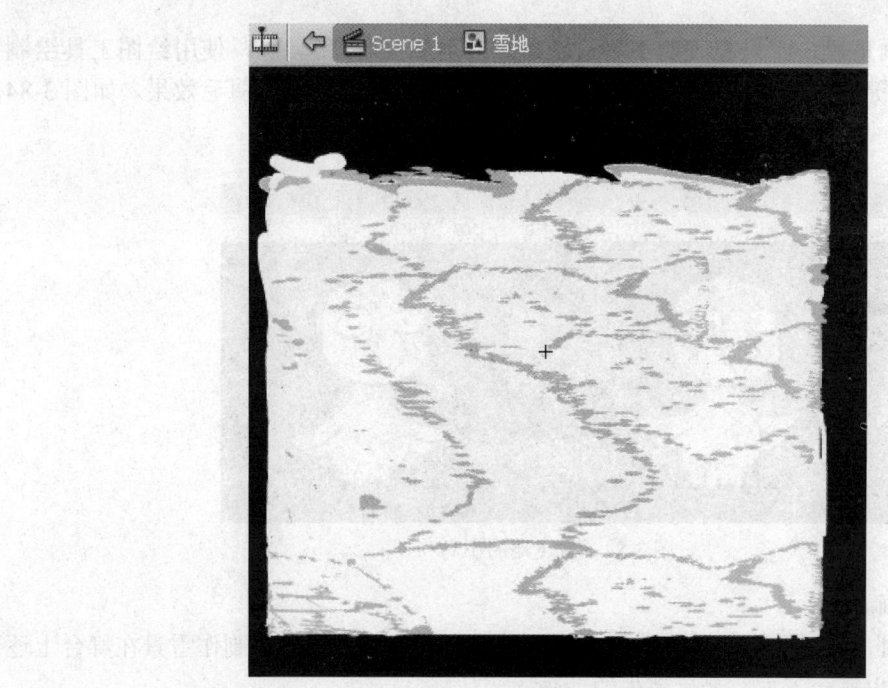

图 3-81 雪地

图 3-82 背景 1 中的山脉

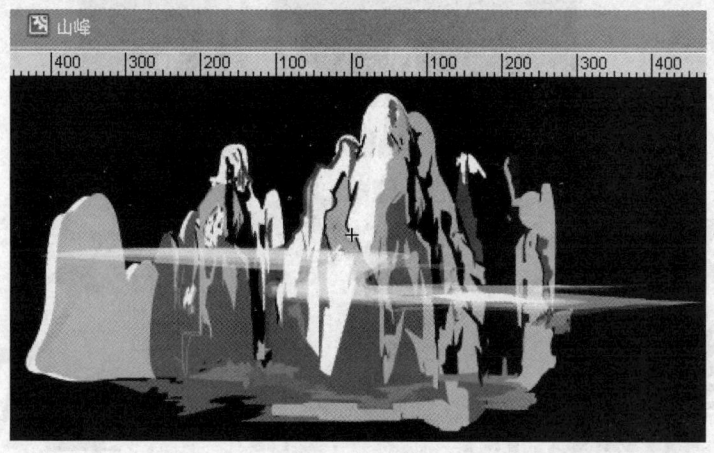

图 3-83 山峰

（3）绘制动画角色：一只想飞的小鸟。新建影片剪辑元件"鸟飞"，使用绘图工具绘制一只小鸟，两个关键帧，主要是体现飞翔时翅膀的变化，并结合掉落的羽毛效果，如图3-84所示。

图3-84 欲飞翔的小鸟

（4）制作动画。

1）回到场景1，新建图层文件夹"第一场景"，添加图层"雪景"。制作雪景在舞台上逐渐放大，并慢慢移出舞台下方，最后消失的动画。

在第99帧处插入关键帧，将元件"雪景"从库中拖到舞台上，放在舞台的中间；在第304帧插入关键帧，将雪景实例放大，并移到舞台下方之外；在第308帧处插入关键帧，设置雪景实例"属性"面板的"颜色"下拉列表框的Alpha选项为0；然后分别在第99帧和第304帧创建补间动画，如图3-85所示。

图3-85 雪景动画

2）添加"山峰"图层，并将其拖到"雪景"图层下方。制作山峰在舞台上慢慢升起，然后逐渐放大，最后消失在舞台下方的动画。

在第 99 帧处插入关键帧，将元件"山峰"从库中拖到舞台的下方位置；在第 304 帧插入关键帧，将山峰实例往上移动到舞台的上方位置；在第 384 帧插入关键帧，将山峰实例放大，并拖到舞台下方；在第 441 和 455 帧插入关键帧，并将山峰实例的 Alpha 设为 0；然后分别在第 99 帧、第 304 帧和第 441 帧创建补间动画，如图 3-86 所示。

图 3-86　山峰动画

3）添加"小鸟"图层。制作小鸟在山峰上面想飞却不能如愿的动画。

在第 190 帧插入关键帧，将元件"鸟飞"拖到舞台上，放置在对应的山峰最高峰处。并设置小鸟实例的 Alpha 为 0；在第 304 帧插入关键帧，同样将小鸟的位置移动到山峰的最高峰处，因此山峰有移动的动画，所以小鸟也要跟随移动；在第 384 帧、第 397 帧、第 408 帧和第 420 帧分别插入关键帧，制作小鸟不断跳跃的动画效果，如图 3-87 所示。最后在第 441~455 帧之间创建小鸟慢慢消失的补间动画。

（5）至此，第一部分动画完成。保存文件，由于音乐帧数较多，不便于导出预览，因此可以直接按 Enter 键在舞台中预览。

2．制作第二主场景动画

小鸟飞上枝头休息，不想却成为猎人的目标，于是飞上了青天，却发现自己是只孤单的小鸟。

（1）绘制树枝。新建图形元件"树枝"，使用绘图工具绘制图形，如图 3-88 所示。

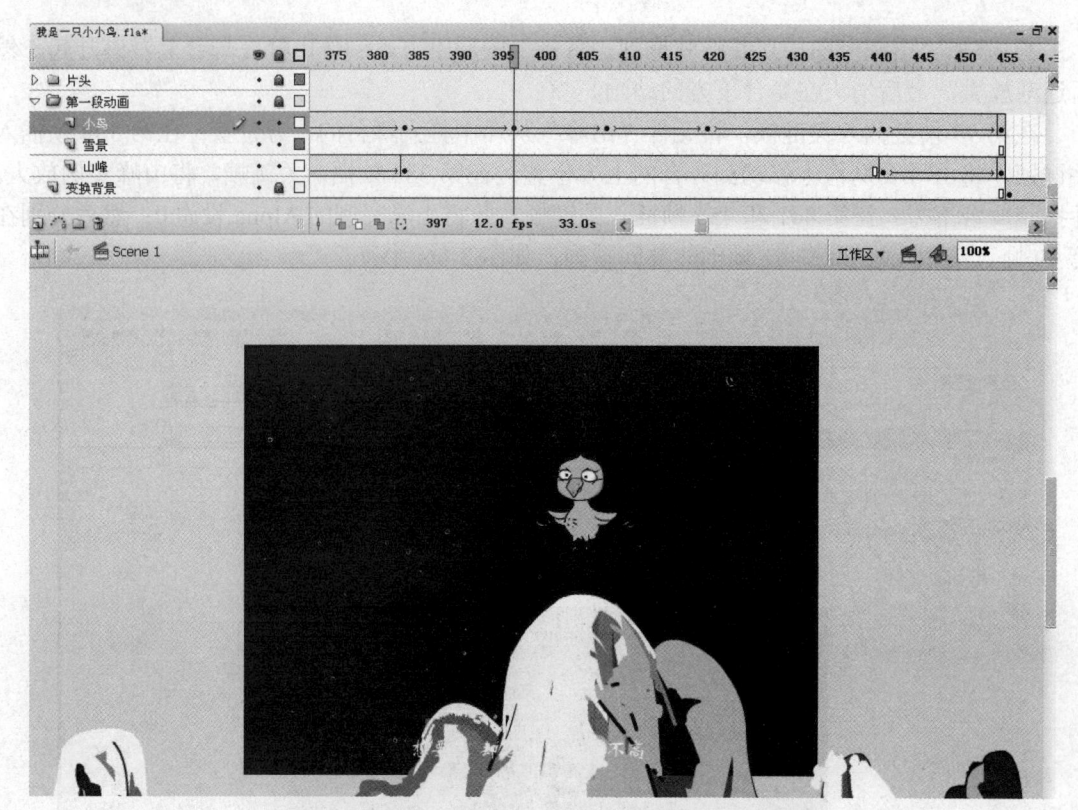

图 3-87 小鸟想飞的画面

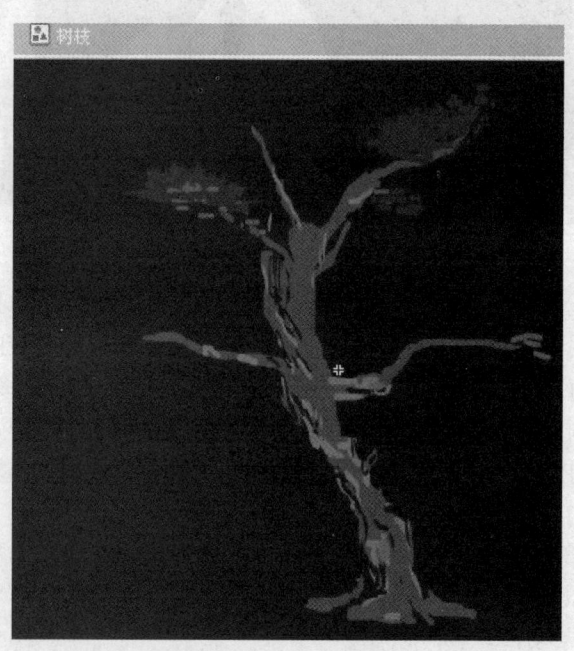

图 3-88 元件"树枝"

（2）制作飞翔的小鸟。新建影片剪辑元件"飞翔的小鸟"，逐帧绘制小鸟飞翔的画面。各状态如图 3-89 和图 3-90 所示。

图 3-89　第 1～5 帧状态

图 3-90　第 6～10 帧状态

（3）制作站立在树枝上的小鸟。新建影片剪辑元件"挥动翅膀的小鸟"，使用两个关键帧绘制小鸟站立时轻轻挥动翅膀的动画，两个关键帧中间可以用普通帧来延时，如图 3-91 所示。

图 3-91　小鸟轻挥翅膀

（4）制作打靶画面。新建图形元件"靶心"，绘制图形，填充放射状的中间白色、四周透明黑色的效果，如图 3-92 所示。新建图形元件"靶花"，绘制图形，颜色填充同靶心一样，如图 3-93 所示。

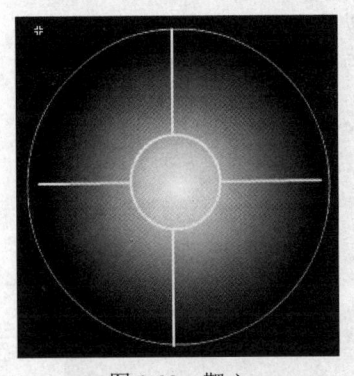

图 3-92　靶心 　　　　　　　　　　图 3-93　靶花

（5）制作云层。新建影片剪辑元件"云"，绘制图形，如图 3-94 所示。新建影片剪辑元件"云层"，将元件"云"拖到舞台上，在"属性"面板上的"滤镜"选项卡中添加"模糊"滤镜，并复制云实例，将其水平翻转，位置稍错开，如图 3-95 所示。

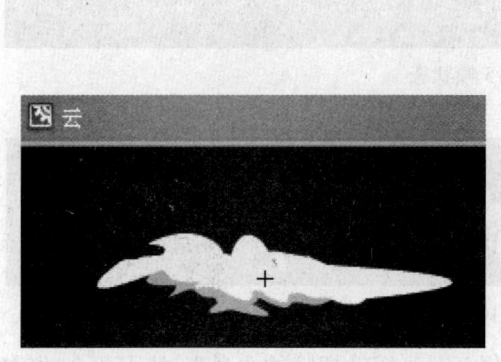

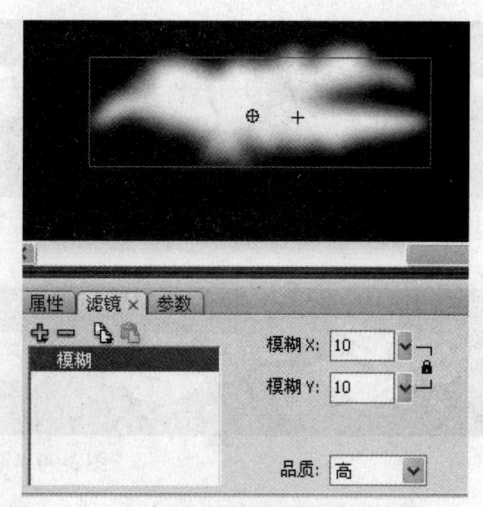

图 3-94 白云　　　　　　　　　　　图 3-95 处理后的云

（6）制作动画。

1）回到场景 1，新建图层文件夹"第二场景"，添加图层"树枝"，在第 456 帧插入关键帧，将元件"树枝"拖到舞台中央，设置 Alpha 为 0；在第 489 帧插入关键帧，并将其 Alpha 设为 100；在第 456～489 帧之间创建补间动画。在第 521～534 帧之间创建补间动画，使得实例树枝消失。

2）添加图层"鸟飞枝头"，在第 456 帧插入关键帧，将元件"飞翔的小鸟"拖到舞台上，放置在舞台右下角边，设置其 Alpha 为 0，并旋转方向，使得小鸟的头朝向舞台的中央，做出要飞到树枝上的姿势。在第 489 帧插入关键帧，将小鸟移动到树的枝丫上，设置其 Alpha 为 100，并在第 456～489 帧之间创建补间动画，如图 3-96 所示。

图 3-96 小鸟飞向枝头

在第 491 帧插入空白关键帧，将元件"挥动翅膀的小鸟"拖到舞台中，放置在树枝上，如图 3-97 所示。在第 521～534 帧之间创建补间动画，使得实例小鸟往上移动并消失。

图 3-97　小鸟停在枝头

3）添加图层"靶心"，在第 495 帧插入关键帧，将元件"靶心"拖到舞台，放置在树上小鸟的附近，然后分别在第 502、第 508、第 515、第 521 帧插入关键帧，并创建靶心围着小鸟四周移动的动画，如图 3-98 所示。最后在第 522 帧插入空白关键帧。

图 3-98　小鸟被瞄准

4）添加图层"靶花"，在第 511 帧插入关键帧，将元件"靶花"拖到舞台上，放置在实例靶心中央，并在第 515 和第 519 帧分别插入关键帧，将实例靶花的位置跟随靶心移动，如图 3-99 所示。最后在第 522 帧插入空白关键帧。

图 3-99　打靶后的效果

5）制作小鸟飞向蓝天的动画。回到图层"鸟飞枝头"，在第 535 帧插入空白关键帧，再次将元件"飞翔的小鸟"拖到舞台上，放置在舞台右侧之外，设置 Alpha 为 0，在第 542 帧插入关键帧，移动小鸟到舞台右侧，设置 Alpha 为 100，在第 535~542 帧之间创建补间动画。

在第 612 帧插入关键帧，将小鸟移动到舞台的左侧，在第 542~612 帧之间创建补间动画；在第 619 帧插入关键帧，设置 Alpha 为 0，在第 612~619 帧之间创建补间动画，让小鸟逐渐淡出视线。

6）创建白云飘过动画。添加图层"白云 1"，将其拖到图层"鸟飞枝头"的下面。在第 535~619 帧之间创建补间动画，实现元件"云层"的实例在舞台的左侧之外往右侧移动的动画。添加图层"白云 2"，将其拖到图层"白云 1"的下面。在第 561~619 帧之间创建动画，实现白云从舞台左侧之外移动到舞台中的动画。完成后的画面，如图 3-100 所示。

（7）至此，完成第二主场景的动画制作。保存文件，按 Enter 键预览动画。

3. 制作第三主场景动画

小鸟在夜晚显得很茫然、很孤单，幻想自己也有个家。

（1）绘制站着不动的小鸟。新建图形元件"站立的小鸟"，绘制小鸟，如图 3-101 所示。

（2）绘制月亮。新建图形元件"月亮"，绘制一个正圆，填充放射状的黄色，四周为透明的黄色，如图 3-102 所示。

（3）绘制梦境房子。新建图形元件"家"，使用绘图工具绘制图形。新建影片剪辑元件"梦境"，使用绘图工具绘制图形，如图 3-103 所示。

第 3 章 制作 Flash MV

图 3-100 小鸟飞上蓝天

图 3-101 静止不动的小鸟

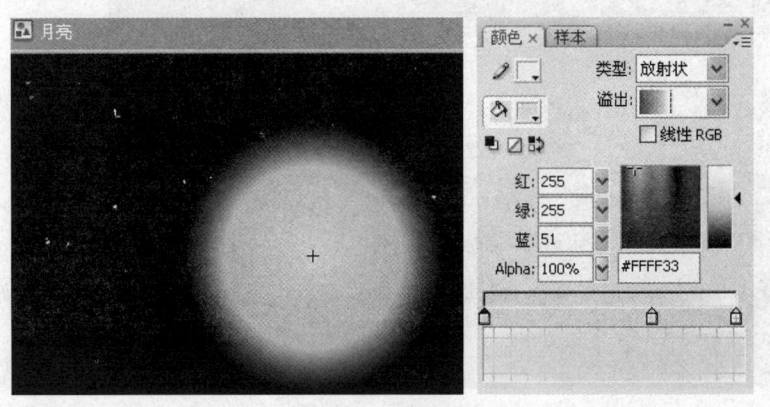

图 3-102 月亮

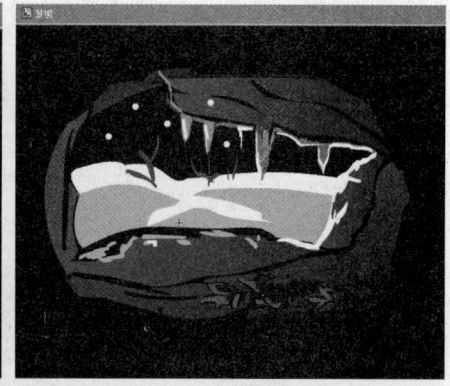

图 3-103　梦中家园

（4）制作行走的小鸟背影。新建影片剪辑元件"小鸟背影"，绘制小鸟背影图形，使用逐帧动画完成小鸟行走的动画，如图 3-104 所示。

（5）制作动画。

1）回到场景 1，添加图层文件夹"第三主场景"，分别添加图层"月亮"、"夜晚树枝"、"夜晚的鸟"，并分别在第 620 帧插入关键帧，将对应的元件拖到舞台上。在第 620～668 帧之间创建补间动画，实现由透明到显示，由小到大的动画效果。在第 703～722 帧之间创建补间动画，实现由显示到透明，慢慢淡出视线，如图 3-105 所示。

图 3-104　小鸟背影

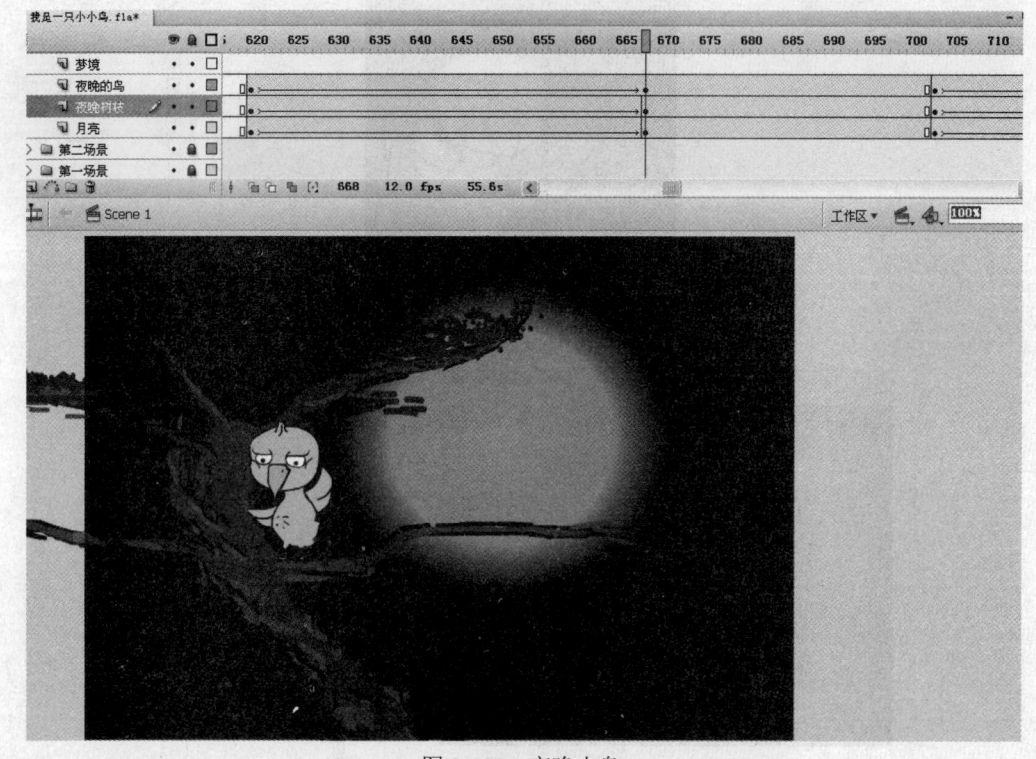

图 3-105　夜晚小鸟

2）制作梦境出现的动画。新建图层"梦境"，在第 713 帧插入关键帧，将元件"梦境"拖到舞台上。在第 713～725 帧之间创建补间动画，实现梦境的逐渐显示。在第 775～783 帧之间创建补间动画，实现梦境的逐渐消失。方法同前面的操作。

3）新建图层"梦中房子"，在第 775 帧插入关键帧，将元件"家"拖到舞台上，在第 775～783 帧之间创建补间动画，实现房子的逐渐显示。并在第 855～945 帧之间创建补间动画，实现房子的逐渐缩小并消失。

4）制作小鸟走向房子的动画。新建图层"梦中鸟"，在第 804 帧插入关键帧，将元件"小鸟背影"拖到舞台上，在第 804～855 帧之间创建补间动画，实现小鸟慢慢走向房子的移动动画，如图 3-106 所示。最后在第 938～945 帧之间创建补间动画，实现小鸟逐渐消失。

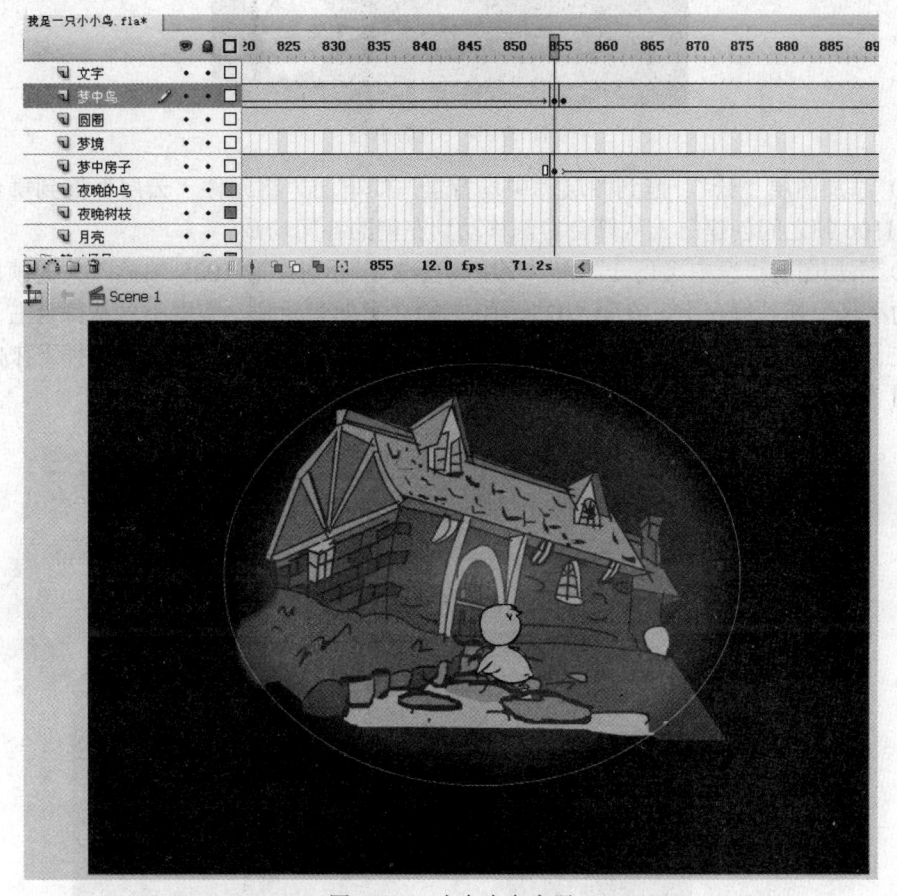

图 3-106　小鸟走向房子

（6）至此，第三主场景动画制作完成。保存文件，按 Enter 键预览动画。

4．制作第四主场景动画

小鸟埋怨自己只是一只想飞却怎么也飞不高的小小鸟。

（1）制作 MV 中场场景。新建影片剪辑元件"中场景"，制作小鸟站立，旁白提示"我就是那只小小鸟，孤孤单单地飞翔"。小鸟使用元件"站立的小鸟"，如图 3-107 所示。

（2）回到场景 1，添加图层文件夹"第四场景"，添加图层"中场背景"，在第 946 帧插入关键帧，将元件"中场景"拖到舞台上，在第 1025 帧插入空白关键帧。

图 3-107 中场小鸟

（3）添加图层"云"，拖到图层"中场背景"的下面。将元件"云层"拖到舞台上，在第 951~1106 帧之间创建白云从舞台右侧移动到左侧的补间动画。

（4）添加图层"空中飞鸟 1"和"空中飞鸟 2"，分别在第 1025 帧插入关键帧，将元件"飞翔的小鸟"拖到舞台上，在第 1025~1052 帧之间创建动画，实现小鸟从舞台右下方飞向舞台的左上方。在第 1053~1106 帧之间创建动画，实现小鸟从舞台上方垂直掉下来的动画效果，如图 3-108 所示。

图 3-108 飞翔失败

（5）第四主场景动画制作完成。保存文件，按 Enter 键预览动画。

5. 制作第五主场景动画

小鸟在铁轨上面不断地寻寻觅觅。

（1）新建图形元件"铁轨"，绘制图形，如图 3-109 所示。

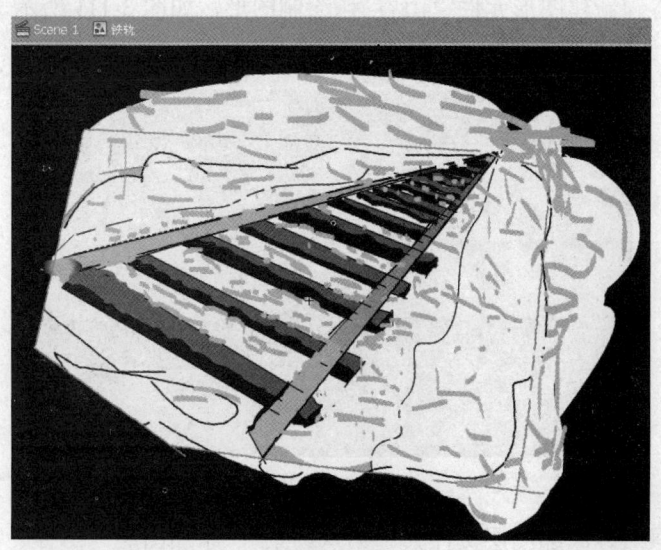

图 3-109 铁轨

（2）回到场景 1，添加图层文件夹"第五场景"，添加图层"铁轨"和"铁轨鸟"，分别在第 1107 帧插入关键帧，并将元件"铁轨"和"小鸟背景"拖到对应的图层。在第 1107～1275 帧之间创建补间动画，实现铁轨慢慢放大，然后慢慢转动一点方向，并在最后慢慢消失，如图 3-110 所示。

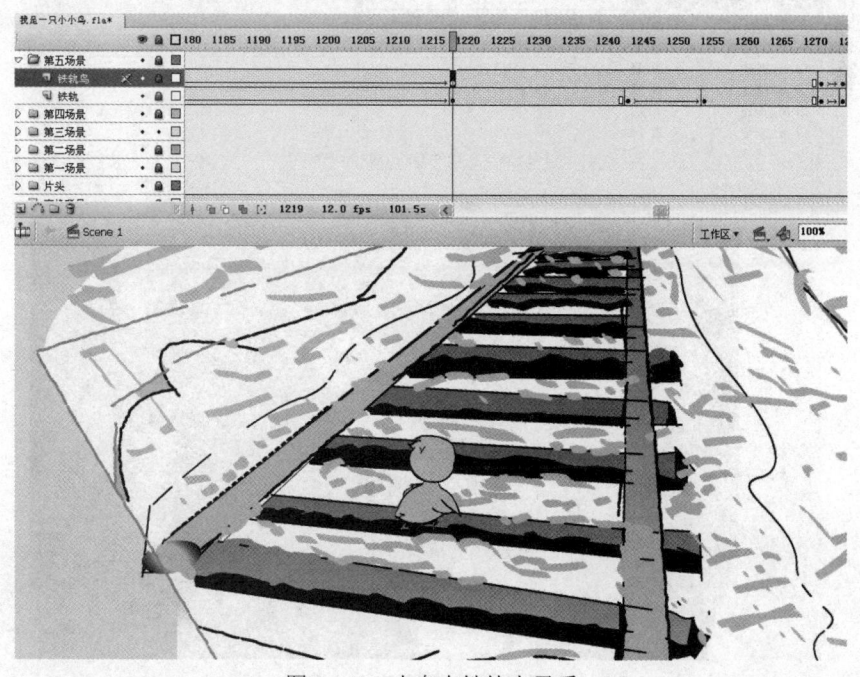

图 3-110 小鸟在铁轨上寻觅

(3)第五主场景动画制作完成。保存文件，按 Enter 键预览动画。

6. 制作第六主场景动画

小鸟飞到山谷，也受到阻碍，飞得困难。

（1）绘制山谷。新建图形元件"山谷"，绘制图形，如图 3-111 所示。

图 3-111　山谷

（2）回到场景 1，添加图层文件夹"第六场景"，添加图层"山谷"和"山谷飞鸟"，分别在第 1276 帧插入关键帧，将元件"山谷"和"飞翔的小鸟"放在对应的层。在第 1276～1424 帧之间创建补间动画，实现动画：山谷出现，小鸟飞向山谷后只能原地飞，最后整个画面逐渐消失，如图 3-112 所示。

图 3-112　小鸟飞在山谷

（3）添加图层"山谷白云"，将其拖到图层"山谷"的下面。在第1309帧插入关键帧，将元件"云层"拖到舞台上方，在第1309～1424帧之间创建补间动画，实现白云从左到右在舞台上移动，并在最后消失。

（4）第六主场景动画制作完成。保存文件，按Enter键预览动画。

7. 制作第七主场景动画

小鸟坐着小船在水上，遇到雷雨，很是可怜的样子。

（1）绘制小船。新建图形元件"船"，绘制图形，如图3-113所示。

图3-113 船

（2）制作水下动画。新建影片剪辑元件"水下动画"，绘制图形，如图3-114所示。其中的小鱼在移动，水波在与鱼儿相反的方向移动，水在冒泡。

图3-114 水下动画

（3）制作闪电和下雨动画。方法前面已经介绍过，这里不再赘述。

（4）回到场景1，添加图层文件夹"第七场景"，添加图层"水面"，在第1424帧插入关键帧，将元件"水下动画"拖到舞台的下方位置。在第1487～1515帧之间创建补间动画，水下画面慢慢放大并移到下方舞台之外。

（5）添加图层"船"和"船上鸟"，在第1424～1485帧插入关键帧，将元件"船"和"挥动翅膀的小鸟"拖到舞台中，船放置在水面上，小鸟放置在船上，如图3-115所示。在第1424～1485帧之间创建船和小鸟慢慢在舞台上移动动画，在第1485～1548帧之间创建补间动画，船和小鸟慢慢移到下方舞台之外。

图3-115　小鸟坐船在水上航行

（6）添加图层"雷雨"，在第1523帧插入关键帧，将"闪电光带"移到舞台上方，使用逐帧实现闪电一闪一闪的效果，如图3-116所示。

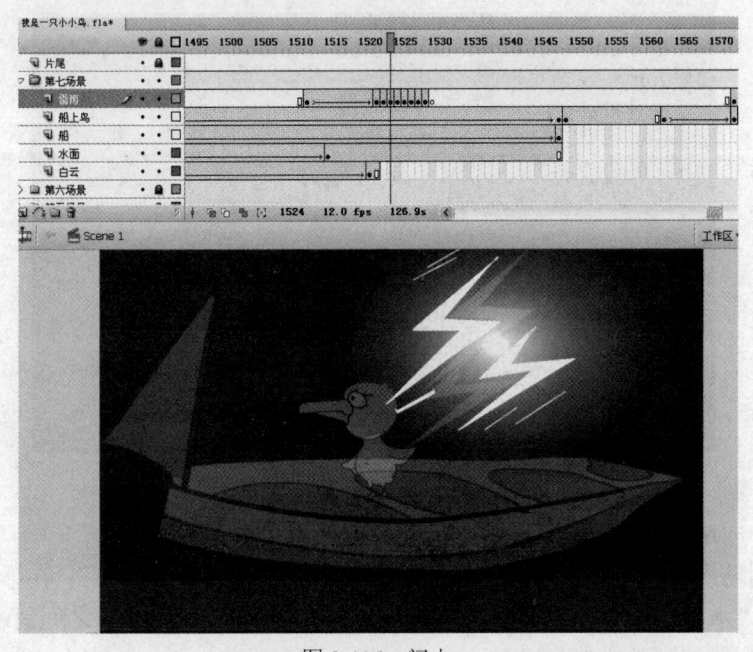

图3-116　闪电

在第 1753 帧插入关键帧，将元件"下雨"拖到舞台上，多次拖动该元件，摆满整个舞台，将元件"水花"多次拖到舞台上，随意摆放在舞台的下方。形成雨点打在水上形成的水花效果，如图 3-117 所示。在第 1689 帧插入空白关键帧。

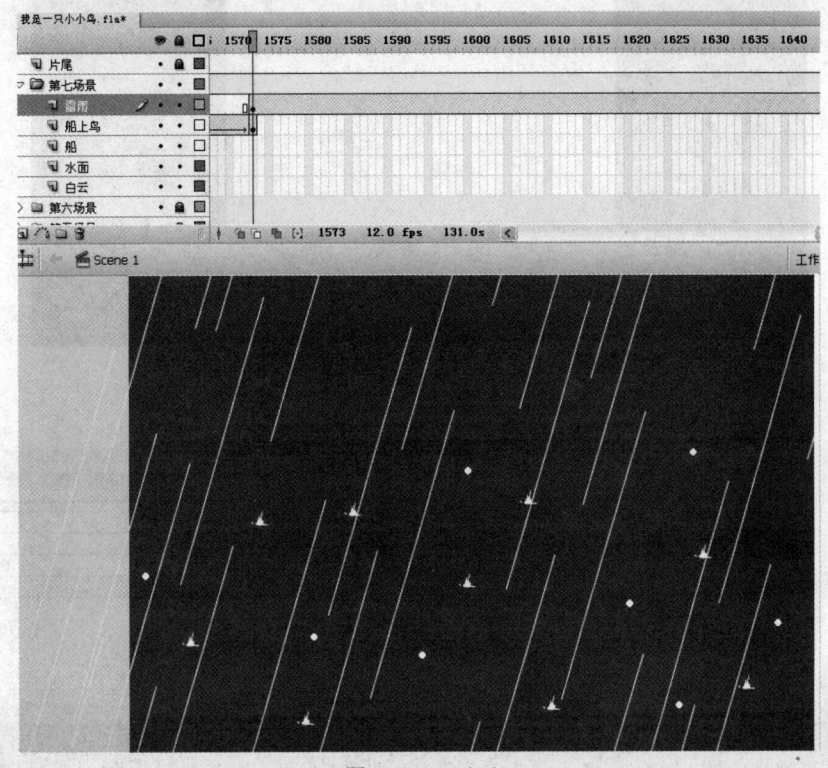

图 3-117　下雨

（7）至此，第七主场景的动画制作完成，主体动画也基本制作完成。保存文件，按 Enter 键预览动画。

3.3.4　音乐与动画同步

主体动画制作完成之后，通过预览动画，发现有些画面和音乐在播放时间上面还有些出入，动画显示窗口还需要调整，根据音乐加入相应的歌词文字信息，不同的场景也需要更换一下场景的主题背景色调等。

1．制作 MV 显示窗口

（1）新建图形元件"舞台遮罩"，绘制大小为 550×327 的矩形，组合起来。在"对齐"面板上选择"水平居中"和"垂直居中"选项，将矩形放置在舞台中央。选择矩形，在"变形"面板中勾选"约束"复选框，在缩放比例框中输入 200%，将矩形放大一倍。同样选择水平和垂直居中在舞台中央。将小矩形放在大矩形的上面，取消组合，选中小矩形，将其删掉，露出其中的矩形框，作为舞台的显示窗口，如图 3-118 所示。

（2）回到场景 1，在图层面板的上方添加图层"遮罩框"，由于片头画面设计时没考虑留边缘空白，因此不需要遮罩。所以在第 99 帧插入关键帧，将元件"舞台遮罩"拖到舞台，调整好位置，如图 3-119 所示。

图 3-118 舞台遮罩框

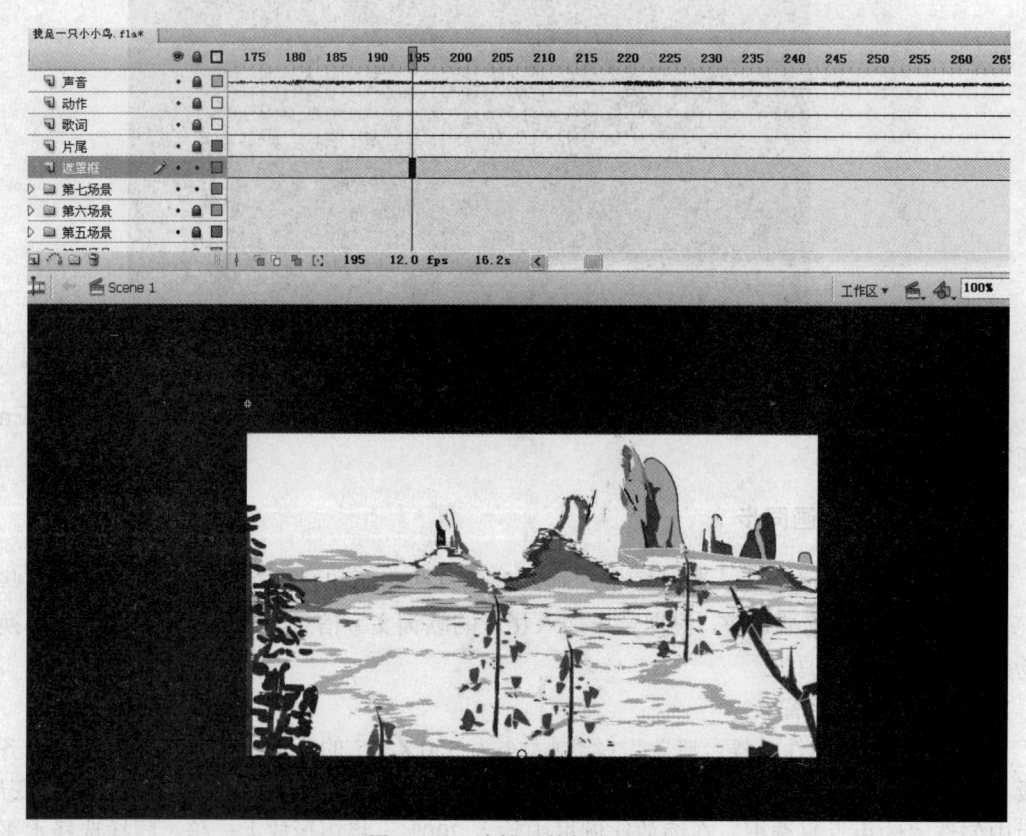

图 3-119 遮挡后的舞台效果

2. 添加歌词文字信息

由于篇幅关系，本项目中的歌词显示部分就没有再做动画效果。在"遮罩框"上面添加图层"歌词"，按 Enter 键，时间轴上方的播放线开始播放，当音乐的前奏部分播放完成后，在相应的帧单击在该帧插入关键帧，将文本框中的文本修改为当前歌词，如图 3-120 所示。

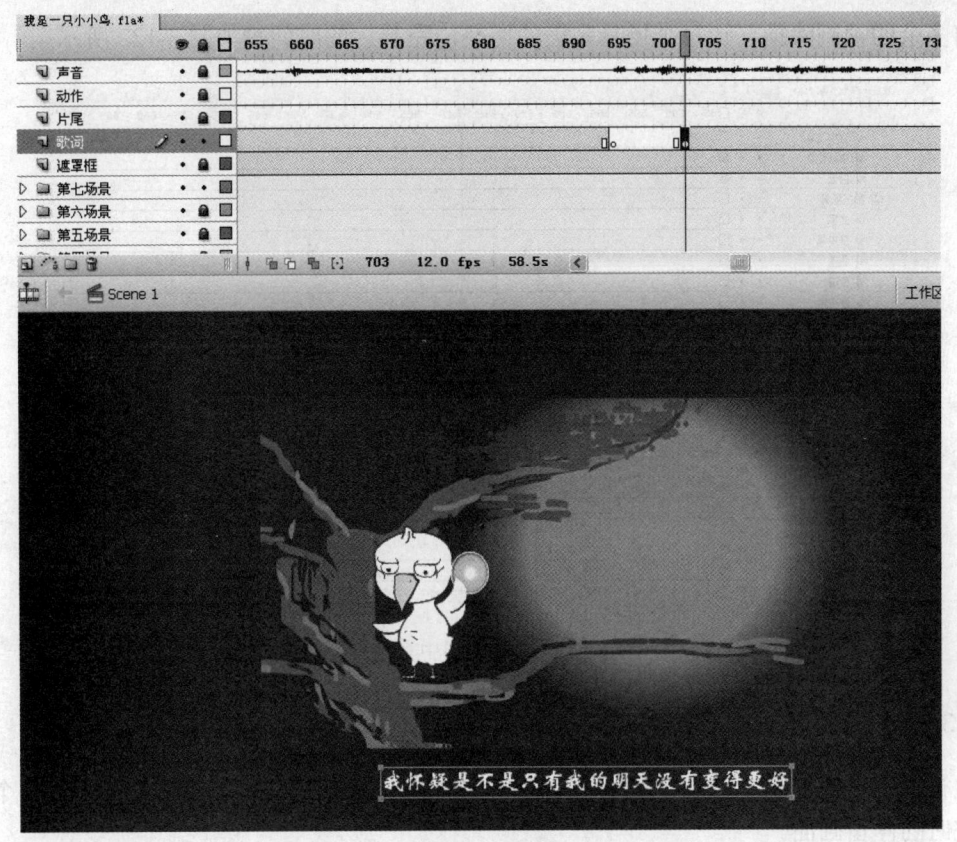

图 3-120　添加歌词

3. 修改舞台背景

由于歌曲的意境不断变化，因此舞台的背景效果如果也能适时转换就最好了。在时间轴的最底层添加图层"变化背景"，按 Enter 键播放时间轴上的音乐，根据歌词意境，比如动画中画面显示蓝天白云时，可以将背景转换为蓝天的背景矩形，当歌词意境出现夜晚时，可以将背景转换为深蓝色的矩形，如图 3-121 所示。

图 3-121　适当更换背景

4. 完善主体动画

由于在各个主场景切换时，有的画面是做了淡出动画效果，前面的场景不再显示出来，但有些元素没有做淡出动画，因此需要在下一个场景出来之前，在时间轴上面插入空白关键帧或者将多余的帧删除掉，让每个场景完美的切换，完善后的时间轴如图 3-122 所示。

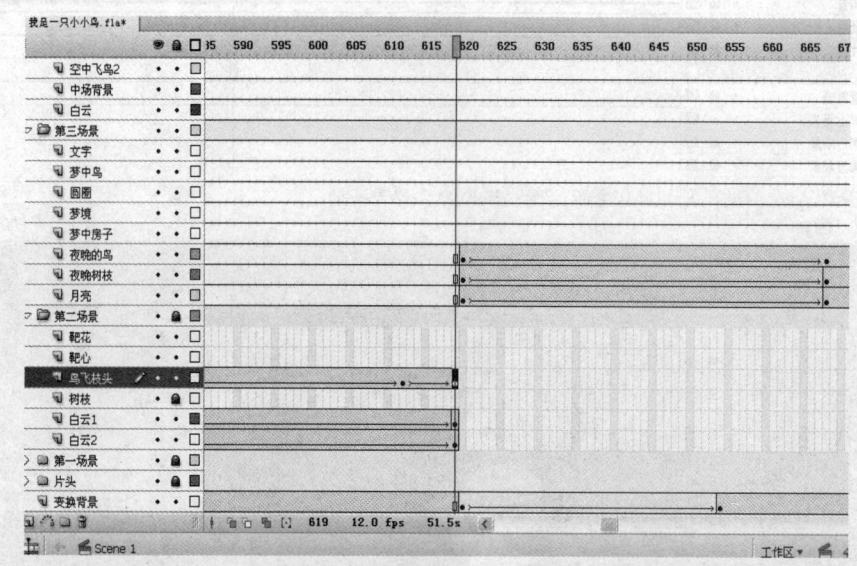

图 3-122　删除图层中多余的帧

3.3.5　设计片尾动画

主体音乐动画已基本完成，最后在音乐即将结束时设计一些动画效果，并作为整个 MV 播放完时的停留画面。

（1）新建影片剪辑元件"片尾动画"，在"图层 1"输入文字"阳光总在风雨后，请相信有……"，添加"图层 2"，创建遮罩框，逐渐将文字一个个遮罩住，并将"图层 2"创建为遮罩层。实现文字慢慢逐个显示出来的动画效果。

（2）添加"图层 3"，在文字全部显示出来的位置添加关键帧，绘制一道彩虹，并将其转换为影片剪辑元件，添加模糊滤镜，并创建一段彩虹淡出的动画效果，如图 3-123 所示。

图 3-123　风雨后出现的彩虹

（3）添加"图层4"，将元件"挥动翅膀的小鸟"拖到舞台中，放置在舞台的左边，如图3-124所示。

图 3-124　片尾画面

（4）回到场景1，添加图层"片尾"，在第1689帧插入关键帧，将元件"片尾动画"拖到舞台中央，调整好位置，在第1820帧插入帧，将整个MV动画控制在1820帧处结束。

3.3.6　控制动画

由于音乐MV设计的有片头和片尾，那么一般情况下，当片头播放完了后，音乐MV停止播放了，需要通过单击动画中的某个对象MV才又继续播放。当MV播放到片尾动画结束了，整个MV也就结束了，而画面就停留在最后一个场景。这时，如果需要继续欣赏，也需要单击动画中的某个对象MV才又继续从头播放。本项目是通过两个控制按钮来实现的。

（1）新建按钮元件replay，输入文字Replay，将按钮元件的几个不同关键帧变化一下颜色。
1）片头播放完后，控制动画停止播放。
添加图层"动作"，在第98帧插入关键帧，在"动作"面板的脚本输入框中输入命令stop();。
2）单击Play按钮，开始播放动画。
选择场景中的按钮Play，在"动作"面板的脚本输入框中输入命令"on(release){gotoAndPlay(99);}"，如图3-125所示。

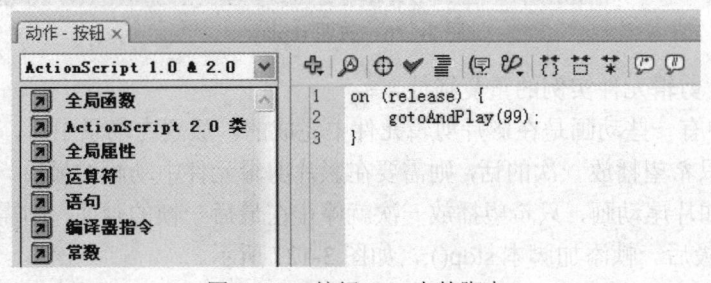

图 3-125　按钮Play上的脚本

3）整个 MV 播放完后停止循环。

在图层"动作"的第 1820 帧插入关键帧，再在"动作"面板的脚本输入框中输入命令 stop();。

4）片尾动画播放完后，出现再播放的按钮，单击后开始播放动画。

①新建按钮元件 replay，输入文字 Replay，将按钮元件的几个不同关键帧变化一下颜色。

②单击"动作"图层的第 1820 帧，将元件 replay 拖到舞台中，放置在舞台的右下位置。在"动作"面板的脚本输入框中输入命令 on(release) {gotoAndPlay(99);}，如图 3-126 所示。

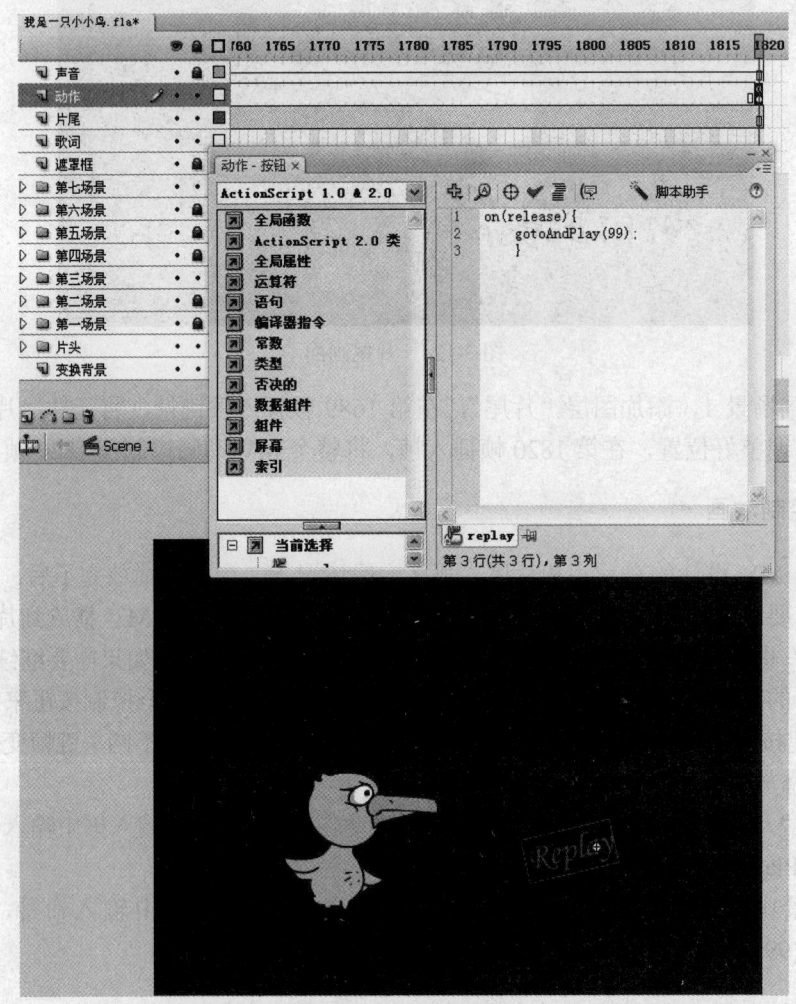

图 3-126　按钮 replay

5）控制影片剪辑元件实例的重复播放。

由于 MV 中有一些动画是在影片剪辑元件中完成的。放置在场景中后，如果不希望该动画循环播放，而只希望播放一次的话，则需要在影片剪辑元件中动画的最后一帧，也添加动作脚本 stop();。比如片尾动画，只希望播放一次就停止在最后一帧的画面，则需要在元件"片尾动画"中图层的最后一帧添加脚本 stop();，如图 3-127 所示。

第 3 章　制作 Flash MV

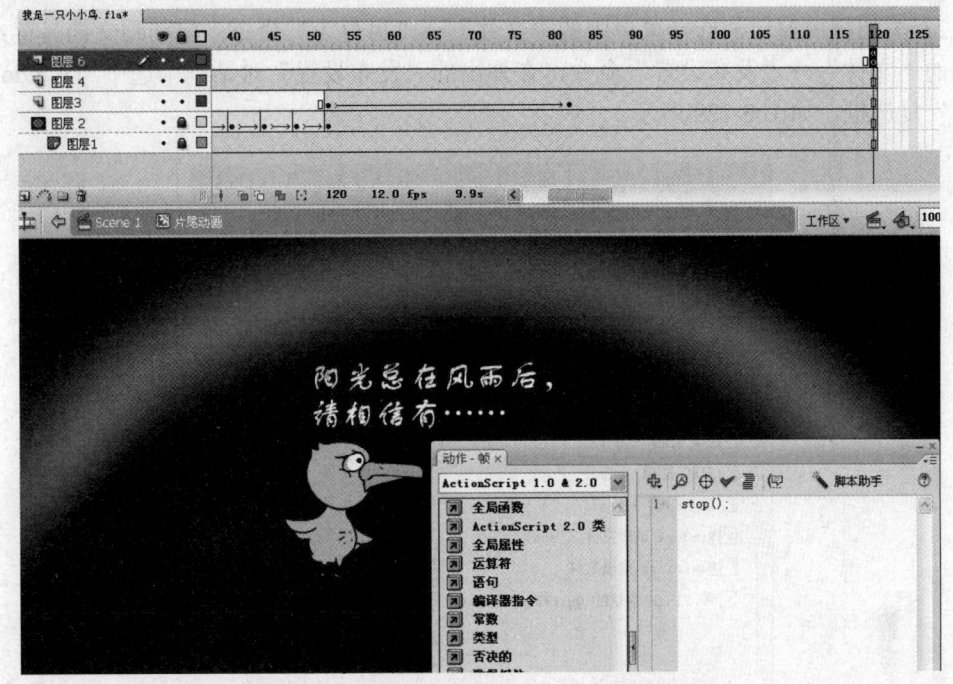

图 3-127　控制影片剪辑元件实例的循环播放

3.3.7　发布动画

制作好的动画 MV 文件通常较大，针对需要在网络中传播的特点，可对动画进行测试，查看其下载速度等性能，以方便在发布设置时对生成的动画文件进行优化，测试完毕再发布动画。

（1）打开动画文档，按 Ctrl+Enter 组合键，在打开的测试窗口中选择"视图"→"下载设置"→DSL 命令，修改下载设置，如图 3-128 所示，若选择"视图"→"模拟下载"命令可模拟下载效果。

图 3-128　修改下载设置

145

（2）关闭播放窗口，选择菜单中的"文件"→"另存为"命令，将动画文档另存；选择菜单中的"文件"→"发布设置"命令，在弹出的"发布设置"对话框中选中"Windows 放映文件"复选框，如图 3-129 所示。

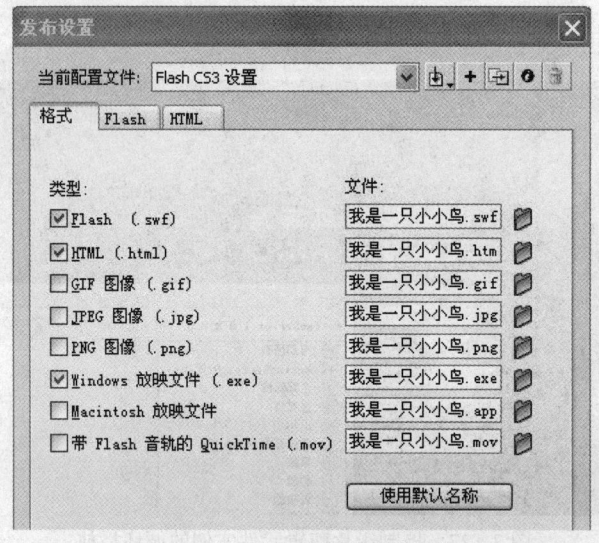

图 3-129　"发布设置"对话框

（3）选择 Flash 选项卡，选中"防止导入"复选框，选择 HTML 选项卡，取消选中"显示菜单"复选框，完成发布的设置，单击"发布"按钮发布动画，发布完成后，单击"确定"按钮完成发布，选择"文件"→"保存"命令保存动画文档。

3.4　技能拓展——"双飞蝶"MV 制作

这里将练习一个如图 3-130 至图 135 所示的"双飞蝶"Flash 动画，主要是让读者掌握在本项目中所学到的知识。

图 3-130　MV 画面之一　　　　　　　　图 3-131　MV 画面之二

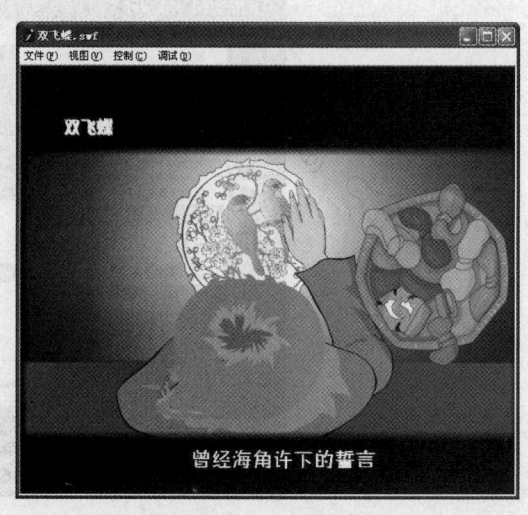

图 3-132　MV 画面之三

图 3-133　MV 画面之四

图 3-134　MV 画面之五

图 3-135　MV 画面之六

3.5　实训小结

通过本项目，主要让读者掌握制作 MV 动画的流程。动画 MV 的特点是时间帧多、动画场景多，因此涉及的元件比较多，图层也相对比较多，要求读者必须有管理元件和图层的能力，合理使用动画元件，掌握制作动画 MV 的方法与技巧，并最后完成动画 MV 的制作。

第 4 章 制作 Flash 网站

教学重点与难点

- 网站的制作流程
- 网站的规划
- 影片的控制
- 导航菜单的制作

4.1 任务布置——美特斯邦威公司网站

4.1.1 确定网站主题

使用 Flash 制作的网站基本以动画和图形为主，文字内容并不是很多。制作网站之前，首先确定网站的主题，制作一个什么类型、性质的网站。本项目为企业品牌推广网站——美特斯邦威公司网站。顾名思义，这类网站的目的以推广企业品牌为主。同时，网站中应当具备一些基本的商务交流功能，如在线邮件系统、在线购物订单和会员注册等。

对这类网站进行设计时，首先应当考虑到企业的品牌形象，要确保网站的整体风格与企业品牌、文化、理念等的统一。这样，当浏览者在访问该网站时，可以产生视觉上的认同感，从而加深对企业品牌的认识和对企业内涵的理解。同时，网站的整体设计上要简洁大方，不能掺杂太多个性化的东西。

4.1.2 网站前期规划

由于该网站是以服装为主的企业网站，根据该企业的服装风格——大众化、休闲、时尚，应当为网站选择一种能够反映服装特点、体现时尚元素的风格。

风格确定后，需要规划网站的结构和整体布局。该网站主要由 5 个 SWF 文件组成，分别作为该网站的首页、"公司简介"、"最新动态"、"产品信息"、"联系方式" 5 个页面，其结构关系如图 4-1 所示。

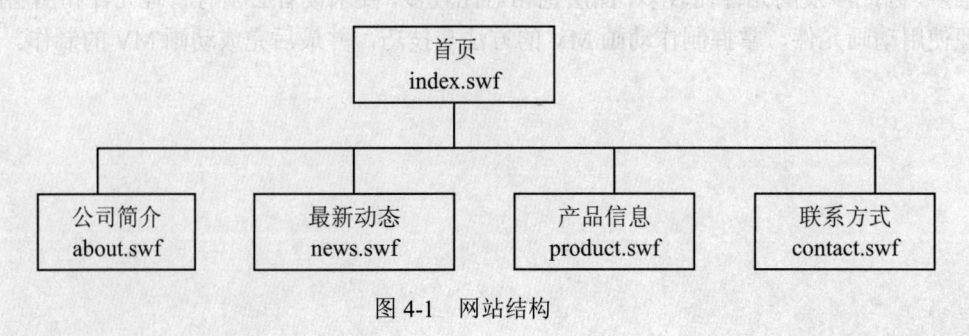

图 4-1 网站结构

然后，将根据风格需要制作网站页面的布局。该网站的页面主要由 3 部分组成——公司 LOGO、导航菜单和网页内容。其中的网页内容即为首页下属的各子页面的内容。单击导航菜单中的相应菜单项，在网页内容中将显示相应的子页面的内容，其布局如图 4-2 所示。

```
┌─────────────────────────────────────┐
│                │                    │
│     LOGO       │     导航菜单        │
│                │                    │
├─────────────────────────────────────┤
│                                     │
│                                     │
│              网页内容                │
│           （各子页面内容）           │
│                                     │
│                                     │
└─────────────────────────────────────┘
```

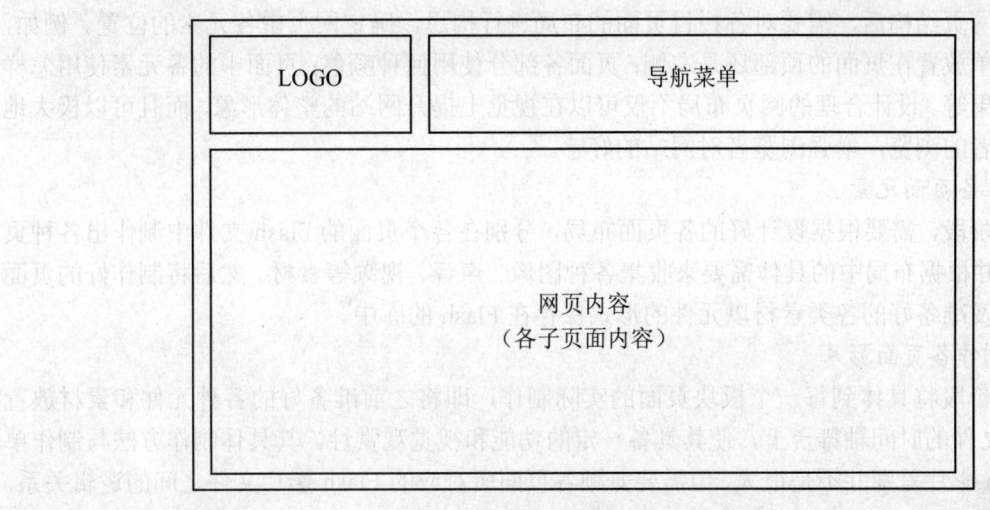

图 4-2　页面布局

另外，在制作网站前，还需要创建一个专门的文件夹用来存放网站的所有文件。该网站的所有完成文件都放在同一个文件夹中。在网站中用到的图片素材则放置在该文件夹的下级文件夹中。

4.2　知识技能

4.2.1　Flash 网站的制作流程

对许多读者来说 Flash 软件的功能和操作方法早已不再陌生，但一提到 Flash 制作网站却感觉无从下手。这主要是由于对网站的制作流程不了解，对网站的组成结构没有明确的认识所致。下面就简单介绍一下使用 Flash 制作网站的基本流程。

1. 确定网站的主题和风格

在制作网站之前，首先需要根据制作目的来确定网站的主题。例如，如果网站用于个人宣传，则需要选择自己擅长领域的内容作为网站主题的侧重点。如果网站是公司企业等商用性网站，则需要确定网站的主题是提升企业形象，还是宣传企业产品，抑或是网上商务交流等。

确定主题后，就需要根据主题来确定网站的风格。例如，以流行音乐、游戏动漫等为主题的网站就需要选择一些充满时尚动感的风格；以企业宣传、商务交流等为主题的网站则需要采用严谨务实的风格。

2. 网站结构规划

主题和风格确定后，就可以规划网站的结构了。首先需要绘制网站的结构草图，将网站的各个栏目板块以及各板块之间的上下级链接关系在草图上表现出来。然后，根据结构草图进一步完善网站的整体结构。一个结构清晰的网站结构图将有助于提高网站制作者的工作效率。

3. 网页布局设计

确定网页结构后，需要对各栏目页面的布局进行构思，确定网页中各元素的位置。例如，将导航菜单放置在页面的顶部还是左侧；页面各部分使用何种颜色；页面中的各元素使用怎样的动画效果等。设计合理的网页布局不仅可以在视觉上提升网站的整体形象，而且可以极大地方便浏览者的浏览，增强浏览者对网站的好感。

4. 准备页面元素

这一阶段，需要根据设计好的各页面布局，分别在各个页面的 Flash 文件中制作出各种页面元素，并根据布局中的具体需要来收集各种图像、声音、视频等素材。然后将制作好的页面元素，以及准备好的各类素材以元件的形式保存在 Flash 的库中。

5. 制作各页面影片

这一阶段将具体到每一个板块页面的实际制作，即将之前准备好的各种元件和素材放置在 Flash 文件的时间轴舞台上，使其具备一定的功能和视觉观赏性。其具体制作方法与制作单独的 Flash 影片差别并不是很大，但需要兼顾各页面所对应的 Flash 影片文件之间的逻辑关系，使其在互相调用时不会冲突或破坏网站的整体布局。

6. 整合与发布

各页面的 Flash 文件制作好后，需要根据规划好的网站结构将各页面整合起来，使其成为一个整体。这一过程也就是在各页面之间添加链接关系以及实现对外部文件调用的过程。

整合好后，就可以将各个 Flash 文件发布为 SWF 影片文件。同时，作为首页的主影片文件还要发布为 HTML 格式的网页文件。发布好后就可以对整个网站进行测试并上传到合适的服务器空间了。

4.2.2 网站 LOGO 简介

对一个网站而言，LOGO 就是网站的名片，是能够体现网站形象的一个重要元素。一个好的网站 LOGO 需要能够体现出网站的内涵和特征，能够传达给浏览者一些关于网站的信息和理念。所以，对于一个网站建设者来说，LOGO 的设计与制作是十分重要的。

1. 网站 LOGO 的定义

LOGO 的本意是为了容易、清楚地辨识而设计的名字或商标，是作为标志的语句或标识语。引申到互联网领域，就可以将其解释为一种方便浏览者对网站进行识别的标识，图 4-3 所示是一些知名网站的 LOGO。

图 4-3　一些知名网站的 LOGO

2. 网站 LOGO 的作用

从网站 LOGO 的定义可以归纳出网站 LOGO 具有以下作用。

（1）网站形象体现。网站 LOGO 是网站形象的综合体现，具有传达网站理念、体现网站精神的作用。从这个意义上来说，网站 LOGO 具有重要的识别作用，可以方便浏览者对网站进行认知。好的网站 LOGO 可以更全面、准确的向浏览者传达自身的价值，使浏览者获得更直观、更准确的认知，这对于吸引目标浏览者、提升网站形象具有十分重要的意义。

（2）链接作用。网站 LOGO 也是互联网上的链接门户。通过在其他网站或论坛放置具备超链接的 LOGO，可以使自身网站获得更多的访问量和更广泛的认知。好的 LOGO 可以使自己的网站在众多网站链接中脱颖而出，聚集到更多的人气。

3. 网站 LOGO 的设计规范

对于网站 LOGO 来说，从其表现形式上可以将其分为静态 LOGO 和动态 LOGO 两类。针对网站宣传的具体要求的不同，应当根据实际情况选择采用静态 LOGO 还是动态 LOGO。对于静态 LOGO 来说，其文件格式一般采用 GIF 图片格式，而对于动态 LOGO 来说，可以使用 GIF 格式，也可以采用 Flash 制作的 swf 影片文件格式。

一般来说，为了便于互联网上信息的传播，网站 LOGO 在制作尺寸上需要符合标准，以下是几种比较常用的尺寸：

- 88×31 像素，这是互联网上最普遍的 LOGO 规格。
- 120×60 像素，这种规格用于一般大小的 LOGO。
- 120×90 像素，这种规格用于大型 LOGO。

但实际上规范是死的，需求才是最重要的。在制作网站 LOGO 时，应当首先将网站总体需求摆放在第一位。一个符合网站需求、优秀的网站 LOGO 应当具备以下特点。

- 能够准确地体现网站的类型和内容。
- 设计美观大方、新颖独特，与网站的整体风格协调统一。
- 符合在互联网上发布的技术标准。

4.2.3 导航菜单的制作

制作网页时，Flash 最常用的功能之一就是制作导航菜单。与传统的文字导航和图片导航相比，用 Flash 制作的导航菜单具有动感强、视觉效果好、交互性高的优点。在网页中适当地加入 Flash 导航菜单，将会使网页显得生动活跃，具备更强的吸引力，从而增加网站的浏览量。

1. 导航菜单常见的形式

导航菜单是为整个网站服务的，根据网站类型的不同，导航菜单也会表现出不同的设计形式，在制作导航菜单之前，首先应当了解导航菜单所属网站的类型，以及该导航菜单所要实现的功能。然后，根据网站的具体需要选择合适的形式，并完成进一步的设计。

（1）普通导航菜单。这种类型的导航菜单主要由按一定顺序排列的按钮组成。按钮可以是单纯的图片或文字，也可以附加一些简单的动态效果。例如，一个以图片按钮为主的简单导航菜单，当浏览者将鼠标指针移动到相应的图片按钮上方时，按钮上的图片会改变成另一种颜色，或者被放大显示，如图 4-4 所示。

图 4-4　鼠标经过的按钮与周围按钮在尺寸上形成对比

对于下级链接页面不是特别多、结构也不是很复杂的网站，采用这种形式的导航菜单是比较合理的。

（2）对于一些以图片为主的网页来说，有时需要将多幅图片放置在网页中的同一个区域内。当浏览者用鼠标触发相应的导航按钮时，该按钮所对应的图片会显示在该区域内，如图4-5 所示，当鼠标单击导航栏上的不同按钮时，下方将显示对应的图片。

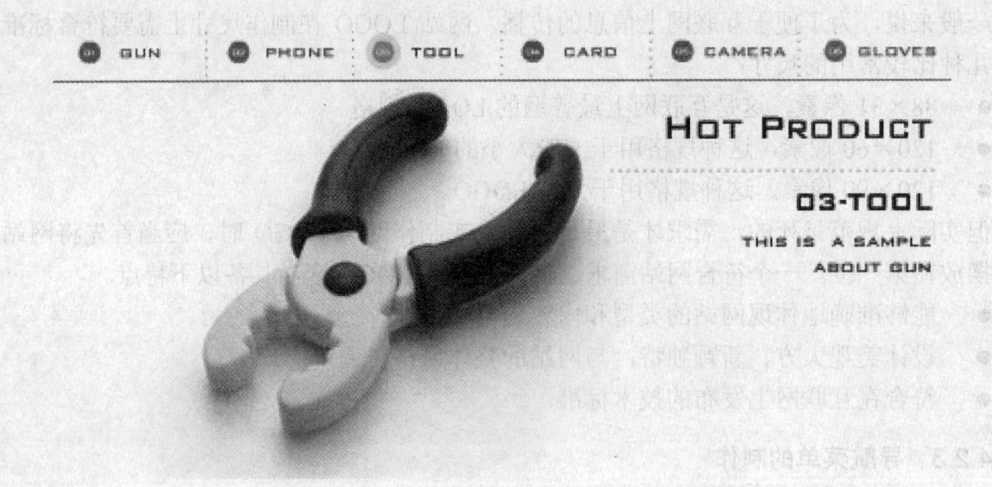

图 4-5　单击上方导航栏，窗口下方显示对应的图片

这种导航菜单一般应用在需要展示多幅尺寸较大的图片，而页面空间有限，同时又不希望增加下级链接页面的网页中。

（3）下拉菜单。下拉菜单是网页制作中比较常用的一种导航形式，当浏览者将鼠标指针移动到菜单上时，会显示隐藏的子菜单，如图 4-6 和图 4-7 所示，当鼠标指针移动到主菜单的某一项上时，在该菜单项的下方会出现其子菜单项，浏览者可以直接在子菜单中选择想要访问的页面。

图 4-6　网页中的下拉菜单（横向）

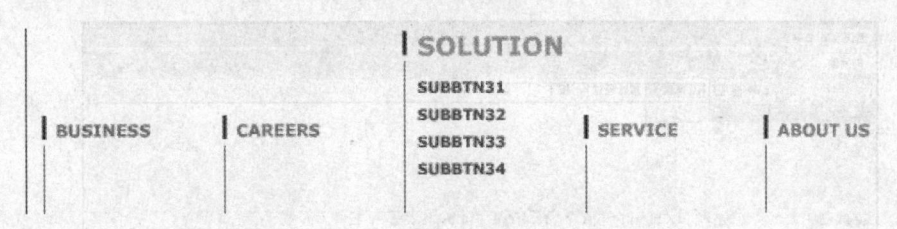

图 4-7　网页中的下拉菜单（纵向）

对于拥有较多下级页面的网站，这种下拉菜单的导航处理方法使浏览者可以对该网站的结构有一个更直观、更清晰的认识。与将所有下级页面的链接并排放置在一个导航栏中的处理方法相比，下拉菜单不但可以使网站的结构一目了然，方便浏览者寻找网站上的相关信息，而且对整个网页页面的外观也起到了很好的美化作用。

（4）循环滚动菜单。在一些网站上经常可以看到这样的广告——在一定区域内，各种产品图片如同走马灯一样不停地循环显示。当浏览者将鼠标指针移动到这个区域内时，所有的产品图片都停止了移动。此时，浏览者可以单击自己感兴趣的产品以进入载有该产品信息的页面，如图 4-8 所示，由多张产品组成的菜单画面循环不停地向右缓慢滚动，当鼠标指针移动到其中一幅产品图片上方时，整个画面的滚动立即停止。

图 4-8　循环滚动的菜单画面

这种导航菜单非常适用于需要在有限的空间里展示大量信息的情况。不但网络广告可以采用这种形式的菜单，而且诸如新闻版、公告牌等也可以采用这种信息循环滚动菜单的形式。

认识了这些不同形式的导航菜单，在制作网页导航菜单时，就可以针对网站的实际情况来具体选择采用何种形式。实际上，什么样的网站该选择哪种导航菜单形式并没有一个标准，有时甚至可以根据实际需要在一个导航菜单中结合运用两种或多种形式。

2. 制作普通导航菜单

在网上经常看到，有一些网页的导航菜单当鼠标移动到按钮上方，按钮会放大显示。下面将通过一个实例来讲解这种导航菜单的制作方法。其具体步骤如下：

（1）新建一 750×50 像素，背景为白色的文件。

（2）新建一 bt1 按钮元件，使用"矩形工具"，设置"圆角半径"为 10。禁用笔触颜色，在舞台中绘制一圆角矩形，如图 4-9 所示。

Flash 项目案例教程

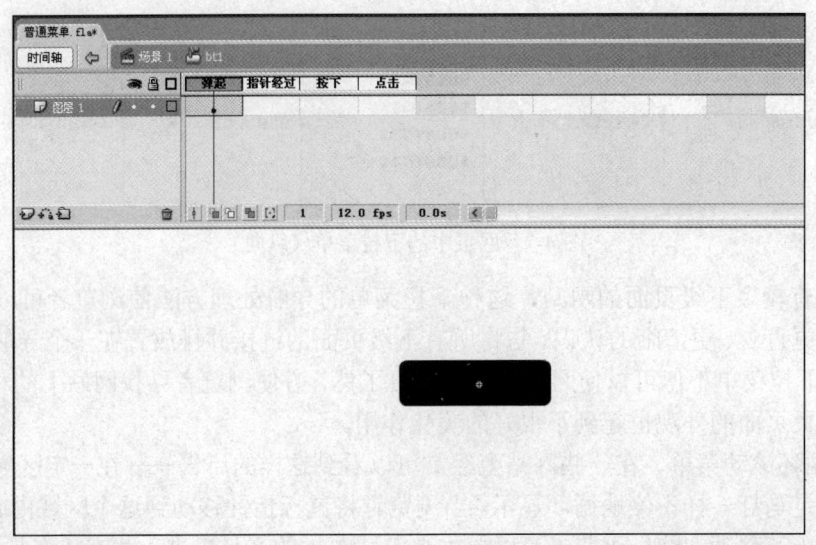

图 4-9　绘制圆角矩形

（3）选择矩形填充色块，单击"颜料桶工具"，打开"颜色"面板，选择"线性"选项，进入线性颜色渐变填充界面。单击"颜色"面板左下方的渐变调整滑块，将颜色设置为#003366，单击右下方的渐变调整滑块，同样将颜色设置为#0BCDFD。使用"颜料桶工具"填充矩形色块，并使用"渐变变形工具"调整矩形的填充色，如图 4-10 所示。

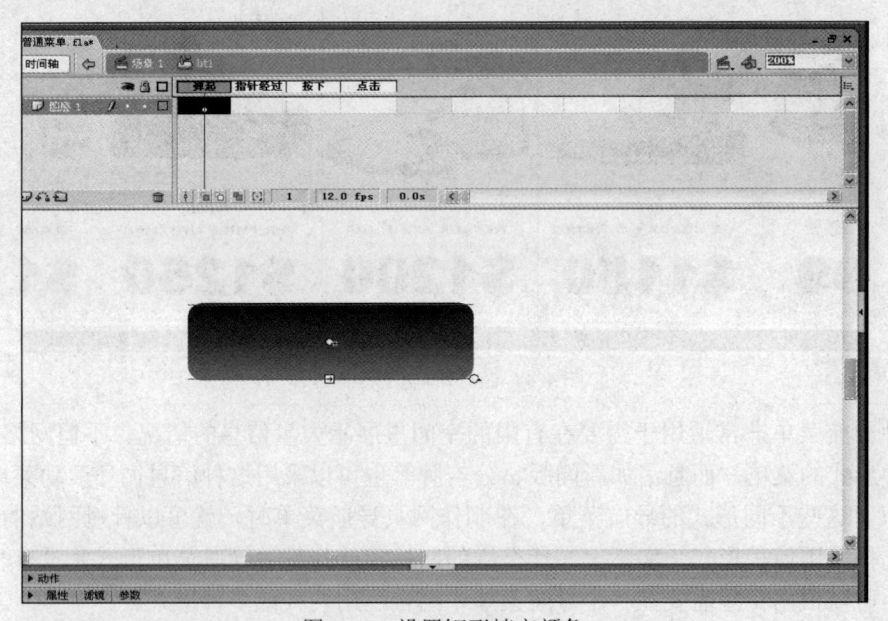

图 4-10　设置矩形填充颜色

（4）在"指针经过"帧上插入关键帧，使用"任意变形工具"，调整矩形大小。在"点击"帧上插入帧。

（5）新建一图层，在该图层"弹起"帧上输入文本——网站首页。在"指针经过"帧上插入关键帧，使用"任意变形工具"调整放大文本大小。在"点击"帧上插入帧，如图 4-11 所示。

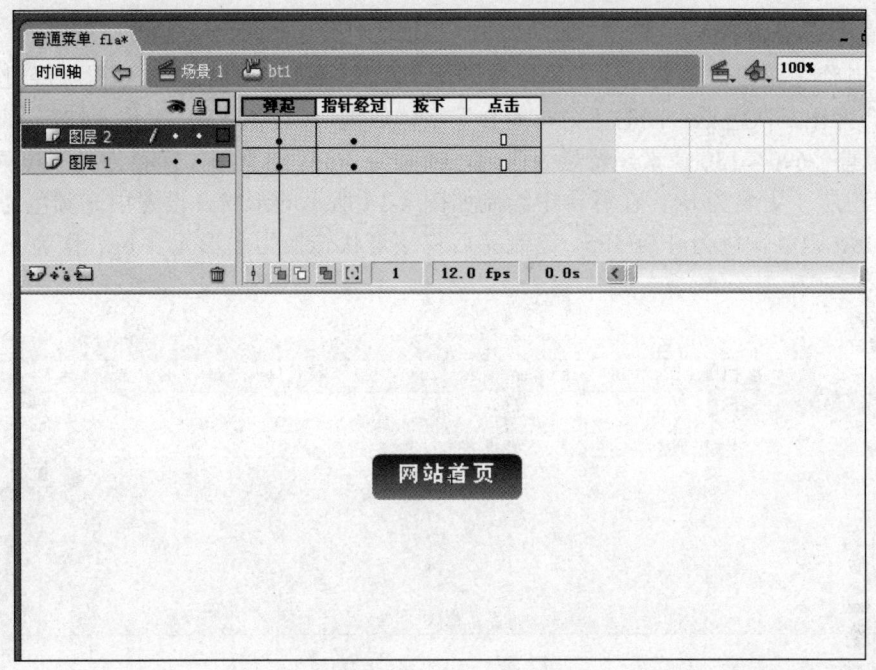

图 4-11　按钮文本的设置

（6）按上述方法，分别建立按钮元件 bt2～bt5，按钮上的文本分别为"课程简介"、"教学资源"、"网络课堂"、"在线教学"。

（7）回到场景，将完成的按钮元件放入舞台中，按下 Ctrl+Enter 组合键测试，效果如图 4-12 所示。

图 4-12　测试"普通菜单"效果

3．制作下拉菜单

下拉菜单是应用比较广泛的导航菜单形式。使用这种形式的导航菜单，可以有效地节约页面空间，同时使网站的结构更加具有层次感。下面通过一个下拉菜单的制作来展示这种导航菜单的制作思路。

如图 4-13 所示，当浏览者将鼠标指针移动到某一主菜单按钮上时，在该按钮的下方会出现一排菜单。浏览者需要通过单击子菜单的按钮项以访问相应的页面。

图 4-13　下拉菜单

具体操作步骤如下：

（1）制作主菜单。首先制作主菜单中的第一个选项"公司简介"。当鼠标经过该菜单项时，背景会弹出一灰色框。同时"公司简介"字体放大，COMPANY 字体变红。

1）新建一 690×130 像素，背景为白色，帧频为 36fps 的文档，保存为"下拉菜单.fla"。

2）将图层 1 更名为 bg。在舞台中绘制如图 4-14 所示的形状，设置填充颜色为#FFFFFF 和#D4D0D8，笔触颜色为#E5E5E5。绘制完后将该形状转换为图形元件 bg，作为下拉菜单的背景图。

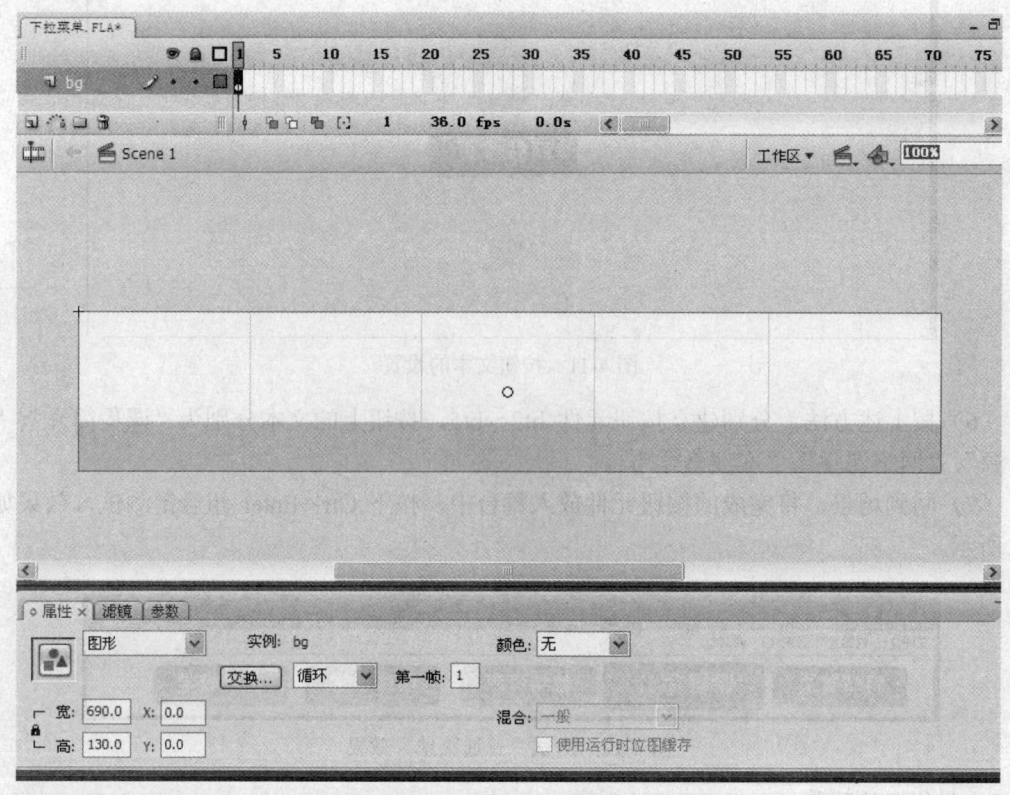

图 4-14　绘制背景图形

3）新建一名为"响应区域"的按钮元件，在"点击"帧绘制一个 120×70 像素的矩形，作为该按钮的响应区域，并使其位于舞台中心，如图 4-15 所示。其他 3 个帧保持空白状态，这样该按钮就成为一个隐形按钮。

4）回到场景，新建一个名为 menu1 的图层。在左侧第一格中用"矩形工具"和"线条工具"绘制如图 4-16 所示的图形，并将图形填充色块的颜色设为#FAFAFA，笔触颜色设为#E5E5E5。

5）选择绘制的图形，转换为名为 OVER 的图形元件。保持该图形为选中状态，将其转换为名为 menu1 的影片剪辑元件。

6）进入 menu1 影片剪辑，将图层 1 更名为 OVER。在第 9 帧插入关键帧。在第 1 帧中，使用"任意变形工具"将 OVER 图形元件缩小，并将其 Alpha 值设为 0%，在第 1、9 帧之间创建补间动画，如图 4-17 所示。

图 4-15　响应区域按钮

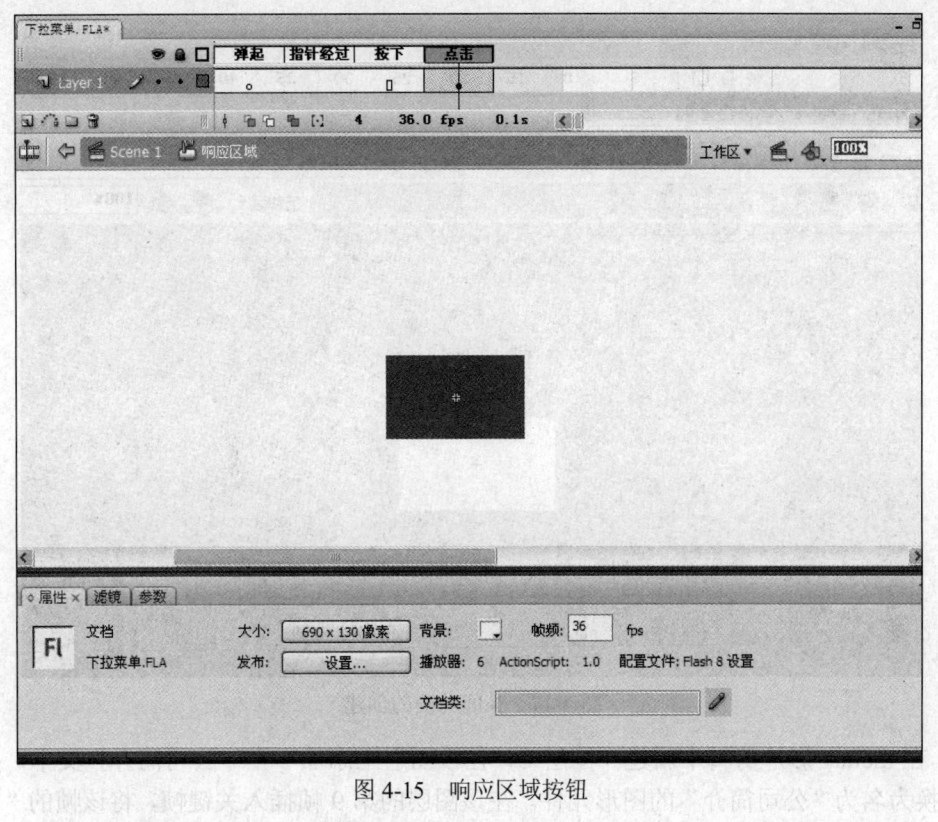

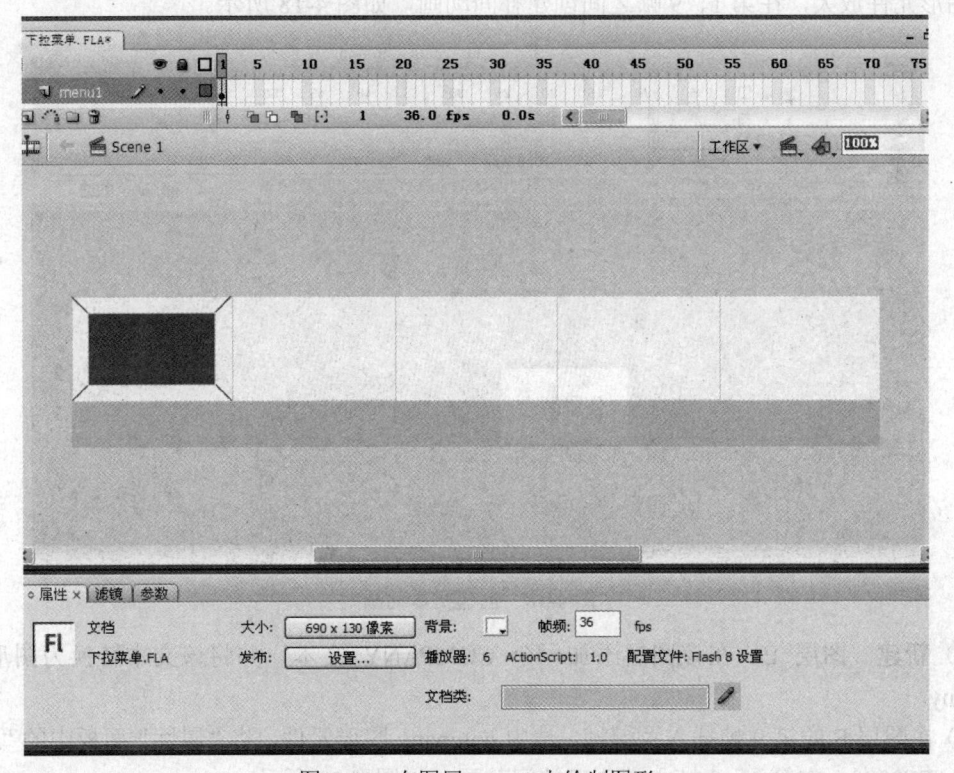

图 4-16　在图层 menu1 上绘制图形

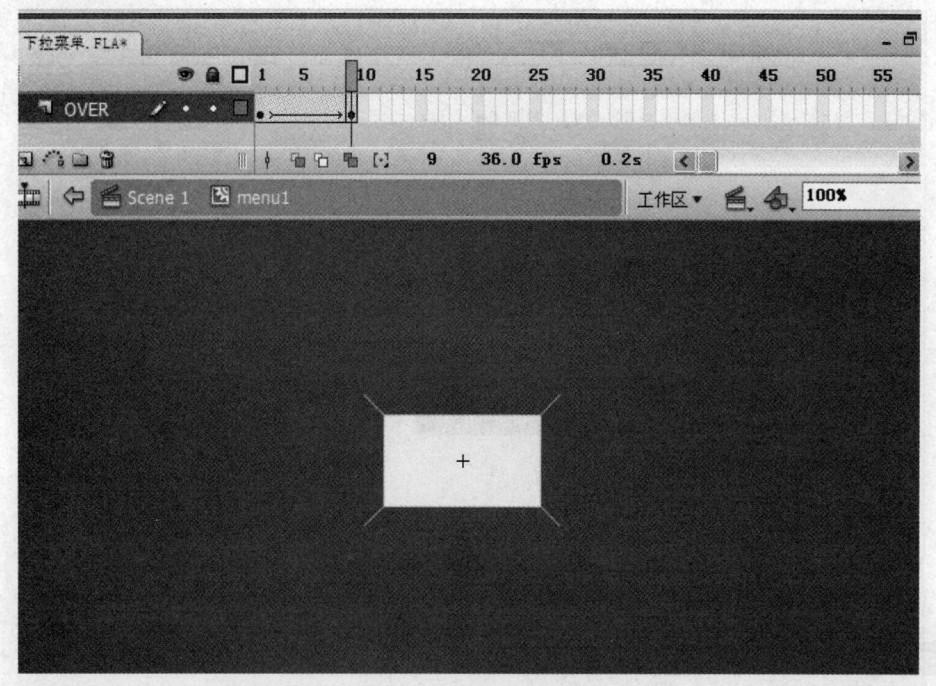

图 4-17 补间动画的创建

7）在 menu1 影片剪辑中新建一图层 C，在该图层上添加一个"公司简介"文本，并将该文本转换为名为"公司简介"的图形元件。在该图层的第 9 帧插入关键帧，将该帧的"公司简介"图形元件放大，在第 1、9 帧之间创建补间动画，如图 4-18 所示。

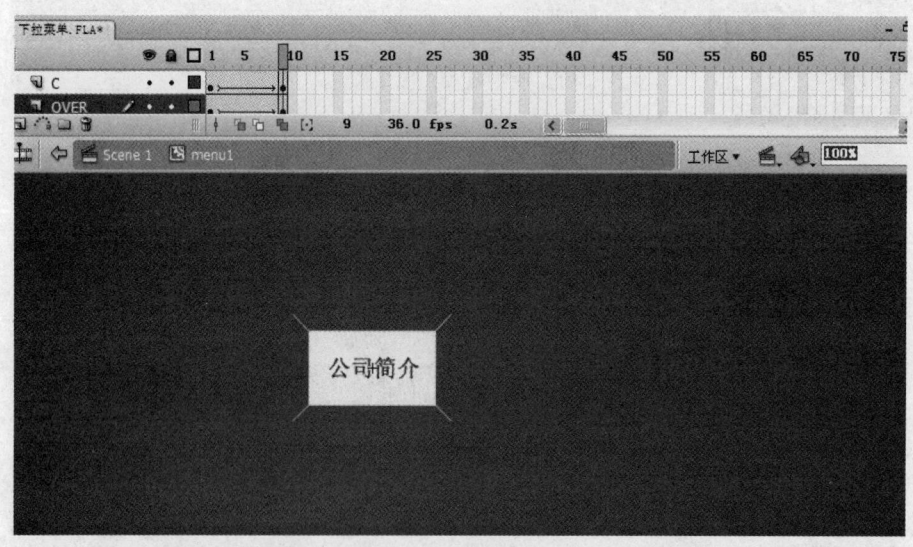

图 4-18 创建文本动画

8）新建一图层 E，在该图层添加一个 COMPANY 文本，并将该文本转换为图形元件 company。

9）在图层 E 的第 9 帧插入关键帧，选中 company 图形元件，将"属性"面板中的"色调"设置为#FF0000，在第 1、9 帧之间创建补间动画，如图 4-19 所示。

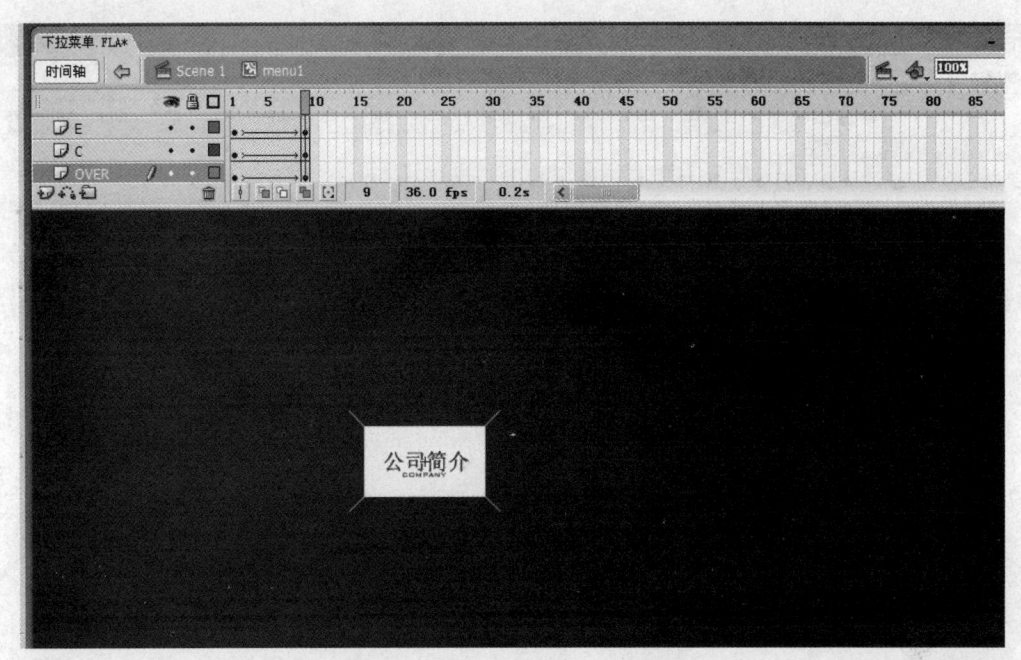

图 4-19　制作 COMPANY 文本动画

10）新建一图层 hit，将响应区域按钮元件拖入舞台遮盖住文本，在舞台上将看到一个浅蓝色的矩形按钮，如图 4-20 所示。

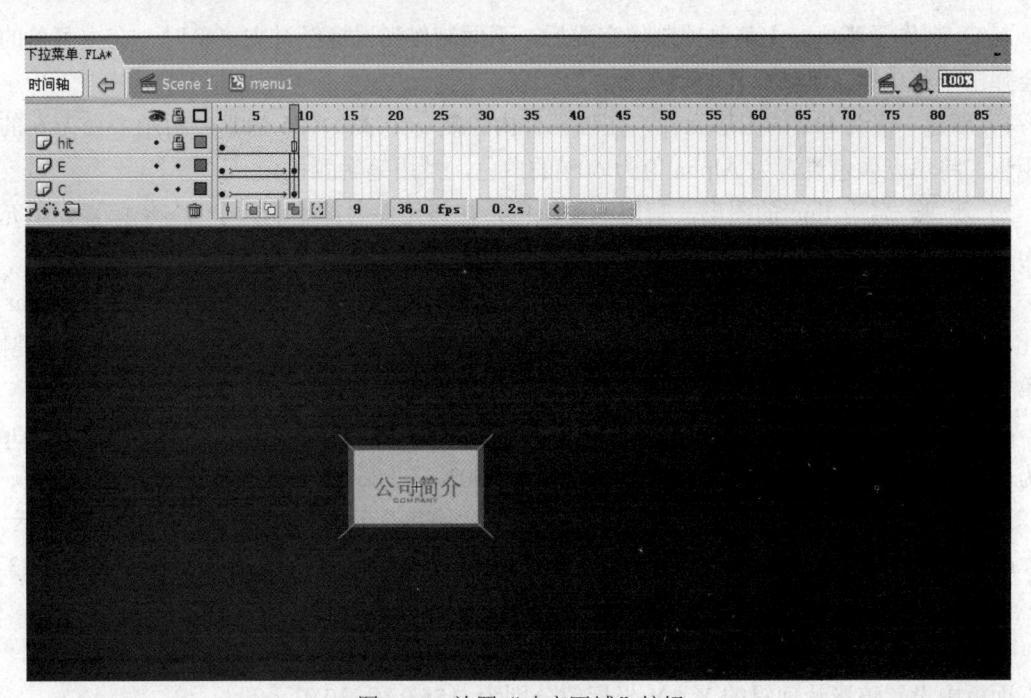

图 4-20　放置"响应区域"按钮

11）新建一图层 as。在第 1、9 帧添加以下脚本：
stop();
12）回到场景，如图 4-21 所示，主菜单的第一项"公司简介"制作完成。

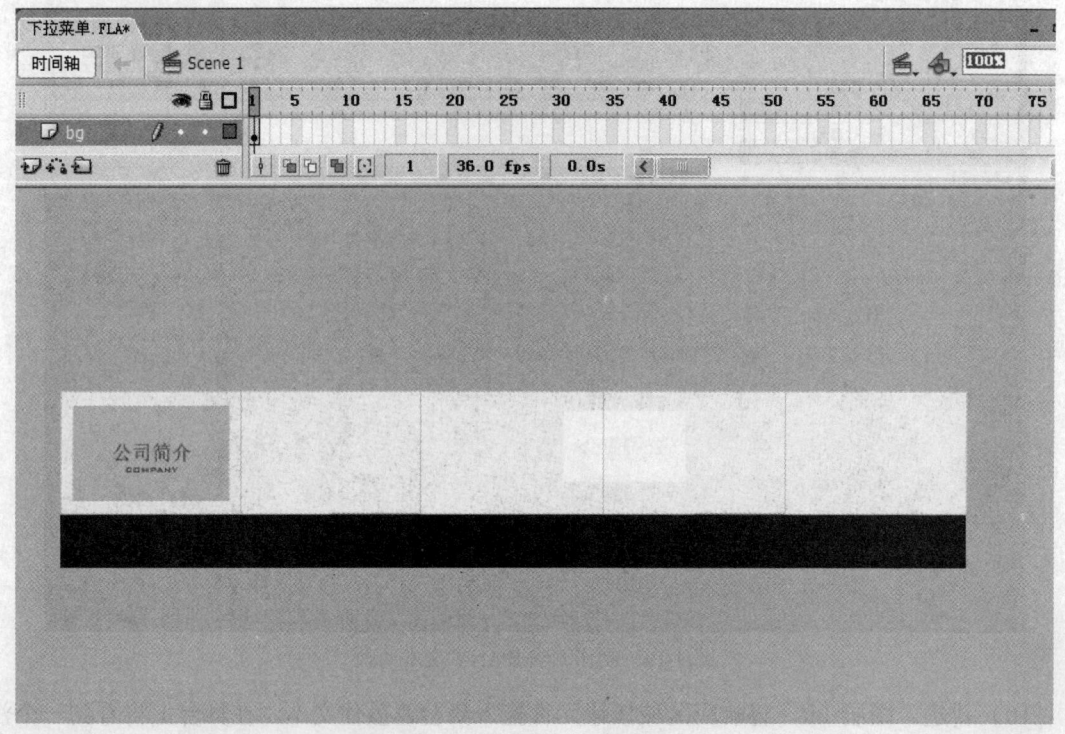

图 4-21 "公司简介"项制作完成

（2）制作子菜单。主菜单项制作完成后，下面制作当鼠标经过主菜单时，在主菜单的下方会弹出子菜单栏。具体操作步骤如下：

1）新建一名为 bar 的图形元件，在该元件内绘制一个 330×26 像素、边角半径为 6 的元件矩形，将填充颜色设置为 Alpha 值为 60%的白色，禁用笔触颜色。

2）新建一名为 line 的图形，禁用笔触颜色，在该元件内部绘制一个 1×8 像素、填充颜色为白色的矩形。

3）新建一名为 sub1 的影片剪辑元件，进入该元件内部，将图层 1 更名为 bar。将 bar 图形元件放入舞台中，并设置其 X、Y 坐标值分别为 0.0 和-2.0。在第 7、13 帧分别插入关键帧，在第 27 帧插入帧。

4）将第 1 帧中 bar 图形元件"属性"面板中的 Y 坐标修改为-27.0，并设置元件的 Alpha 值为 0%。将第 7 帧 bar 图形元件的 Alpha 值设为 50%，在第 1、7 帧之间创建补间动画。

5）将第 13 帧中 bar 图形元件"属性"面板中"亮度"设置为-100%，如图 4-22 所示。

6）新建一图层 sub，在第 7 帧插入关键帧，在 bar 图形元件上方输入文本，如图 4-23 所示，作为子菜单的按钮文字。在文本之间放入 line 图形元件，将文本隔开。

7）选中 sub 图层中的文本和间隔 line 图形元件，将其转换为 submenu1 影片剪辑。在"属性"面板中设置该影片剪辑的 X、Y 坐标值分别为-155.0 和-30.0。

8）在 sub 图层的第 12、13、14 帧插入关键帧，第 27 帧插入帧。在第 12 帧将 submenu1 影片剪辑的 Y 坐标修改为-10.0。按同样的方法将第 13、14 帧的 submenu1 影片剪辑的 Y 坐标修改为-14.0 和-10.0。在第 7、12 帧之间创建补间动画。

图 4-22　bar 图形元件动画制作

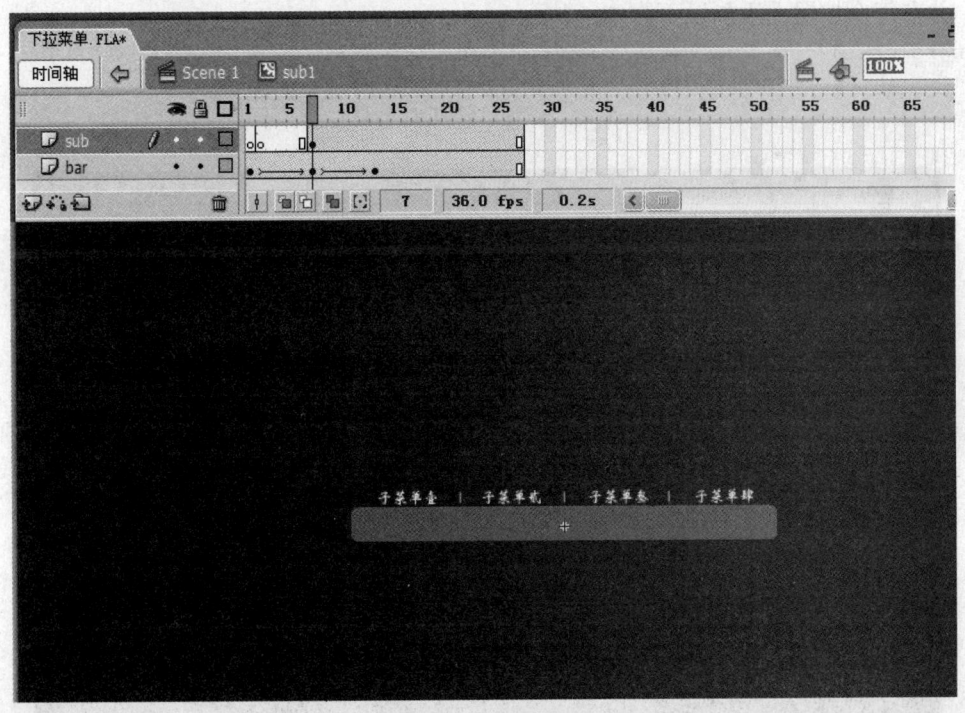

图 4-23　添加文本

9）在 sub 图层上方新建一 mask 图层，在第 7 帧插入关键帧。在舞台中绘制一矩形刚好遮盖住 bar 图形元件，并将该图层设置为遮罩层，如图 4-24 所示。

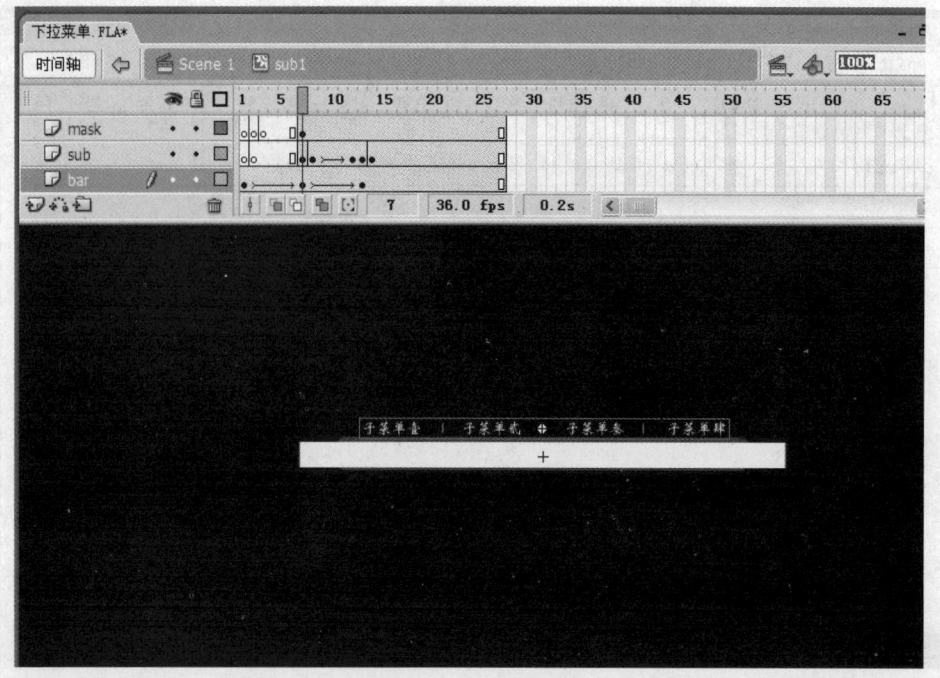

图 4-24　制作遮罩层

10）新建一 hit 图层，在第 18 帧插入关键帧，在舞台上放置 4 个响应区域按钮，如图 4-25 所示，并在每个按钮上添加以下脚本：

```
on(release){
    getURL("#", "_blank");      //根据需要将#更改为子菜单的链接地址
}
```

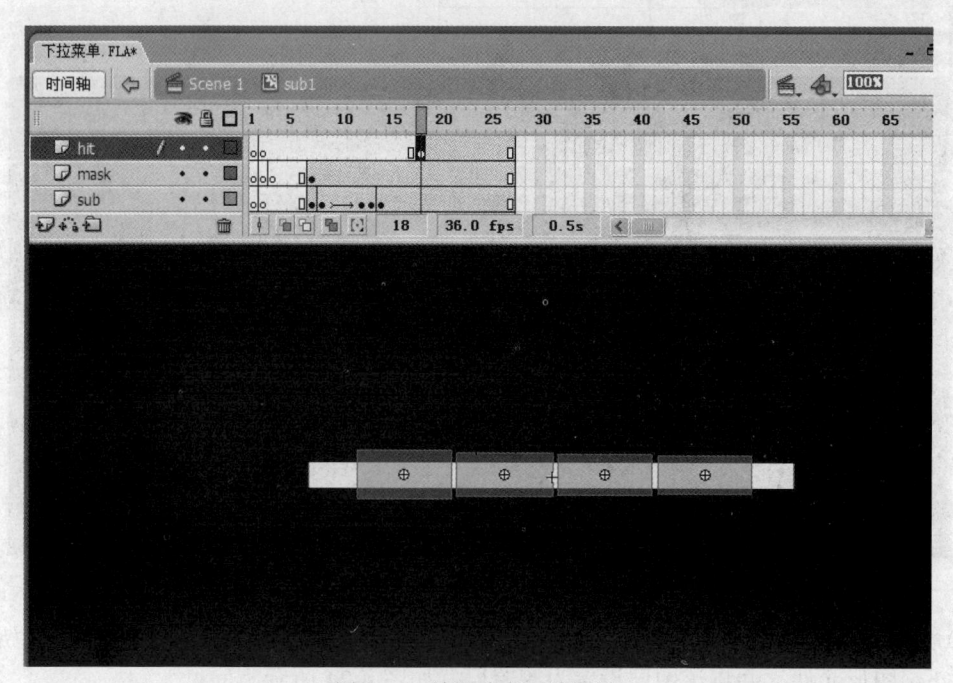

图 4-25　放置响应区域按钮

11）新建一 as 图层，在第 1、27 帧添加以下脚本：
stop();
12）回到场景，新建一图层 sub1，将 sub1 影片剪辑放入舞台，如图 4-26 所示。

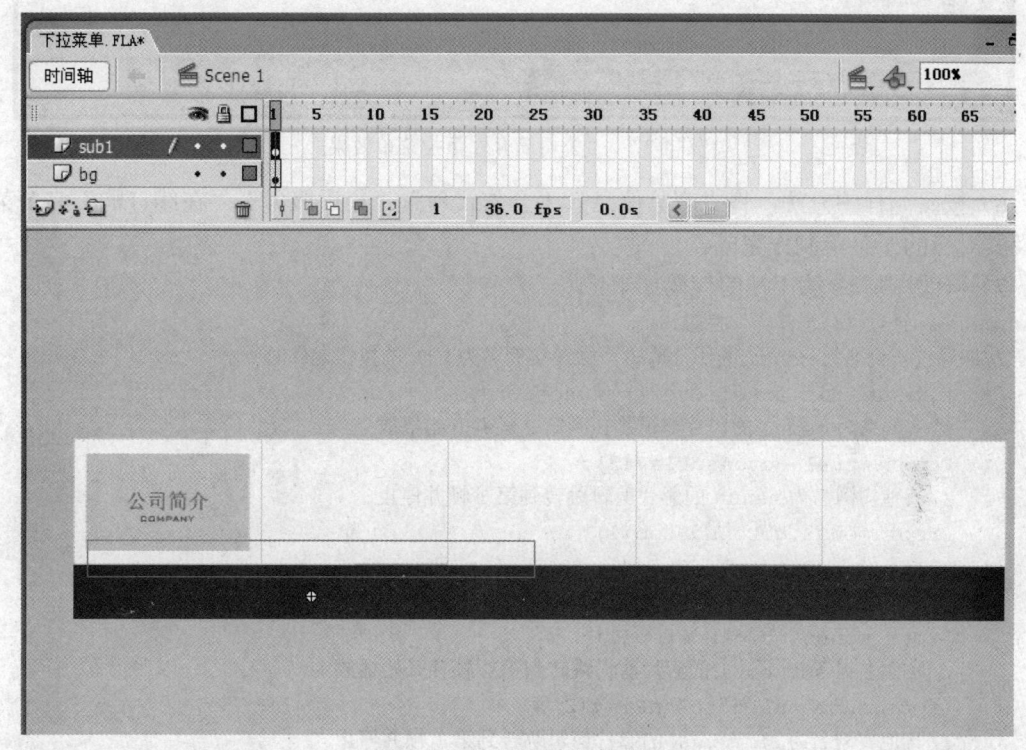

图 4-26　放置 sub1 影片剪辑

（3）制作下拉菜单。主菜单中的"公司简介"及其下级菜单已经制作完成，下面需要通过脚本将主菜单和子菜单组合在一起，完成"公司简介"项下拉菜单的制作。然后按照同样的方法完成其他菜单项的制作。

1）在场景中 sub1 图层上新建一图层 as。

2）单击 menu1 图层上的 menu1 影片剪辑，将其"属性"面板中的实例名设为 menu1。进入 menu1 影片剪辑，单击 hit 图层上的响应区域按钮，将其"属性"面板中的实例名设为 hit。

3）回到场景，将 sub1 图层上的 sub1 影片剪辑的实例名设为 submenu1。

4）单击图层 as 的第 1 帧，添加以下脚本：

```
_root.menu1.hit.onRollOver = function() {
    _root.menu1.gotoAndPlay(2);
    _root.submenu1.gotoAndPlay(2);
}
```

这段代码的意思是：当鼠标经过实例名为 menu1 的影片剪辑中的 hit 对象时，实例名为 menu1 的影片剪辑会跳转到第 2 帧开始播放。与此同时，实例名为 submenu1 的影片剪辑也跳转到第 2 帧开始播放。这样，当鼠标经过公司菜单时，就触发下拉菜单的动作。

5）按下 Ctrl+Enter 组合键测试影片，效果如图 4-27 所示。

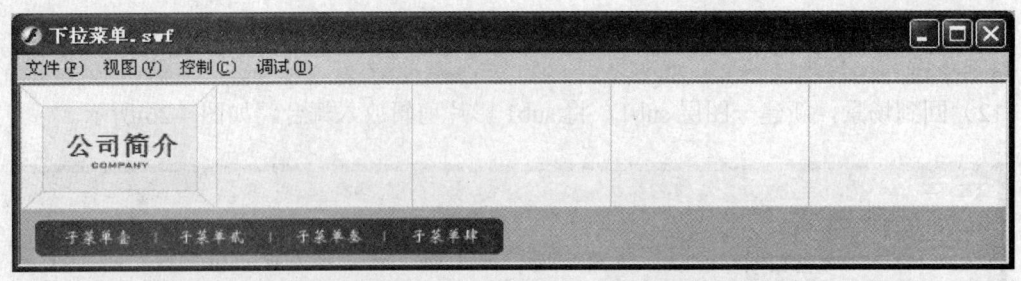

图 4-27 "公司简介"下拉菜单效果

6）按照同样的方法，将"产品信息"、"合作代理"、"售后服务"、"在线订购"4 个菜单项及其对应的子菜单制作完成。

7）修改图层 as 第 1 帧的代码如下：

```
//当鼠标经过"公司简介"栏时
//即经过实例名为 menu1 的影片剪辑，触发实例名为 hit 的按钮元件时
_root.menu1.hit.onRollOver = function() {
    //实例名为 menu1 的影片剪辑跳转到第 2 帧并开始播放
    _root.menu1.gotoAndPlay(2);
    //其他实例名为 menuN 的影片剪辑跳转到第 1 帧并停止
    _root.menu2.gotoAndStop(1);
    _root.menu3.gotoAndStop(1);
    _root.menu4.gotoAndStop(1);
    _root.menu5.gotoAndStop(1);
    //实例名为 submenu1 的影片剪辑跳转到第 2 帧并开始播放
    _root.submenu1.gotoAndPlay(2);
    //其他实例名为 submenuN 的影片剪辑跳转到第 1 帧并停止
    _root.submenu2.gotoAndStop(1);
    _root.submenu3.gotoAndStop(1);
    _root.submenu4.gotoAndStop(1);
    _root.submenu5.gotoAndStop(1);
};
//当鼠标经过"产品信息"栏时
//即经过实例名为 menu2 的影片剪辑，触发实例名为 hit 的按钮元件时
_root.menu2.hit.onRollOver = function() {
    //实例名为 menu2 的影片剪辑跳转到第 2 帧并开始播放
    _root.menu2.gotoAndPlay(2);
    //其他实例名为 menuN 的影片剪辑跳转到第 1 帧并停止
    _root.menu1.gotoAndStop(1);
    _root.menu3.gotoAndStop(1);
    _root.menu4.gotoAndStop(1);
    _root.menu5.gotoAndStop(1);
    //实例名为 submenu2 的影片剪辑跳转到第 2 帧并开始播放
    _root.submenu2.gotoAndPlay(2);
    //其他实例名为 submenuN 的影片剪辑跳转到第 1 帧并停止
    _root.submenu1.gotoAndStop(1);
    _root.submenu3.gotoAndStop(1);
    _root.submenu4.gotoAndStop(1);
```

```
    _root.submenu5.gotoAndStop(1);
};
//当鼠标经过"合作代理"栏时
//即经过实例名为 menu3 的影片剪辑，触发实例名为 hit 的按钮元件时
_root.menu3.hit.onRollOver = function() {
    //实例名为 menu3 的影片剪辑跳转到第 2 帧并开始播放
    _root.menu3.gotoAndPlay(2);
    //其他实例名为 menuN 的影片剪辑跳转到第 1 帧并停止
    _root.menu2.gotoAndStop(1);
    _root.menu1.gotoAndStop(1);
    _root.menu4.gotoAndStop(1);
    _root.menu5.gotoAndStop(1);
    //实例名为 submenu3 的影片剪辑跳转到第 2 帧并开始播放
    _root.submenu3.gotoAndPlay(2);
    //其他实例名为 submenuN 的影片剪辑跳转到第 1 帧并停止
    _root.submenu2.gotoAndStop(1);
    _root.submenu1.gotoAndStop(1);
    _root.submenu4.gotoAndStop(1);
    _root.submenu5.gotoAndStop(1);
};
//当鼠标经过"售后服务"栏时
//即经过实例名为 menu4 的影片剪辑，触发实例名为 hit 的按钮元件时
_root.menu4.hit.onRollOver = function() {
    //实例名为 menu4 的影片剪辑跳转到第 2 帧并开始播放
    _root.menu4.gotoAndPlay(2);
    //其他实例名为 menuN 的影片剪辑跳转到第 1 帧并停止
    _root.menu2.gotoAndStop(1);
    _root.menu3.gotoAndStop(1);
    _root.menu1.gotoAndStop(1);
    _root.menu5.gotoAndStop(1);
    //实例名为 submenu4 的影片剪辑跳转到第 2 帧并开始播放
    _root.submenu4.gotoAndPlay(2);
    //其他实例名为 submenuN 的影片剪辑跳转到第 1 帧并停止
    _root.submenu2.gotoAndStop(1);
    _root.submenu3.gotoAndStop(1);
    _root.submenu1.gotoAndStop(1);
    _root.submenu5.gotoAndStop(1);
};
//当鼠标经过"在线订购"栏时
//即经过实例名为 menu5 的影片剪辑，触发实例名为 hit 的按钮元件时
_root.menu5.hit.onRollOver = function() {
    //实例名为 menu5 的影片剪辑跳转到第 2 帧并开始播放
    _root.menu5.gotoAndPlay(2);
    //其他实例名为 menuN 的影片剪辑跳转到第 1 帧并停止
    _root.menu2.gotoAndStop(1);
    _root.menu3.gotoAndStop(1);
```

```
        _root.menu4.gotoAndStop(1);
        _root.menu1.gotoAndStop(1);
        //实例名为 submenu5 的影片剪辑跳转到第 2 帧并开始播放
        _root.submenu5.gotoAndPlay(2);
        //其他实例名为 submenuN 的影片剪辑跳转到第 1 帧并停止
        _root.submenu2.gotoAndStop(1);
        _root.submenu3.gotoAndStop(1);
        _root.submenu4.gotoAndStop(1);
        _root.submenu1.gotoAndStop(1);
};
```

8）至此，下拉菜单制作完成，按下 Ctrl+Enter 组合键测试影片，效果如图 4-28 所示。

图 4-28　测试下拉菜单

4.2.4　组件的使用

1．"组件"面板的简介

Flash CS3 中提供了一些用于制作交互动画的组件，组件是带有参数的影片剪辑元件，通过设置参数可以修改组件的外观和行为，利用这些组件的交互组合，配合相应的 ActionScript 语句，可以制作出具有交互功能的交互式动画。选择"窗口"→"组件"命令即可打开"组件"面板，"组件"面板中包括了多种内置的组件，如图 4-29 所示。

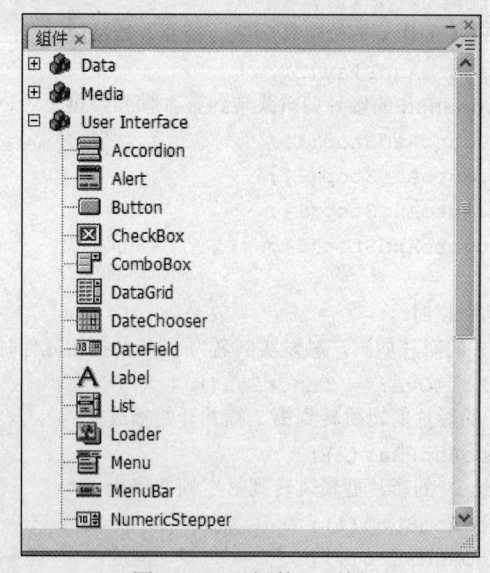

图 4-29　"组件"面板

Flash 在"组件"面板中提供的组件分为以下 4 类。

（1）数据（Data）组件。使用数据组件可加载和处理数据源中的信息。此类数据组件的成员及其作用如下。
- DataHolder 组件：保存数据，并可用作组件之间的连接器。
- DataSet 组件：一个构造块，用于创建数据驱动的应用程序。
- RDBMSResolver 组件：用于将数据保存回任何支持的数据源。此组件对 Web 服务、JavaBean、servlet 或 ASP 页可接收并分析的 XML 进行翻译。
- WebServiceConnector 组件：提供对 Web 服务方法调用的无脚本访问。
- XMLConnector 组件：使用 HTTP GET 和 POST 方法来读写 XML 文档。
- XUpdateResolver 组件：用于将数据保存回任何支持的数据源。此组件将增量数据包翻译为 XUpdate。

（2）媒体（Media）组件。使用媒体组件能够很方便地将媒体加入到 Flash 中，并对其进行控制。此类媒体组件的成员及其作用如下。
- MediaController 组件：在应用程序中控制流媒体的回放。
- MediaDisplay 组件：在应用程序中显示流媒体。
- MediaPlayback 组件：MediaDisplay 和 MediaController 组件的结合。

（3）用户界面（User Interface）组件。利用用户界面组件可以方便地创建复杂的交互界面，实现与应用程序之间的交互。此类用户界面组件的成员及其作用如下。
- Accordion 组件：一组垂直的交互重叠的视图，视图顶部有一些按钮，用户利用这些按钮可以在视图之间进行切换。
- Alert 组件：一个窗口，用于显示消息并提供捕获用户响应的按钮。
- Button 组件：一个大小可调整的按钮，可使用自定义图标来自定义。
- CheckBox 组件：允许用户进行布尔值选择（真或假）。
- ComboBox 组件：允许用户从滚动的选择列表中选择一个选项。该组件可以在列表顶部有一个可选择的文本字段，以允许用户搜索此列表。
- DataGrid 组件：允许用户显示和操作多列数据。
- DataChooser 组件：允许用户从日历中选择一个或多个日期。
- DataField 组件：一个不可选择的文本字段，并带有"日历"图标。当用户在组件的边框内单击时，Flash 会显示一个 DataChooser 组件。
- Label 组件：一个不可编辑的单行文字字段。
- List 组件：允许用户从滚动列表中选择一个或多个选项。
- Loader 组件：一个包含已载入的 SWF 或 JPEG 文件的区块。
- Menu 组件：一个标准的桌面应用程序菜单，允许用户从列表中选择一个命令。
- MenuBar 组件：水平的菜单栏。
- NumericStepper 组件：一个带有可单击箭头的文本框，单击箭头可增大或减小数字的值。
- ProgressBar 组件：显示一个过程（如加载操作）的进度。
- RadioButton 组件：允许用户在互相排斥的选项之间进行选择。
- ScrollPane 组件：使用自动滚动条在有限的区域内显示影片剪辑、位图和 SWF 文件。

- TextArea 组件：一个可随意编辑的多行文本字段。
- TextInput 组件：一个可以随意编辑的单行文本输入字段。
- Tree 组件：允许用户处理分级信息。
- UIScrollBar 组件：允许将滚动条添加至文本字段。
- Window 组件：一个可拖动的窗口，带有标题栏、题注、边框、"关闭"按钮和内容显示区域。

（4）Video 组件。通过 FLVPlayback 组件，可以轻松地将视频播放器嵌入 Flash 应用程序，以便播放通过 HTTP 渐进式下载的 Flash 视频（FLV）文件，或者播放来自 Flash Media Server（FMS）或 Flash Video Streaming Service（FVSS）的 FLV 文件流。

FLVPlayback 组件包括 FLV 回放自定义用户界面组件。该组件提供控制按钮和机制，可用于播放、停止、暂停 FLV 文件以及对该文件进行其他控制。这些控件包括 BackButton、BufferingBar、ForwardButton、MuteButton、PauseButton、PlayButton、PlayPauseButton、SeekBar、StopButton 和 VolumeBar。

2. 组件的添加

用户可以通过使用"组件"面板将组件添加到 Flash 文档中，然后通过使用"库"面板向文档添加该组件的更多实例。在"属性"面板的"参数"选项卡或"组件检查器"面板的"参数"选项卡中可以设置组件实例的属性。在 Flash 中添加组件的具体步骤如下：

（1）选择"窗口"→"组件"命令，打开"组件"面板。

（2）将组件从"组件"面板中拖动到舞台上，或者双击"组件"面板中的一个组件，该组件会自动添加到舞台上，如图 4-30 所示。

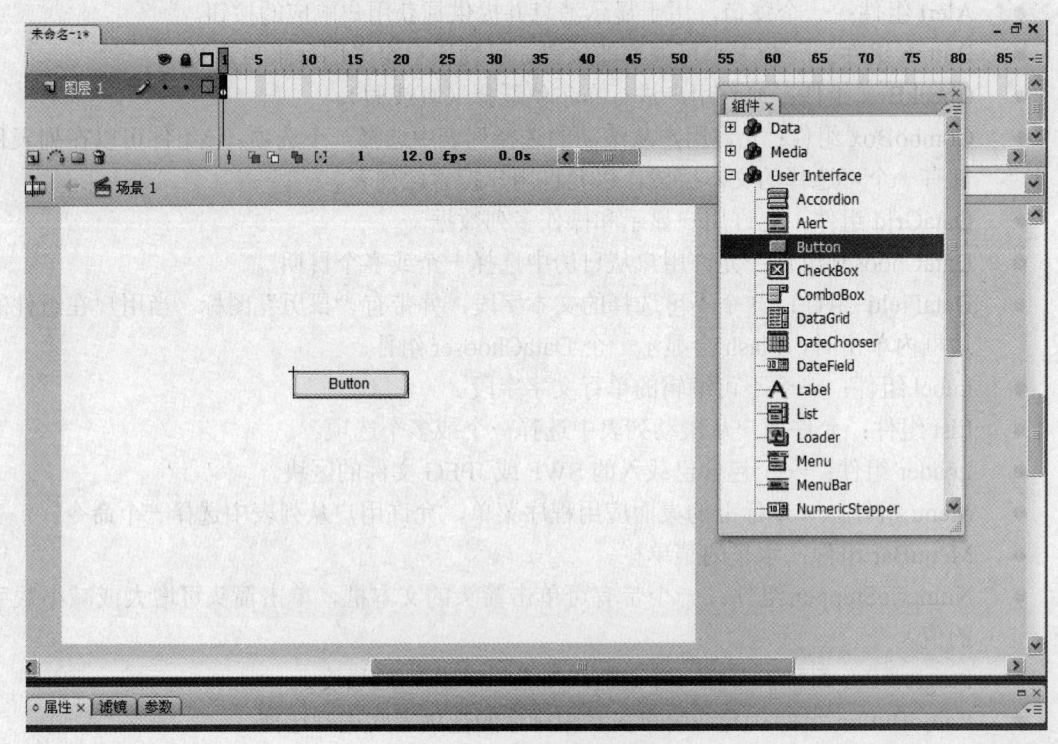

图 4-30 向舞台添加组件

（3）在舞台上选择该组件，打开"属性"面板中的"参数"选项卡，在"组件"下面的文本框中输入该组件的实例名，然后为该组件实例指定参数。

（4）将组件添加到文档后，该组件将在"库"面板中显示为编译剪辑元件，如图 4-31 所示。

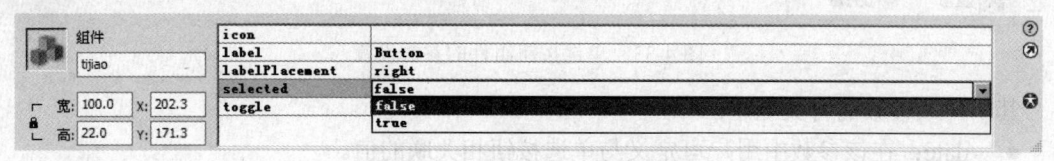

图 4-31　设置组件的实例名和参数

3．常用组件

在 Flash 的各组件类型中，User Interface 组件是应用最广，也是最常用的组件类别之一。User Interface 组件中最常用的包括复选框组件、单选按钮组件、下拉列表框组件、列表框组件、滚动条组件和按钮组件 6 种。下面分别对它们进行介绍。

（1）复选框组件 CheckBox。利用复选框组件可以同时选取多个项目。通过 User Interface 组件中的 CheckBox 组件可创建多个复选框，并为其设置相应的参数。在"组件"面板的 User Interface 组件类型中选择复选框组件 CheckBox，将其拖放到舞台上，即可完成复选框的创建。

选中添加到舞台的复选框，打开"属性"面板中的"参数"选项卡，即可对复选框的各项参数进行设置，如图 4-32 所示。

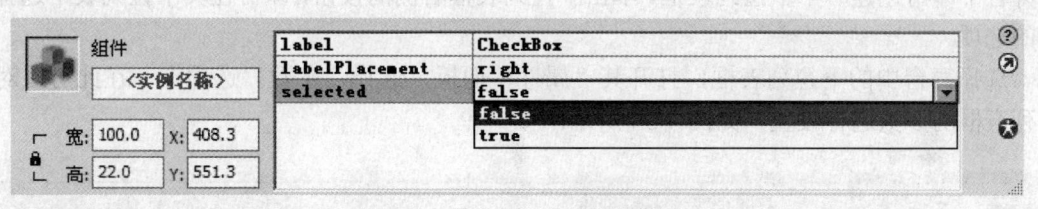

图 4-32　复选框组件的参数设置

其中各项参数的含义如下：

- label：用于确定复选框中显示的文本内容。
- labelPlacement：包含 4 个选项，left、right、top 和 bottom，默认值是 right。用于确定复选框上标签文本的方向。
- selected：用于确定复选框的初始状态为选中状态（true）或未选中状态（false）。被选中的复选框会显示一个勾标记。一组内复选框中可有多个被选中。

（2）单选按钮组件 RadioButton。单选按钮组件 RadioButton 主要用于选择一个唯一的选项。单选按钮组件 RadioButton 不能单独使用，至少有两个单选按钮组件才可以成立实例。通常，用户在 Flash 中创建一组单选按钮形成的一个系列选择组中只能选择某一选项，在选择该组中某一个选项后，将自动取消对该组内其他选项的选择。

选中舞台中单选按钮，在其"属性"面板中可设置组件的坐标、高和宽等，选择"参数"选项卡，在此可以对单选按钮的参数进行设置，如图 4-33 所示。

Flash 项目案例教程

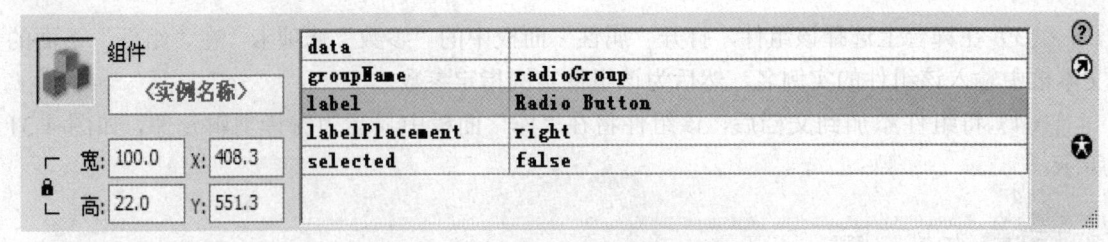

图 4-33 单选按钮组件的参数设置

其中各项参数的含义如下：
- date：在该参数中用户可定义与单选按钮相关联的值。
- groupName：用于指定当前单选按钮所属的单选按钮组，该参数值相同的单选按钮自动被编为一组，并且在一组单选按钮中只能选择其中一个。
- label：用于设置按钮上的文本值。
- labelPlacement：用于确定单选按钮旁边标签文本的位置，其中包括 4 个选项：left、right、top 和 bottom，默认值为 right。
- selected：用于确定单选按钮的初始状态为被选中状态（true）或未选中状态（false），其默认值为 false。被选中的单选按钮会显示一个圆点，一个组内只有一个单选按钮被选中，如果一组内有多个单选按钮被设置为 true，则会选中最后实例化的单选按钮。

（3）下拉列表框组件 ComboBox。下拉列表框组件用于在弹出的下拉列表框中选择需要的选项，在"组件"面板下的 User Interface 类型中选择下拉列表框组件 ComboBox，将其拖入舞台中即可创建一个下拉列表框。单击下拉列表框右侧的按钮，即可在其下拉列表中选择需要的选项。

选择舞台中的下拉列表框，打开其"属性"面板，选择"参数"选项卡，在此可以对下拉列表框的参数进行设置，如图 4-34 所示。

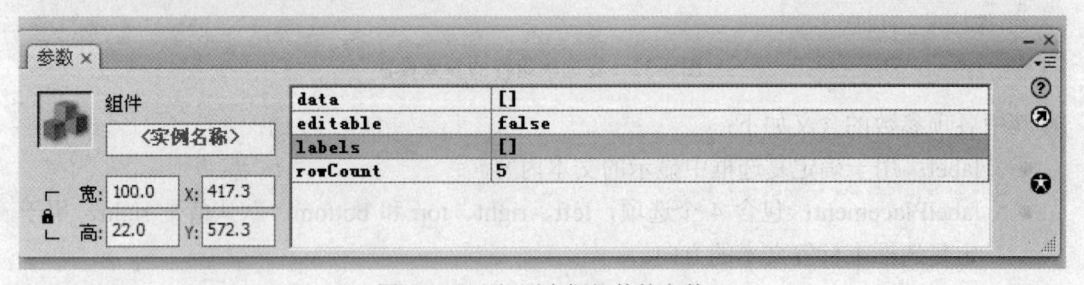

图 4-34 下拉列表框组件的参数

其中各项参数的含义如下：
- date：将一个数据值与 ComboBox 组件中的每一项相关联。该数据参数是一个数组。
- editable：该参数用于决定用户是否能在下拉列表框中输入文本。true 表示可以输入文本，false 则表示不可以输入文本，其默认值为 flase。
- labels：指定 ComboBox 组件下拉列表框中显示的内容。
- rowCount：设置列表中最多可以显示的项数，默认值为 5。

（4）列表框组件 List。列表框组件 List 是一个可滚动的单选或多选列表框，可以显示图形和文本。单击标签或数据参数字段时，将打开"值"对话框，在对话框中可以添加显示在 List 中的项目。

选中舞台中的列表框，打开"属性"面板中的"参数"选项卡，在此可以对列表框的参数进行设置，如图 4-35 所示。

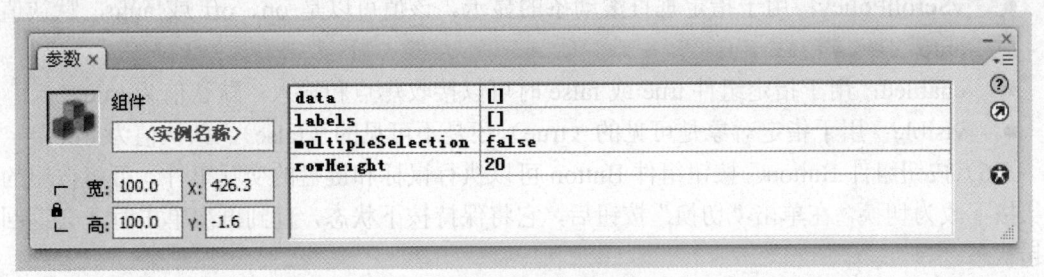

图 4-35 列表框组件参数

其中各项参数的含义如下：
- date：将一个数据值与列表组件中的每一项相关联。该数据参数是一个数组。
- labels：指定列表组件中显示的内容。
- multipleSelection：获取一个布尔值，指示是否一次可以选择多个列表项目。
- rowHeight：用于指明每行的高度，以像素为单位，默认值为 20。

（5）滚动条组件 ScrollPane。滚动条组件 ScrollPane 用于在某个大小固定的文本框中显示更多的文本内容。滚动条是滚动文本框与输入文本框的组合，在动态文本框和输入文本框中添加水平和垂直滚动条，用户可以通过拖动滚动条来显示更多的内容。

选中添加到舞台中的滚动条，打开其"属性"面板的"参数"选项卡，可以对滚动条的各项参数进行设置，如图 4-36 所示。

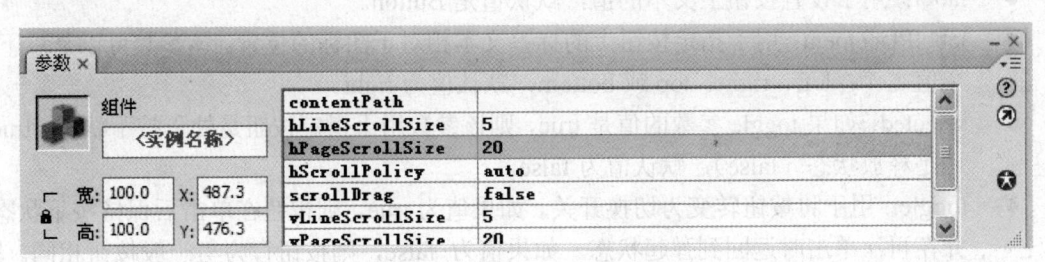

图 4-36 滚动条组件的参数

其中各项参数的含义如下：
- contentPath：用于指定要加载到滚动组件中的内容。该值可以是本地 SWF 或 JPEG 文件的相对路径，或 Internet 上的文件的相对或绝对路径，也可以是影片剪辑的链接标识符。
- hLineScrollSize：用于指定每次单击"箭头"按钮时水平滚动条移动的距离，默认值为 5。
- hPageScrollSize：用于指定每次单击轨道时水平滚动条移动的距离，默认值为 20。
- hScrollPolicy：用于指定水平滚动条的显示。该值可以是 on、off 或 auto，默认值为 auto。

171

- scrollDrag：用于指定当用户在滚动窗格中拖动内容时 true 或 false 发生滚动，默认值为 false。
- vLineScrollSize：用于指定每次单击滚动箭头时垂直滚动条移动的距离，默认值为 5。
- vPageScrollSize：用于指定每次单击滚动条轨道时垂直滚动条移动的距离，默认值为 20。
- vScrollPolicy：用于指定垂直滚动条的显示。该值可以是 on、off 或 auto，默认值为 auto。
- enabled：用于指定组件 true 或 false 时可以接收焦点和输入，默认值为 true。
- visible：用于指定对象是可见的（true）还是不可见的（false），默认值为 true。

（6）按钮组件 Button。按钮组件 Button 可以执行鼠标和键盘的交互事件，可将按钮的行为从按下改为切换，在单击"切换"按钮后，它将保持按下状态，直到再次单击时才会返回到弹起状态。

选中舞台中添加的按钮，打开其"属性"面板的"参数"选项卡，可以对按钮的各项参数进行设置，如图 4-37 所示。

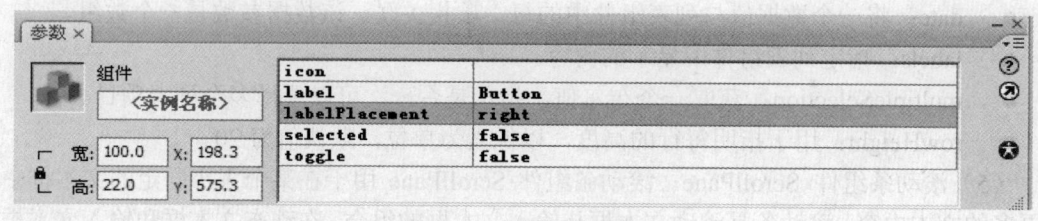

图 4-37　按钮组件参数

其中各项参数的含义如下。
- icon：用于为按钮添加自定义的图标。该值是库中影片剪辑或图形元件的链接标识符。
- label：用于设置按钮上文本的值，默认值是 Button。
- labelPlacement：用于指定按钮上的标签文本相对于图标的位置。该参数可以是以下 4 个值之一：left、right、top 或 bottom，默认值为 right。
- selected：如果 toggle 参数的值是 true，则该参数用于指定按钮是处于按下状态（true）还是释放状态（false），默认值为 false。
- toggle：用于将按钮转变为切换开关。如果值为 true，则按钮在单击后保持按下状态，并在再次单击时返回到弹起状态。如果值为 false，则按钮行为与一般按钮相同。默认值为 false。

4.2.5　浏览器和网络控制命令

通过前面对 ActionScript 基础知识的学习，相信大家对 ActionScript 的编程方法、基本概念、及语法规范等有了一定的认识。本小节对 ActionScript 的浏览器脚本进行讲述，从而使用户逐渐深入了解网络浏览器脚本的使用。

1. fscommand 命令

制作完成的 Flash 影片，通常都是在 Flash 播放器中播放。控制 Flash 播放器的播放环境及播放效果是经常需要解决的问题。比如，怎样使影片全屏播放，怎样在影片中调用外部程序等。

利用 fscommand 命令，可以实现对影片浏览器，也就是 Flash Player 的控制。另外，配合 JavaScript 脚本命令，该命令可以成为 Flash 和外界沟通的桥梁。

fscommand 命令的语法格式如下：

`fscommand(命令,参数);`

fscommand 命令中包含两个参数，一个是可以执行的命令，另一个是执行命令的参数。表 4-1 所示为 fscommand 命令可以执行的命令和参数。

表 4-1 fscommand 中可执行的命令和参数

命令	参数	功能说明
quit	没有参数	关闭影片播放器
fullscreen	true 或 false	用于控制是否让影片播放器成为全屏播放模式。true 为是，false 为不是
allowscale	true 或 false	false 让影片画面始终以 100%的方式呈现，不会随着播放器窗口的缩放而跟着缩放，true 则刚好相反
showmenu	True 或 false	true 代表当用户在影片画面上右击时，可以弹出全部命令的右键菜单，false 则表示命令菜单里只显示 About Shockwave 信息
exec	应用程序的路径	从 Flash 播放器执行其他应用软件
trapallkeys	true 或 false	用于控制是否让播放器锁定键盘的输入，true 为是，false 为不是。避免用户按下 Esc 键，解除全屏播放

2. getURL 命令

一般形式：

`GetURL(URL,Window,method);`

作用：添加超级链接，包括电子邮件链接。

例如，要给一个按钮实例添加超级链接，实现在单击按钮时，可以直接打开"百度"主页，则可以在该按钮上添加动作脚本：

```
on (release) {
    getURL("htt://www.baidu.com");
}
```

如果要添加电子邮件链接，可以输入以下代码：

```
on (release) {
    getURL("mailto:wang@163.com");
}
```

3. loadMoive 和 unloadMovie 命令

由于交互的需要，常常在当前电影（SWF）播放不停止的情况下，播放另一个电影或者是在多个电影间自由切换，这时就会用到 loadMovie 和 unloadMovie 命令。用 loadMovie 命令，可以载入电影；而用 unloadMovie 命令，则可以卸载由 loadMovie 命令载入的电影。如果没有 loadMovie 动作，则 Flash 播放器只能显示单个电影文件。

（1）loadMovie 使用的一般形式：

`loadMovie(URL,level/target[,variables]);`

其中，各项参数说明如下：

173

- URL：要载入的 SWF 文件、JPEG 文件的绝对或相对 URL 地址。相对地址必须是相对于级别上的 SWF 文件。该 URL 必须和当前电影处于相同的子域中。若设置的是相对路径，用 Flash 播放器同时播放的多个 SWF 文件都应该存放在相同的路径下。
- level：用于指定载入到播放器中的影片剪辑所处的级别。在 Flash 播放器中，按照加载的顺序，动画文件被编上了号。第一个加载的动画，将被放在最底层（0 级界面）上；以后载入的动画，将被放在 0 级以上的界面。
- target：用于指定目标影片剪辑的路径。目标影片剪辑，将被载入的电影或图像所替代。注意，必须指定目标影片剪辑或目标电影的级别。
- variables：可选参数，如果没有要发送的变量，则可以忽略该参数。

当使用 loadMovie 动作时，必须指定目标影片剪辑或目标电影的级别。载入到目标影片剪辑中的电影或图像，将继承原影片剪辑的位置、旋转和缩放属性。载入图像或电影的左上角将对齐原影片剪辑的中心点。另外，如果选中的目标是_root 时间轴，则图像或影片剪辑对齐舞台左上角。

例如，以下是 loadMovie 语句被附加给播放按钮。当单击该按钮时，加载一个名称为 hello.swf 的电影文件到一个名为 mc 的影片剪辑中。

```
on (release) {
    loadMovieNum("hello.swf",_root.mc);
}
```

（2）使用 unloadMovie，可以从播放器中删除已经载入的电影或影片剪辑。unloadMovie 命令使用的一般格式如下：

```
unloadMovie(level/target);
```

要卸载某个级别中的影片剪辑，需要使用 level 参数；如果要卸载已经载入的影片剪辑，则可以使用 target 目标路径参数。

例如，以下是卸载主时间轴上的一个名为 mc 的影片剪辑，然后将电影 movie01.swf 载入到 level4 级别中。

```
On(pass){
    unloadmovie("_root.mc");
    loadmovienum("movie01.swf", 4);
}
```

4. loadVariables 命令

一般格式如下：

```
loadVariables(URL,level/target[,Variables]);
```

作用：它可以从外部文件读入数据。外部文件包括文本文件、由 CGI 脚本生成的文本、ASP、PHP 或 Perl 脚本。读入的数据作为变量，将被设置到播放器级别或目标影片剪辑中。

其中，各项参数说明如下：

- URL：将要载入的绝对或相对路径地址。
- level/target：用于指定载入到 Flash 播放器中的变量所处的级别，或者接受载入的变量目标影片剪辑的路径。这两者只能选择其中一个。
- Variables：可选参数，如果没有要发送的变量，则可以忽略该参数。

4.3 操作步骤

本节主要介绍一个以服装为主的企业网站的制作步骤。该网站结构简单，没有多余的动画效果，并且省略了一些附加功能。目的在于通过这个结构简单但目的明确的网站制作，来使读者对网站的整体制作方法有个初步的认识和把握。然后读者可以在此基础上，根据需要对网站的功能进行拓展，使其得到进一步的完善。

4.3.1 "首页"的制作

首页是一个 Flash 网站的核心，所有对下级页面的调用都将在首页中完成。可以说，制作出一个好的首页就完成了整个网站的一半。下面将开始制作这个服装企业网站的首页。其具体制作步骤如下：

（1）新建文件，大小为 900×500 像素，背景黑色，帧频为 30fps。

（2）将图层 1 命名为 beijing，选择"文件"→"导入"→"导入"命令到舞台，将 bg.jpg 图片导入到舞台并调整大小。

（3）新建一图层 content，选择"矩形工具"，在"属性"面板中设置笔触颜色为无，填充颜色为白色，矩形边角半径为 10。在 content 图层的舞台上绘制 3 个圆角矩形，如图 4-38 所示。

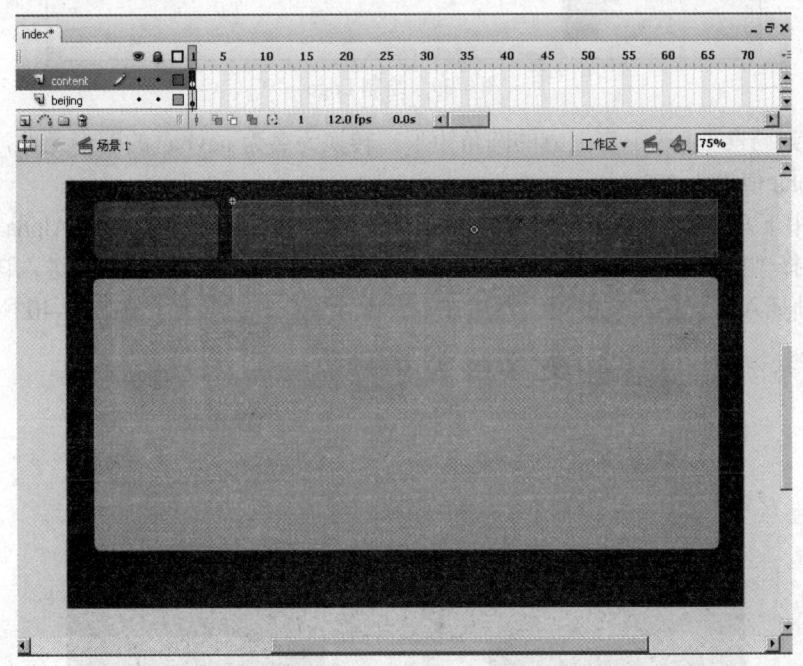

图 4-38 绘制圆角矩形

（4）新建底部文本的图形元件，在元件中输入以下文本：将底部文本图形元件放入 beijing 图层舞台下方。

Copyright©2009|版权所有美特斯邦威股份有限公司|*|技术支持 卓越网络|湘 ICP06025235 号
电话: 0731-5200000| 传真: 0731-5200000　邮编: 410131 | E-Mail:meitersbonwe@163.com

（5）单击选中左上角的圆角矩形，转换为 logo 影片剪辑元件。在舞台中双击 logo 影片剪辑元件，进入元件内部，将矩形的填充颜色 Alpha 值设为 20%，并在矩形上添加文字，运用遮罩层制作光晕横扫字体的效果，如图 4-39 所示。

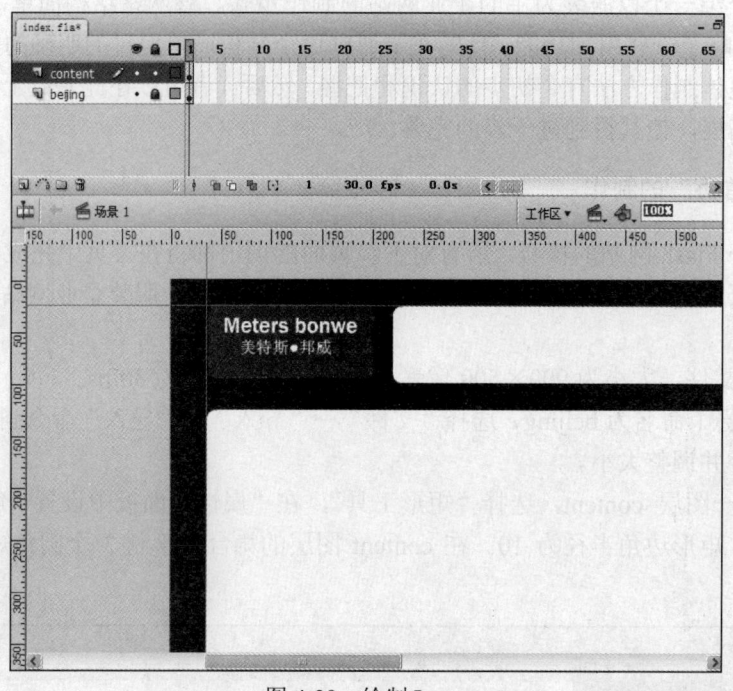

图 4-39 绘制 Logo

（6）回到场景 1，选中右上方的圆角矩形，转换为名为 navbar 的图形元件，然后将元件中矩形的 Alpha 值设为 20%。

（7）选中下方的圆角矩形，转换为名为 bg 的图形元件，将元件中矩形的 Alpha 值设为 60%。

（8）选择"插入"→"新建元件"命令，创建名为 abt 的按钮元件。进入该元件内部，在"点击"帧插入一个空白关键帧，然后在舞台中绘制一白色矩形，如图 4-40 所示。

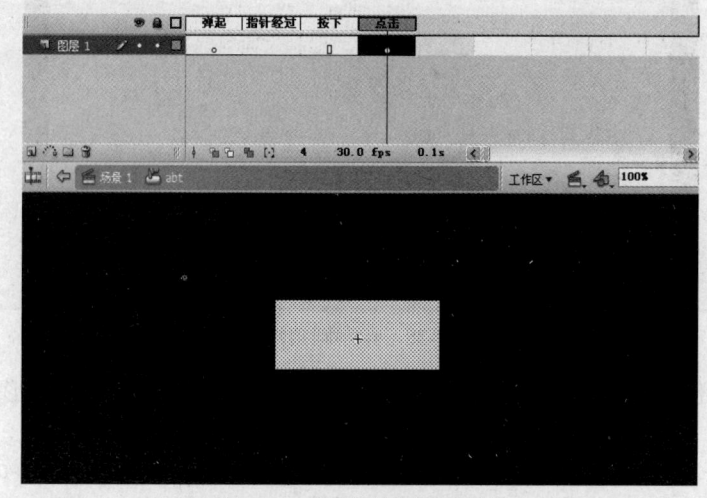

图 4-40 绘制按钮点击区域

（9）创建名为 about 的影片剪辑元件，进入该元件，在图层 1 上输入 ABOUT 和"公司简介"文本，并将其转换为名为 abt_p 的图形元件，如图 4-41 所示。

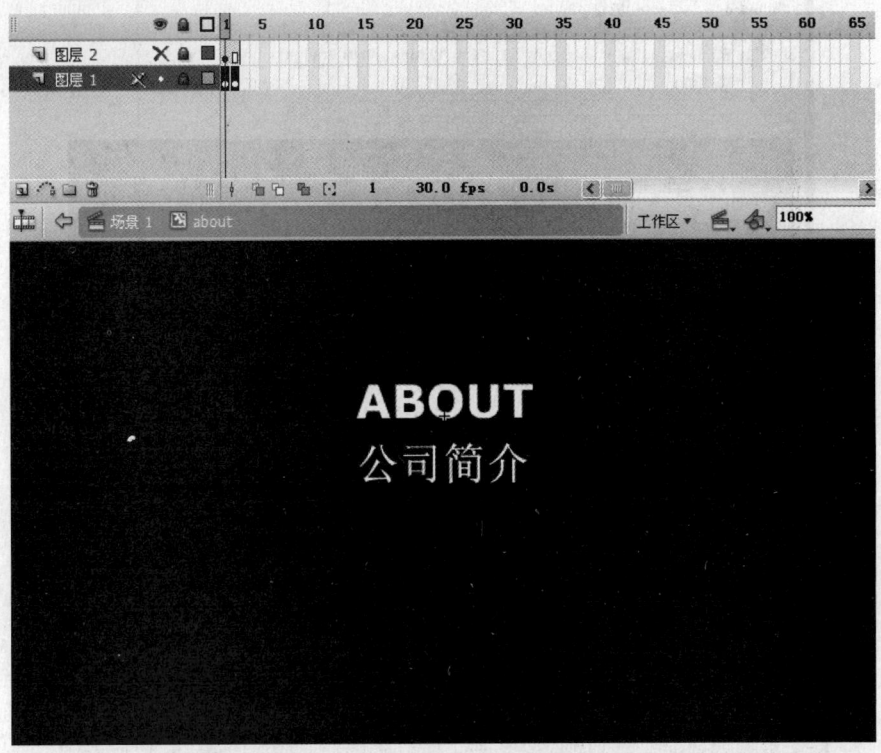

图 4-41　导航菜单"公司简介"项

（10）在 about 影片剪辑图层 1 的第 2 帧插入关键帧，将 abt_p 图形元件的"色调"设为 #CCCC00 和 50%。

（11）在 about 影片剪辑中，新建图层 2，将 abt 按钮放入舞台中，并调整其位置和大小。

（12）保持按钮选中状态，打开"动作"面板，添加以下脚本：

```
on (rollOver) {
    gotoAndStop(2);
}
on (rollOut) {
    gotoAndStop(1);
}
```

（13）在图层 2 的第 1 帧，添加脚本：

```
stop();
```

（14）回到场景 1，新建名为 anniu1 的图层，将 about 影片剪辑放入舞台中，如图 4-42 所示。

（15）按照同样的方法创建导航菜单中的其他 3 项："最新动态"、"产品信息"和"联系方式"的影片剪辑 news、product、contact。制作好这 3 项后，分别将其放置在舞台上相应的位置，如图 4-43 所示。可以根据需要制作按钮动画（实例中添加了按钮入场的补间动画）。

（16）这样首页制作就暂时告一段落。接下来，开始制作下级子页面。

图 4-42 放置导航菜单"公司简介"项

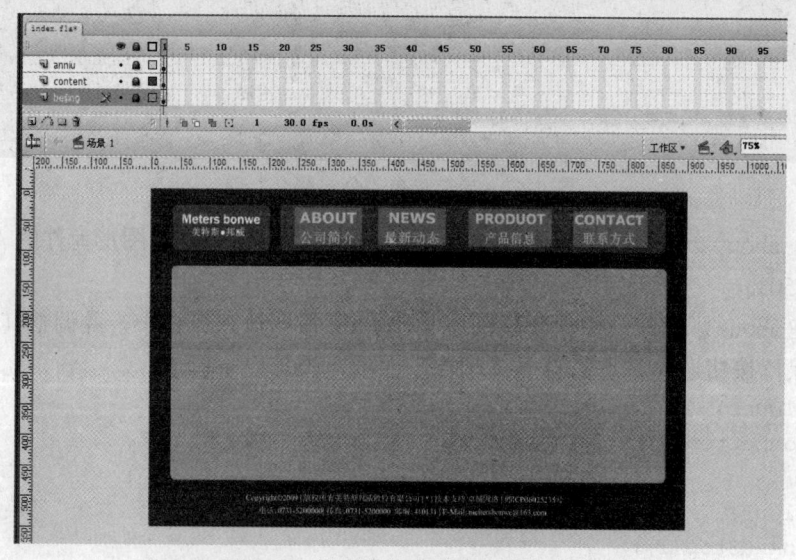

图 4-43 放置导航菜单的其他 3 项

4.3.2 "公司简介"页面的制作

（1）新建一 Flash（ActionScript 2.0）文件，取名为 about.fla，舞台大小为 900×500 像素，背景颜色为黑色，帧频为 30fps。

（2）切换到 index.fla 文件编辑窗口，选择舞台中 bg 图形实例，按 Ctrl+X 组合键将其剪切。将 bg 图形实例剪切后，保存为 index.fla 文件。

（3）回到 about.fla 文件编辑窗口，将图层 1 重命名为 beijing，按下 Ctrl+Shift+V 组合键，将之前剪切的 bg 图形实例原位粘贴到舞台中，在第 10 帧插入关键帧，使用"变形工具"改变第 1 帧中 bg 元件的大小，两帧之间创建补间动画，如图 4-44 所示。

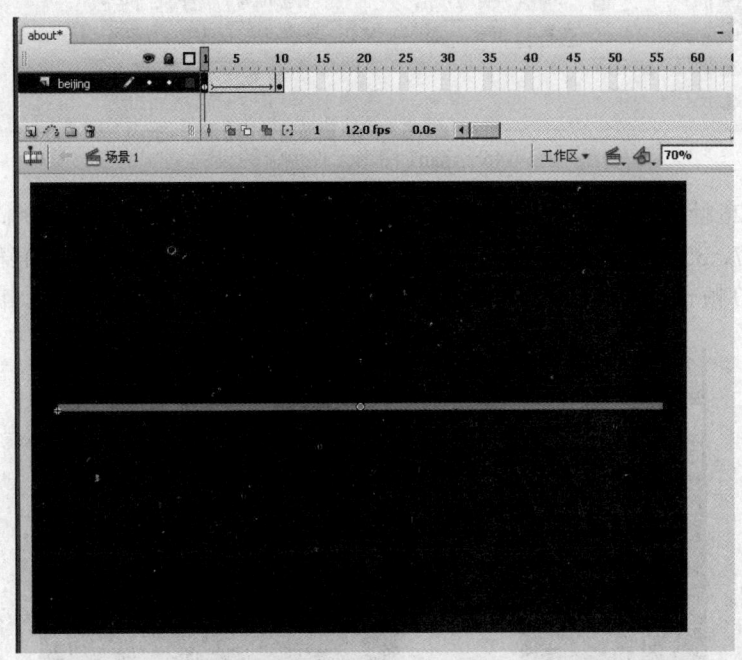

图 4-44 背景动画制作

（4）新建一 man 影片剪辑元件，导入图像 man1.png 和 man11.png，并将其转换为图形元件。将图层 1 更名为 pic1，从库中将图形元件 man1 放入舞台，并调整大小和位置，如图 4-45 所示。

图 4-45 放置 man1 图形元件

（5）打开"属性"面板，将 man1 图形元件"属性"面板中的"颜色"下拉列表框中的"色调"属性设为#FFFFFF 和 100%，如图 4-46 所示。

图 4-46　man1 图形元件色调的设置

（6）在第 26 帧插入关键帧，并将 man1 图形元件的"色调"百分比设为 0%，两帧间创建动作补间。在第 27、35 帧插入关键帧，调整第 27 帧的"色调"百分比为 0%。在第 55、90 帧插入关键帧，将第 90 帧 man1 图形元件的 Alpha 值设为 0，两帧间创建补间动画，如图 4-47 所示。

图 4-47　man1 元件动画设置

（7）新建一图层 pic2，在第 91 帧插入关键帧，将 man11 图形元件拖入舞台中，按第（6）步中的方法创建动画效果。最后将帧延长到 200 帧，效果如图 4-48 所示。

图 4-48　man11 元件的动画设置

(8) 回到场景，新建一 pic 图层，在第 10 帧插入关键帧，将 man 影片剪辑放入舞台中，调整其位置，并将图层延长到第 34 帧，如图 4-49 所示。

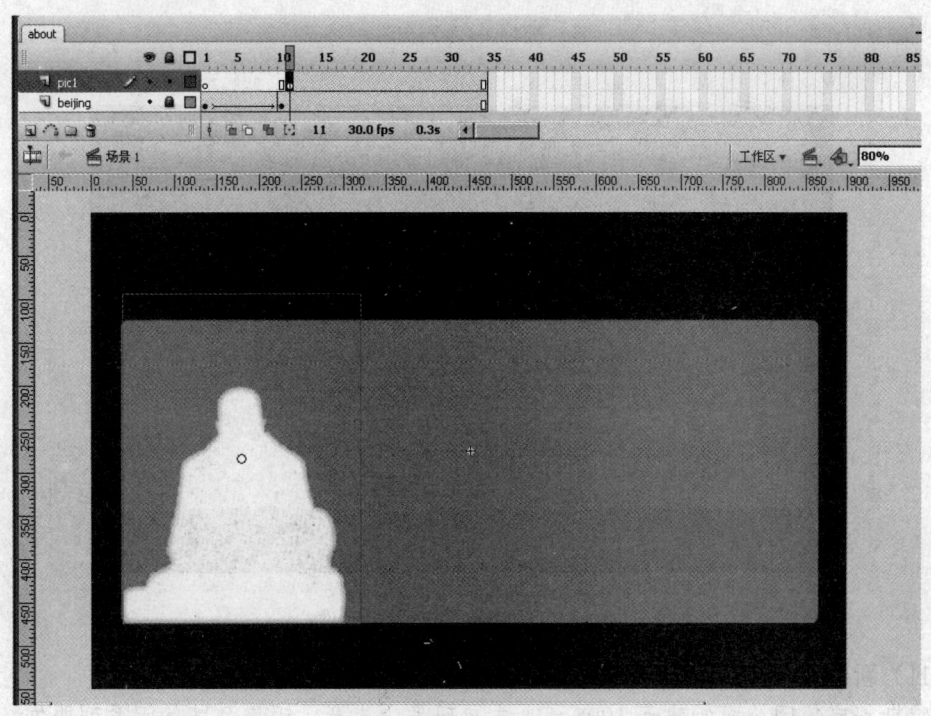

图 4-49　放置 man 影片剪辑

(9) 新建一图形元件 man2，并在该元件内绘制如图 4-50 所示的图形。

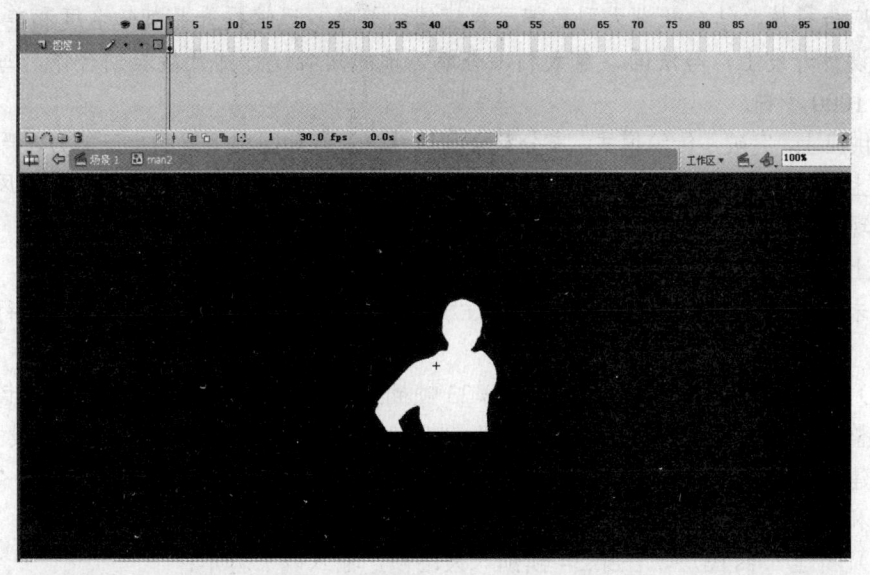

图 4-50　绘制 man2 图形元件

(10) 回到场景，新建一图层 pic2，在第 22 帧插入关键帧，将图形元件 man2 放入场景 1 中图层 pic2 的舞台中，并调整其大小、位置，Alpha 调整为 25%，如图 4-51 所示。

Flash 项目案例教程

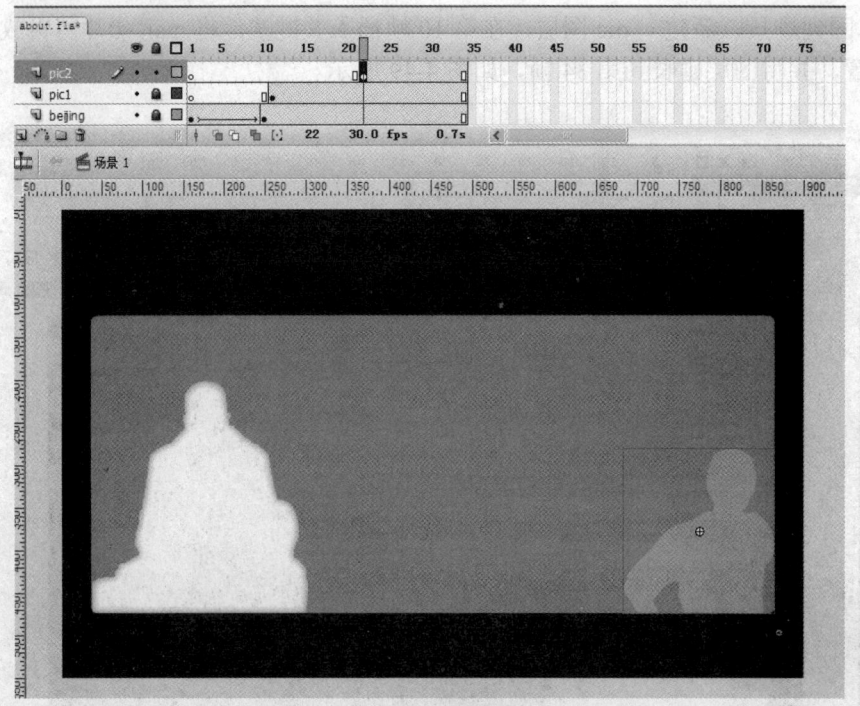

图 4-51 放置 man2 图形元件

（11）新建 txt 图形元件，并在元件中输入以下文字：

美特斯邦威集团公司始建于 1995 年，主要研发、生产、销售品牌休闲系列服饰。目前拥有美特斯邦威上海、北京、杭州等分公司。

在品牌形象提升上，公司运用品牌形象代言人、极具创意的品牌推广公关活动和全方位品牌形象广告投放，结合开设大型品牌形象店铺的策略，迅速提升品牌知名度和美誉度。

产品设计开发上，与法国、意大利、香港等地的知名设计师开展长期合作，每年设计服装新款式 1000 多种。

生产供应上，突破了传统模式，充分整合利用社会资源和国内闲置的生产能力，严把质量关。

经营上利用品牌效应，吸引加盟商加盟，拓展连锁专卖网络，与加盟商共担风险，共同发展，实现双赢。

管理上实现电子商务信息网络化，实现了内部资源共享和网络化管理。

面对未来，美特斯邦威集团公司将抓住机遇，加快发展，力争打造世界服装行业的知名品牌。

（12）在场景中新建一 txt 图层，在第 23 帧插入关键帧，将 txt 图形元件放入该图层的舞台中，调整其位置。在第 28 帧插入关键帧，将 23 帧中 txt 图形元件的 Alpha 值设为 0%，两帧之间创建补间动画。在第 30、34 帧插入关键帧，修改第 30 帧中 txt 图形元件的"色调"为 #FFFFFF 和 100%，如图 4-52 所示。

（13）新建一 as 图层，在第 34 帧插入关键帧，输入以下脚本：

stop();

（14）"公司简介"页面制作完成，按下 Ctrl+Enter 组合键测试 about.fla 影片，如图 4-53 所示。

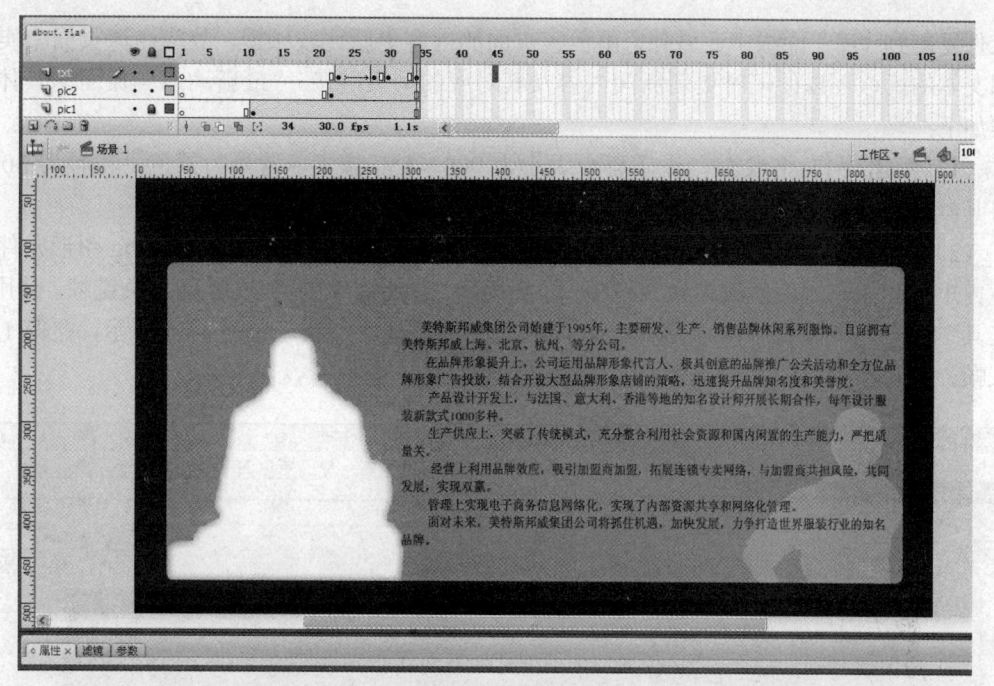

图 4-52 创建文本动画

图 4-53 测试"公司简介"页面

4.3.3 "最新动态"页面制作

"最新动态"页面的制作方法与"公司简介"页面的制作方法大同小异,都是在一个特定的舞台区域内添加各种页面元素。因此,开始制作该页面前,需要先将 about.fla 中的 bg 图形元件复制到"库"面板中。另外，由于该页面的内容更新比较频繁，故应在该页面中实现对外部文本的读取，以便随时更新新闻内容及其对应的网页链接。"最新动态"页面的具体制作步骤如下：

（1）新建一 Flash 文件，设置舞台大小为 900×550 像素，背景为黑色，帧频为 30fps，并将其命名为 news.fla。

（2）将图层 1 命名为 beijing，将 bg 图形元件原位粘贴到舞台中。双击 bg 图形元件，将元件内矩形的填充颜色修改为#C6D370。回到场景，在图层 1 的第 39 帧插入关键帧，使用"变形工具"将第一帧的 bg 图形元件缩小，两帧之间创建补间形状，如图 4-54 所示，在第 155 帧插入帧。

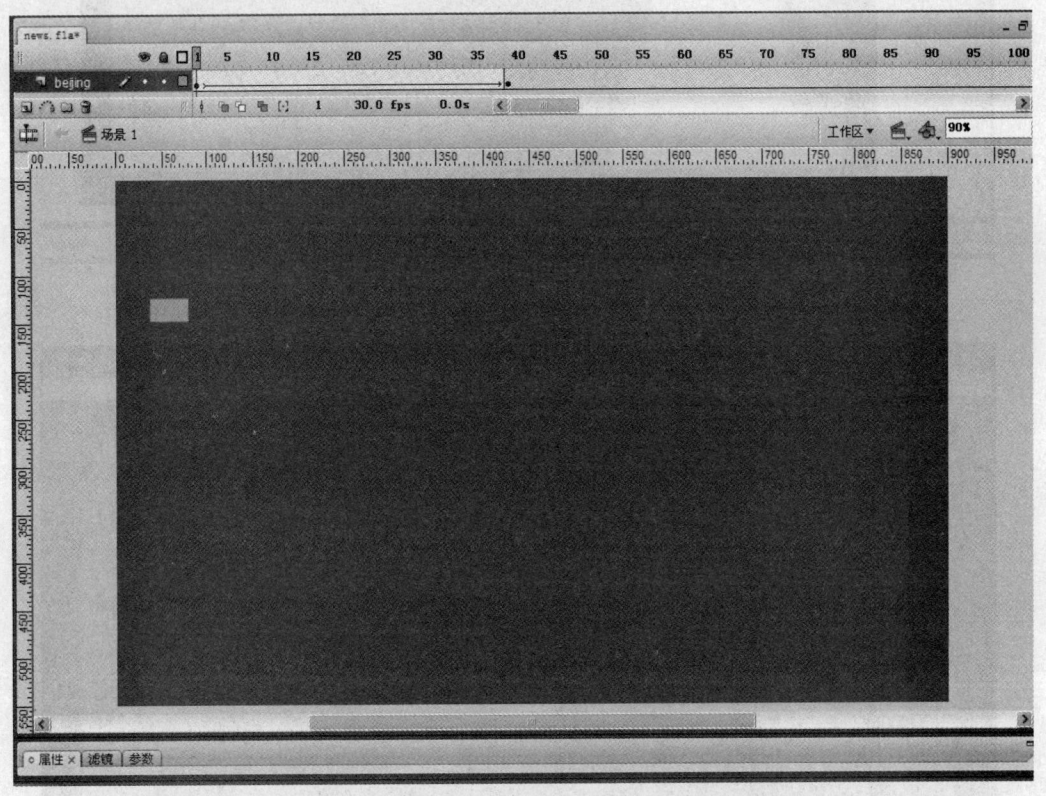

图 4-54　背景动画制作

（3）在场景中新建一 pic 图层，导入 image 文件夹中的 man2.jpg 图片，将图层 1 更名为 pic1，将 man2.jpg 图片放入舞台中，调整其大小和位置，并将其转换为 man 图形元件。在第 28、48、54、80 帧插入关键帧，将第 1、80 帧将 man 图形元件的 Alpha 值设置为 0%，在第 1、28 帧间创建补间动画。在第 48 帧将 man 图形元件的"色调"设置为#CCFF5B 和 100%，在第 54、80 帧间创建补间动画，如图 4-55 所示。

（4）回到场景，新建一 pic1 图层，在第 12 帧插入关键帧，将 man3 影片剪辑放入舞台中，并调整其大小。

（5）新建一 man2 图形元件，在舞台中绘制一个填充色为白色的人物下半身形象，将其放入场景 1 中 pic 图层的舞台中，调整其 Alpha 为 26%，如图 4-56 所示。

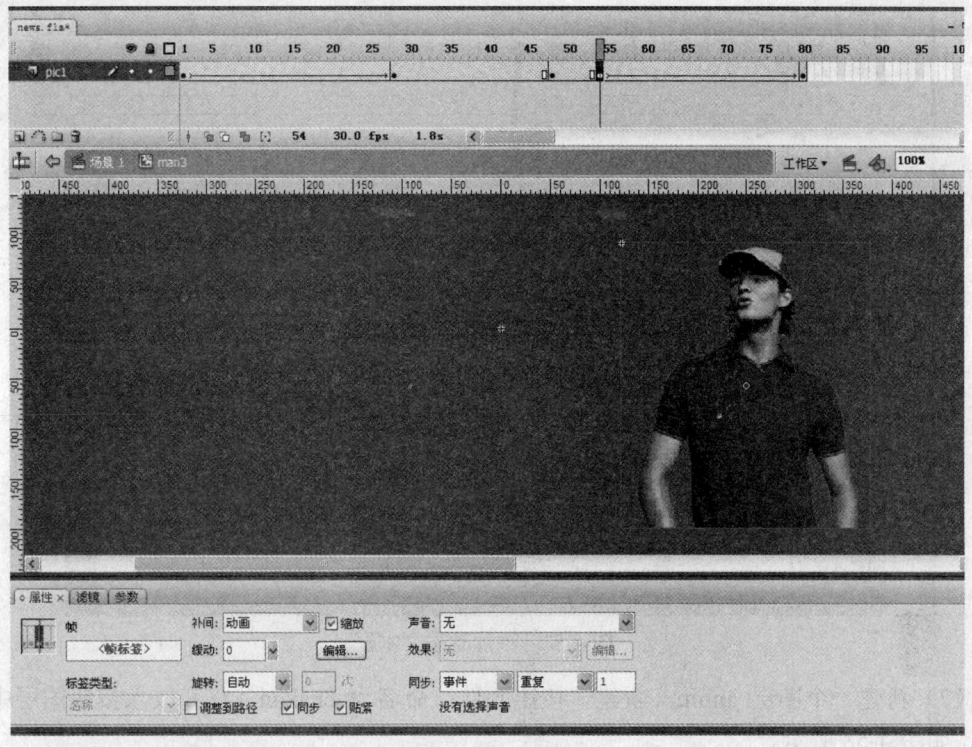

图 4-55 人物动画制作

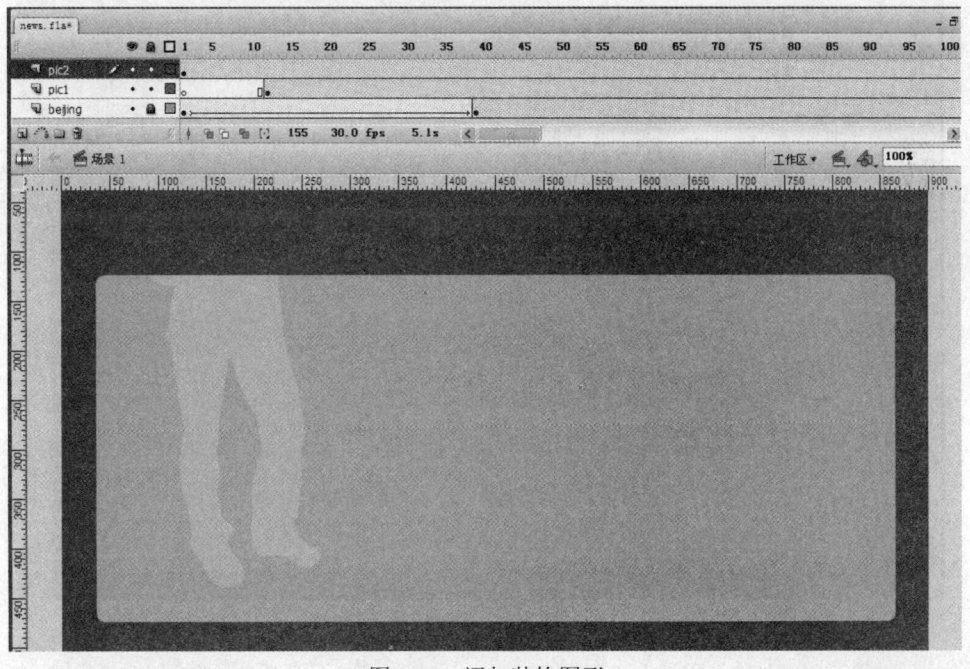

图 4-56 添加装饰图形

（6）新建一个图层 txt，在该图层上添加 4 个动态文本框，并由上到下分别设置文本框的变量名为 date0、content0、date1 和 content1，如图 4-57 所示。

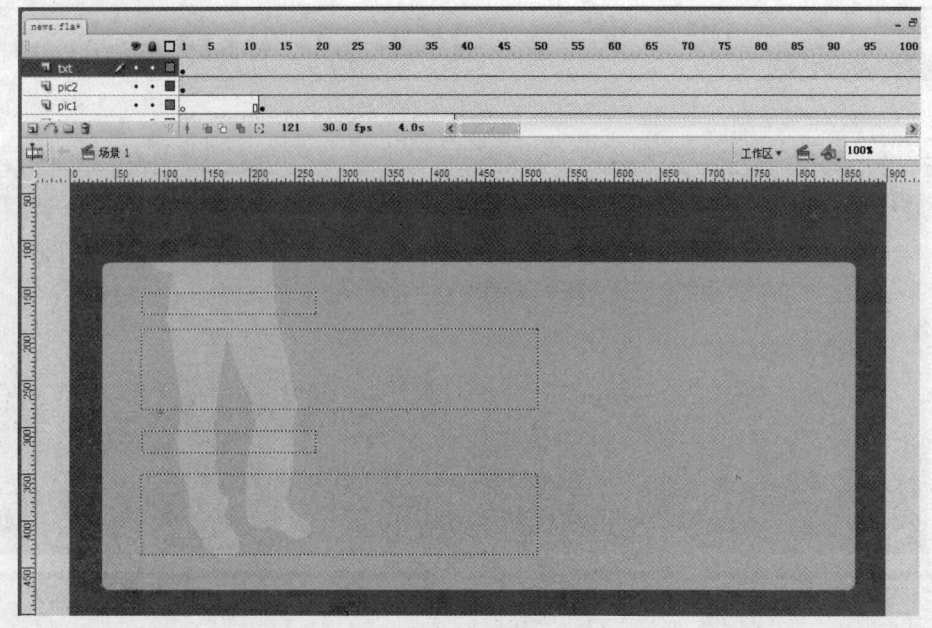

图 4-57　添加动态文本框

（7）新建一个图层 anniu，新建一按钮元件，命名为 chakan，将其放入按钮图层中的舞台中，如图 4-58 所示。

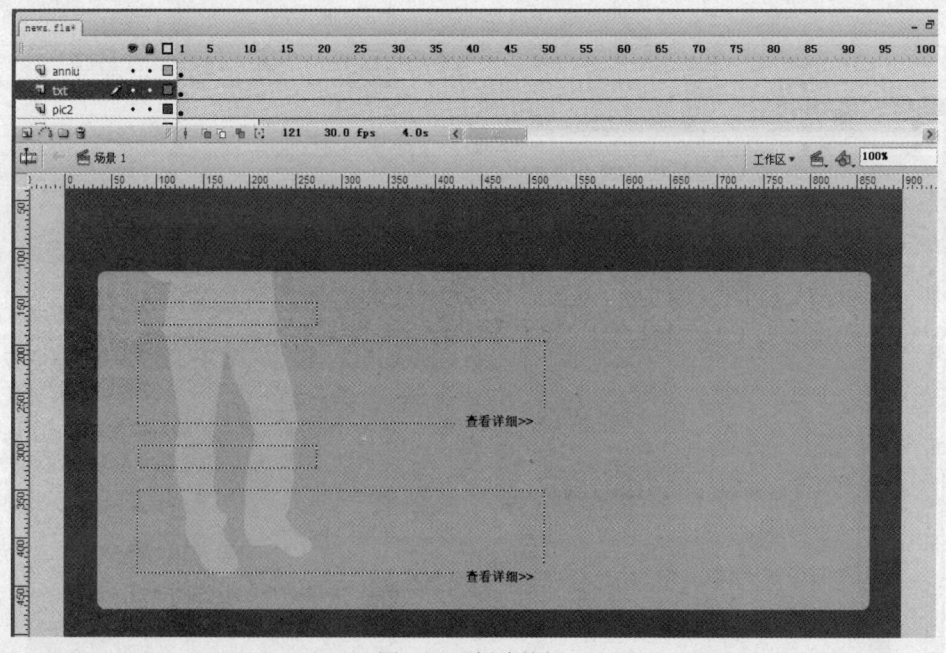

图 4-58　创建按钮

（8）新建一个图层 as，选中该图层第 1 帧，在"动作"面板中为该帧添加以下脚本：
System.useCodepage = true;
loadVariables("news.txt",_root);

（9）单击选择第一个"查看详细"按钮，在"动作"面板中为该按钮添加以下脚本：

```
on (release) {
getURL(link0);
}
```
（10）单击选择第二个"查看详细"按钮，在"动作"面板中为该按钮添加以下脚本：
```
on (release) {
getURL(link1);
}
```
（11）至此，"最新动态"页面制作完成，保存。

（12）打开影片文件所在的文件夹，在该文件夹中创建一个文本文档 news.txt。打开该文本文档，输入以下内容并保存：

date0=2009 年 08 月 10 日
&content0=上级领导亲切视察我公司，对我公司生产管理模式和经营理念给予高
度评价，并对未来的发展提出殷切期望……
&link0=http://www.metersbonwe.com/
&date1=2010 年 1 月 09 日
&content1=我公司连续两年创下出口佳绩，产品成功打入欧美市场。上个季度公
司的利润比去年同比增长百分之五十……
&link1=http://www.metersbonwe.com/

（13）回到 Flash 编辑窗口，按下 Ctrl+Enter 组合键测试 new.fla 影片，可以看到，影片已经读取了 news.txt 文本文档的内容。单击"查看详细"按钮，将在一个新的浏览器窗口中打开链接的网页，如图 4-59 所示。

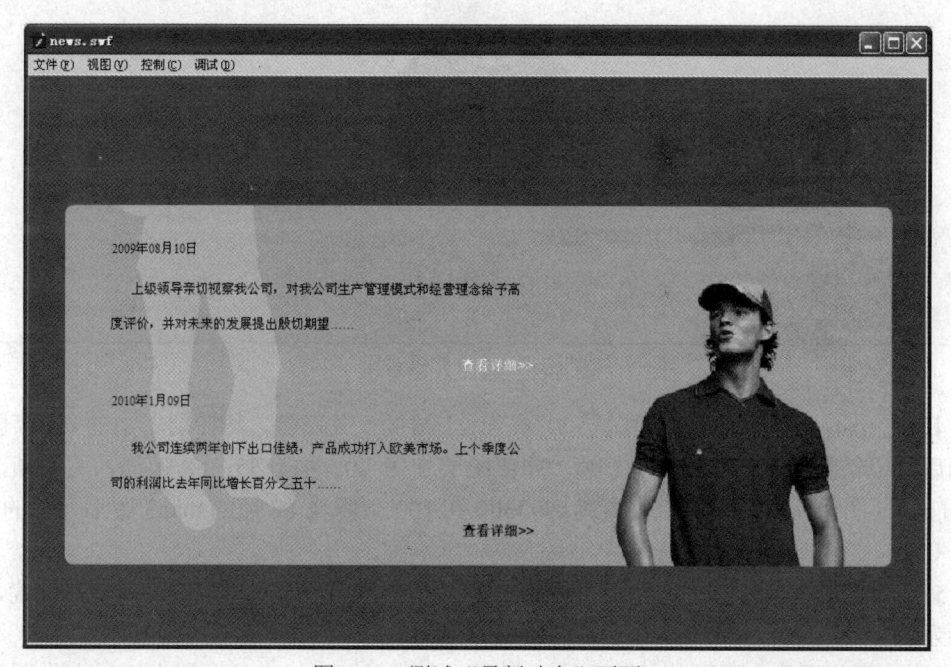

图 4-59 测试"最新动态"页面

4.3.4 "产品信息"页面制作

在"产品信息"页面中，需要展示一些公司产品的图片。由于这些图片需要经常更新，

因此也应该将其以外部文件的形式保存,并在 Flash 影片中进行读取。这样实现对外部图片文件的调入就成为本页面制作的关键。具体制作步骤如下:

(1)新建一个 Flash 文件,大小为 900×550 像素,背景颜色为黑色,帧频为 30fps,并将其保存为 product.fla。

(2)复制 about.fla 影片中的 bg 图形实例,原位粘贴到舞台中,将元件内矩形的颜色修改为#CC9966。

(3)新建一 man 影片剪辑,导入 image 文件夹下的 man3.png 图形,将其拖入舞台,并转换为图形元件 man3。在图层 1 第 20 帧插入帧。新建一图层 2,在图层 2 上绘制一圆形,在第 20 帧插入关键帧,改变圆形大小至将图层 1 上的人物完全遮盖住,两帧间创建补间形状,并将图层 2 设置为遮罩层,如图 4-60 所示。

图 4-60　添加人物动画

(4)在 man 影片剪辑中新建图层 3,在第 21 帧插入关键帧,将图层 1 中的 man3 图形元件复制后原位粘贴到图层 3 的第 21 帧,并在图层 3 第 40、41、55、88 帧插入关键帧,将第 41 帧的 man3 图像元件的"色调"设置为#993300 和 100%。将第 88 帧的 man3 图形元件的 Alpha 值设为 0%。

(5)回到场景,新建一图层 pic,将 man 影片剪辑放置在 pic 图层中,调整其位置,如图 4-61 所示。

(6)按照前面几个页面相同的方法,新建一个图层 pic2,在该图层上添加人物图形,如图 4-62 所示。

(7)新建一个图层 anniu,在该图层舞台右下方添加 4 个矩形按钮和一个 MORE 按钮元件,如图 4-63 所示。

图 4-61　添加 man 影片剪辑

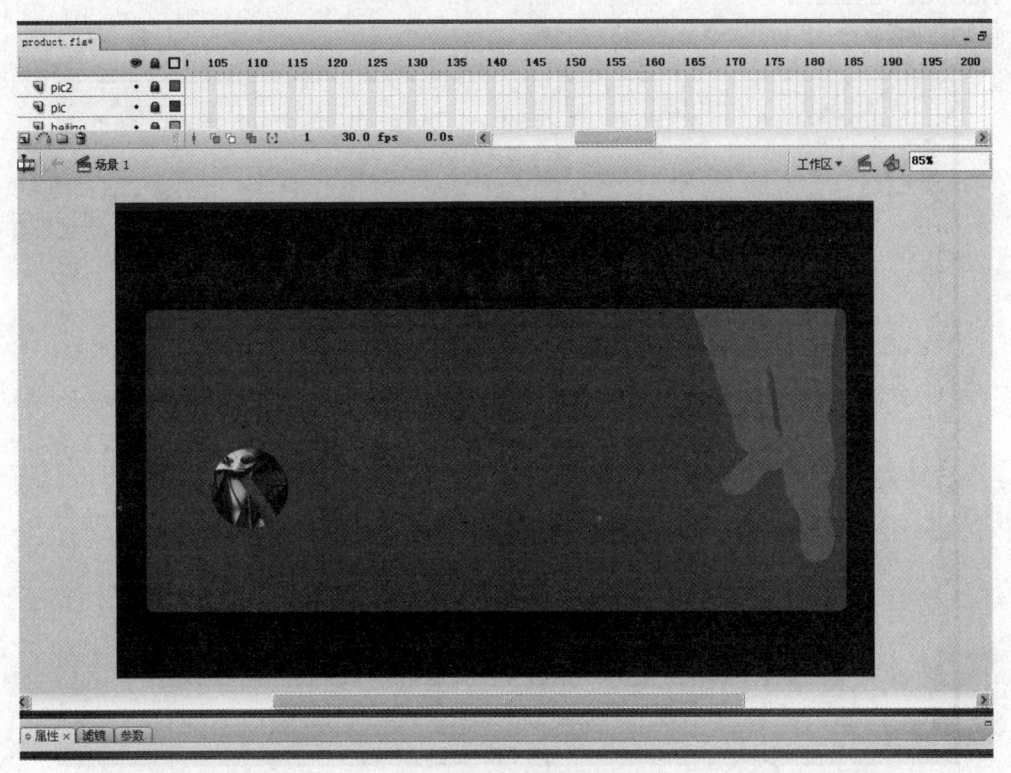

图 4-62　添加装饰图形

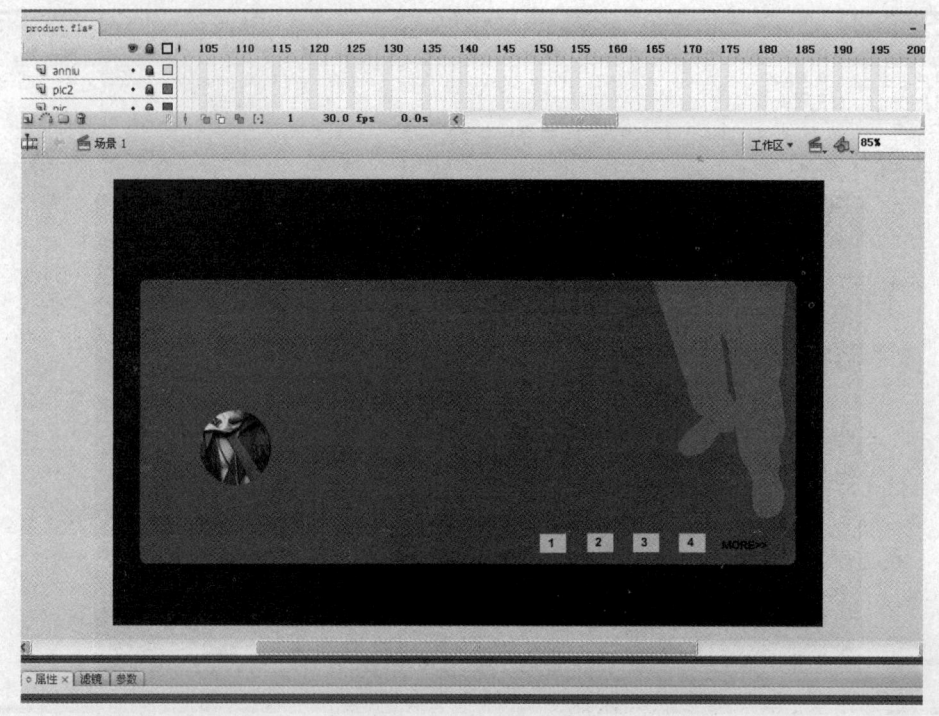

图 4-63 添加按钮元件

（8）新建一个图层 txt，在该图层上添加文字，如图 4-64 所示。
PRODUCT　GALLERY
部分产品欣赏>>

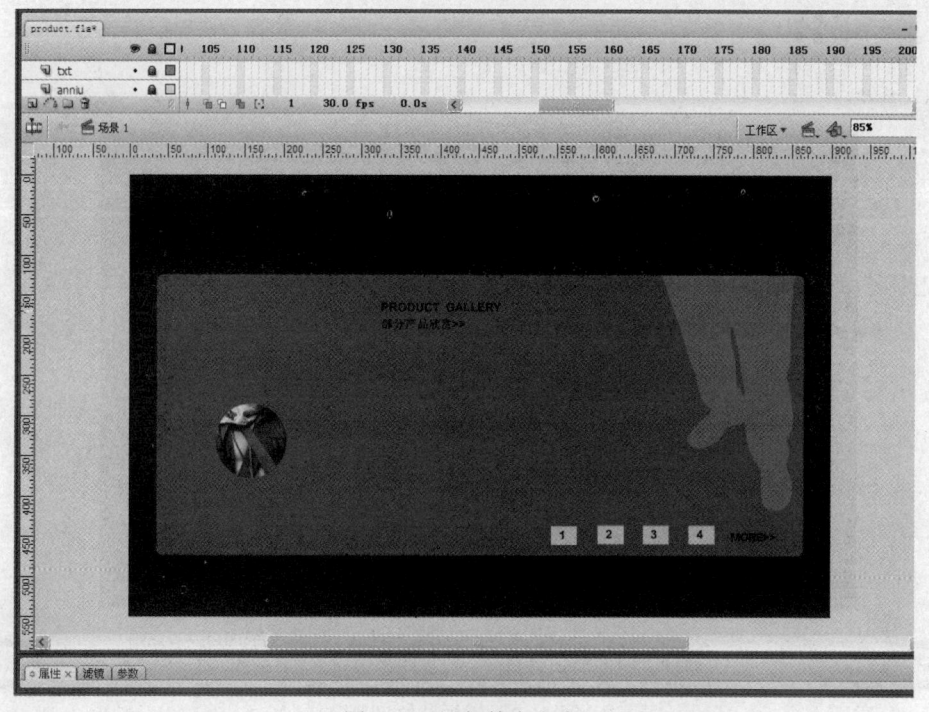

图 4-64 添加静态文本

（9）新建一个名为 loader 的空影片剪辑元件。在场景 1 中新建一个图层 content，将 loader 影片剪辑从"库"面板中拖到舞台中，并在"属性"面板中设置其实例名为 pic，如图 4-65 所示。

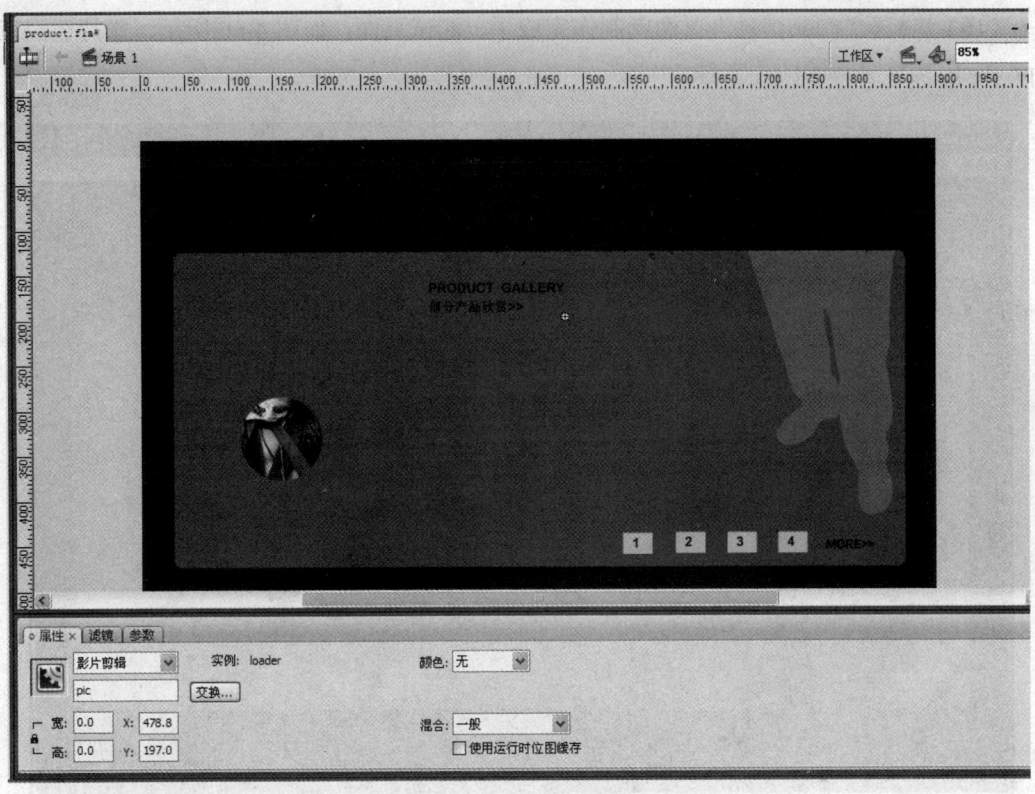

图 4-65　设置 pic 实例

（10）打开影片文件所在的文件夹，在该文件夹中创建一个新文件夹 products。将产品图片 01.png、02.png、03.png、04.png 放入该文件夹中。

（11）回到 Flash 编辑窗口，新建一个图层 as，在第 1 帧添加以下脚本：

```
loadMovie("products/01.png",pic);
```

（12）单击 anniu 图层的第 1 个按钮，在"动作"面板中为该按钮添加以下脚本：

```
on (release) {
    loadMovie("products/01.png",pic);
}
```

（13）为第 2 个按钮添加以下脚本：

```
on (release) {
    loadMovie("products/02.png",pic);
}
```

（14）为第 3 个按钮添加以下脚本：

```
on (release) {
    loadMovie("products/03.png",pic);
}
```

191

（15）为第 4 个按钮添加以下脚本：
```
on (release) {
    loadMovie("products/04.png",pic);
}
```
（16）这样，"产品信息"页面就制作完成了。测试页面，如图 4-66 所示，影片已经读取了 products 文件夹下的图片文件。

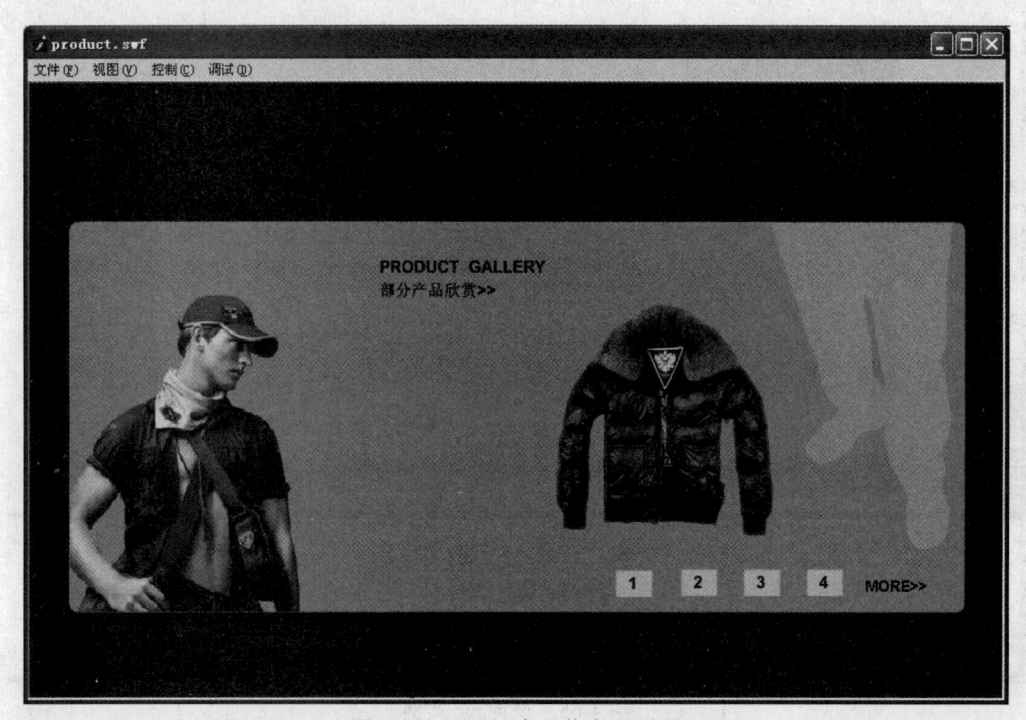

图 4-66　测试"产品信息"页面

4.3.5　"联系方式"页面的制作

"联系方式"页面的制作比较简单，只需要在页面中加入公司的联系方式就可以了。其具体操作步骤如下：

（1）新建一个 Flash（ActionScript 2.0）文件。大小为 900×550 像素，背景为黑色，帧频为 30fps，并将其命名为 product.fla。

（2）复制 about.fla 影片中的 bg 图形实例，原位粘贴到舞台，并将元件内矩形的填充颜色修改为#CCFFFF。

（3）按照前面的制作方法，新建一个图层 pic1。将 image 文件夹下的 women.png 图像导入库中，并制作其动画效果，将其放置在图层 pic1 上，如图 4-67 所示。

（4）新建一 pic 图形元件，在舞台中绘制装饰图形，如图 4-68 所示。

（5）回到场景，新建一图层 pic2，在第 18 帧插入关键帧，将 pic 图形元件放入舞台中，调整其大小、位置。在第 43 帧插入关键帧，修改第 18 帧 pic 图形元件的形状，在第 18～43 帧间创建补间形状，如图 4-69 所示。

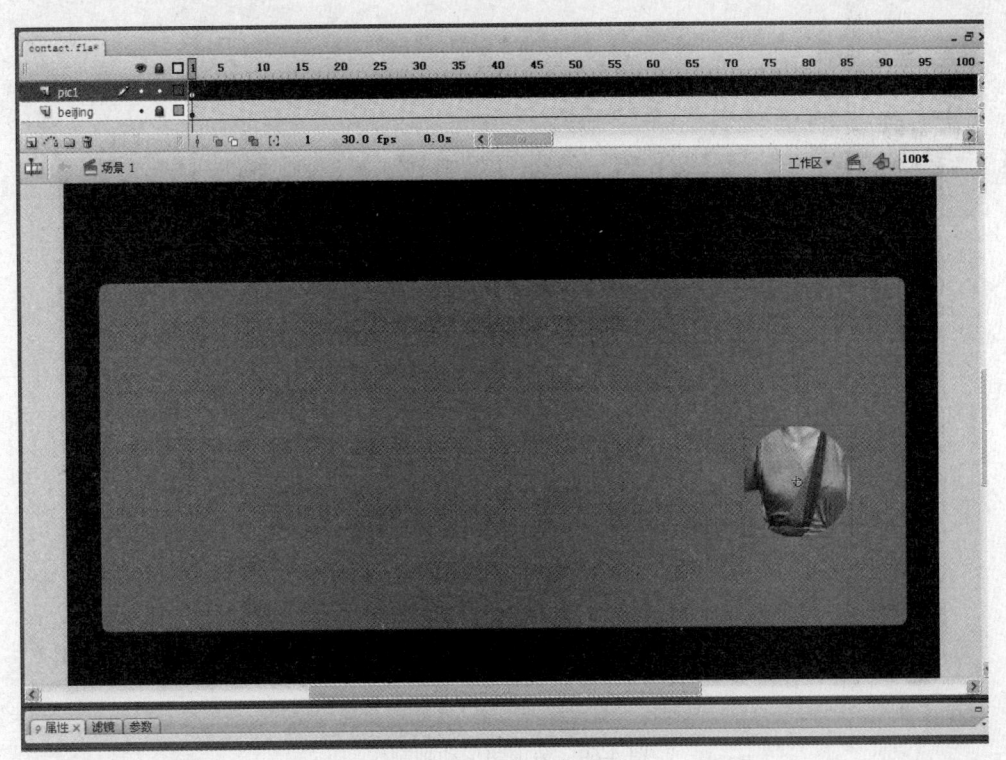

图 4-67 添加人物动画

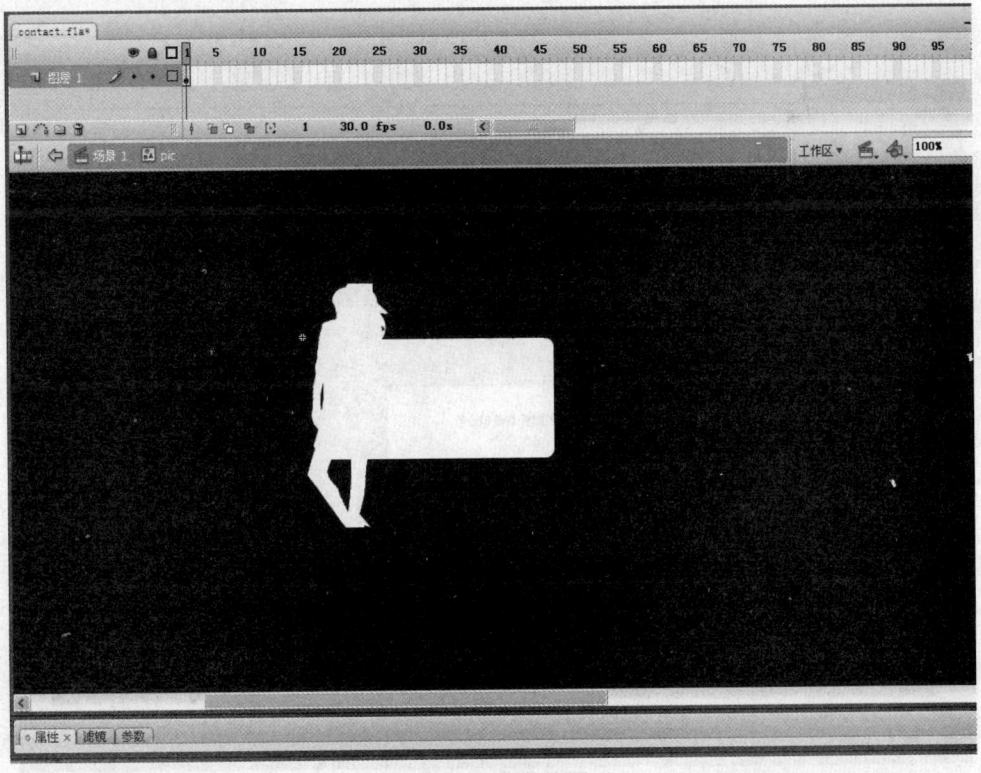

图 4-68 绘制装饰图形

193

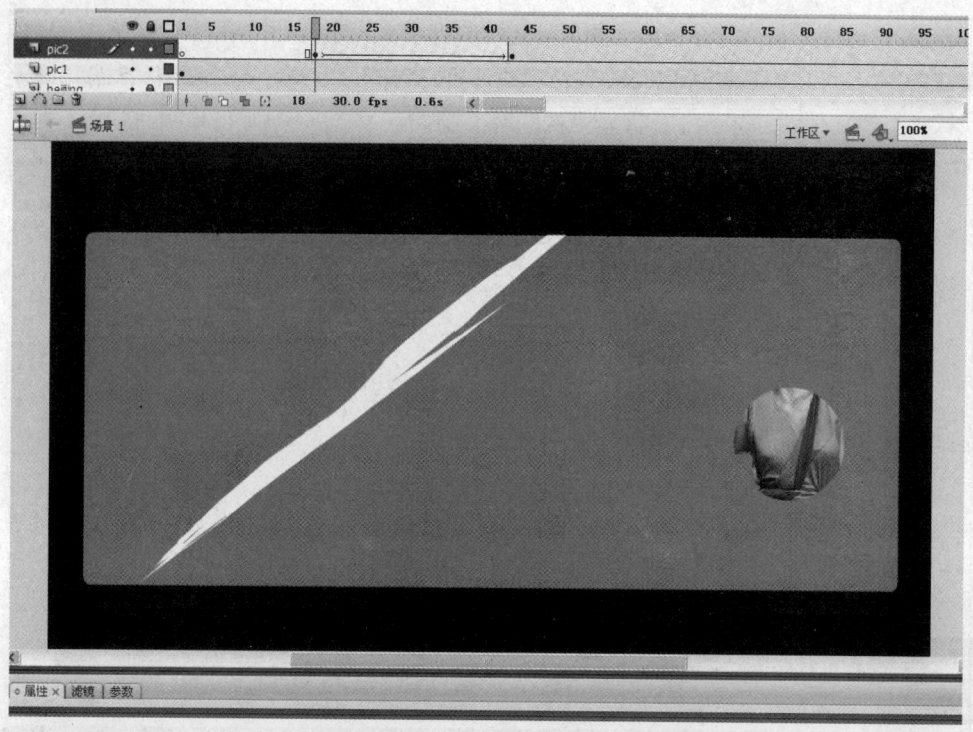

图 4-69　装饰图形动画制作

（6）新建一个图层 txt，在第 53 帧插入关键帧，并在舞台中添加静态文本，如图 4-70 所示。

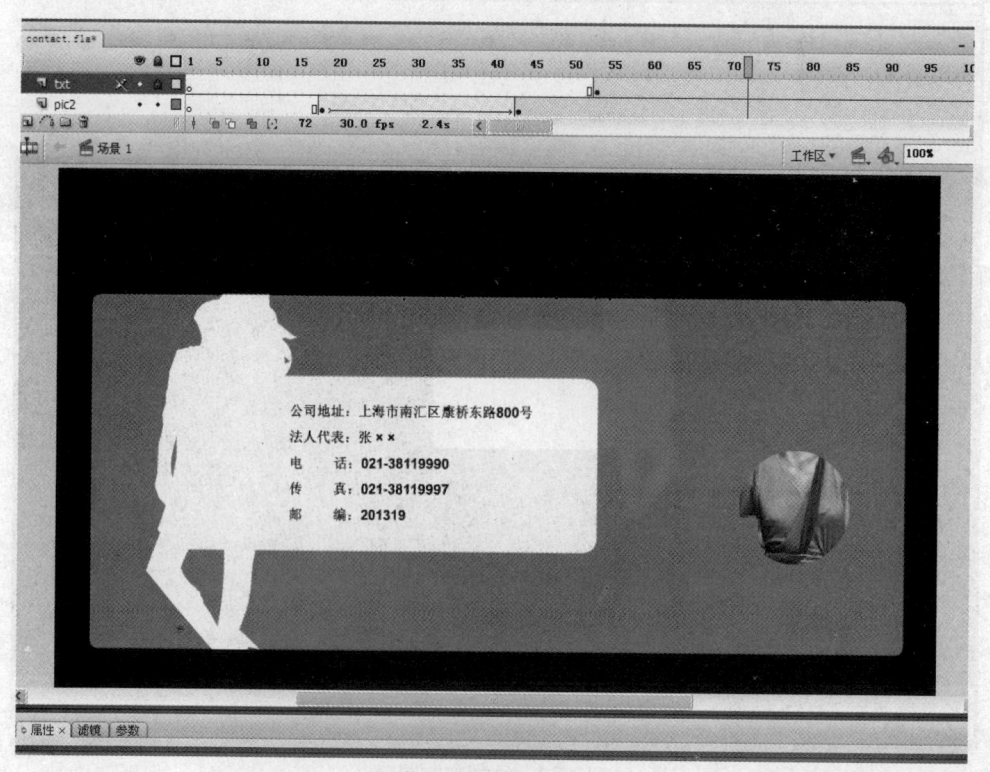

图 4-70　添加静态文本

（7）新建一图层，在图层上的第 53 帧插入关键帧，在舞台上绘制一矩形，将其放在文字上方舞台外侧。在第 80 帧插入关键帧，将矩形移动到文字正上方，刚好遮盖文字，两帧之间创建补间动画，如图 4-71 所示。最后将该图层设置为 txt 图层的遮罩层。

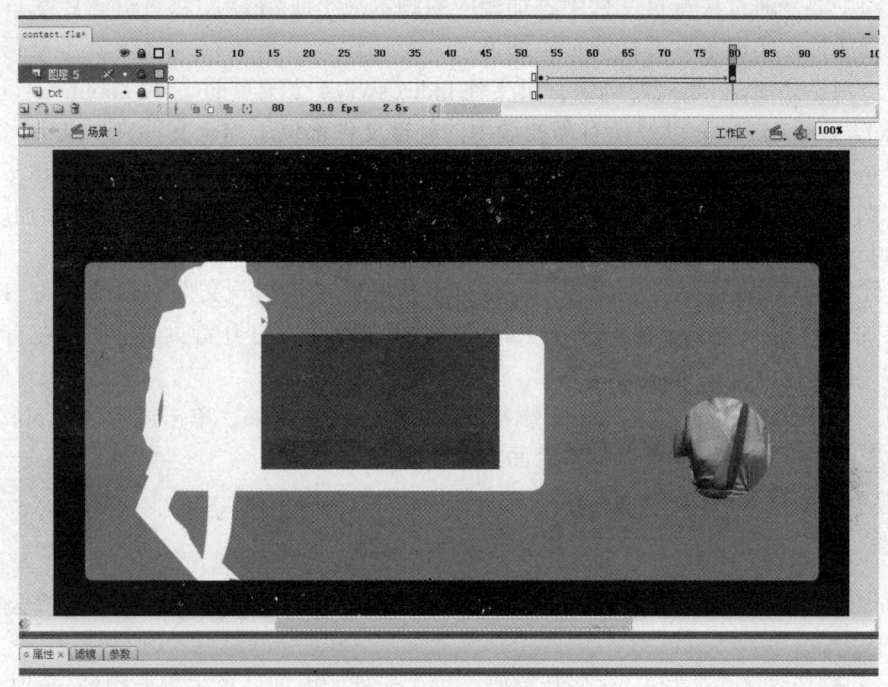

图 4-71　文字动画制作

（8）新建一 as 图层，在第 160 帧插入关键帧，并添加以下脚本：
stop();
这样"联系方式"页面就制作完成了。测试效果如图 4-72 所示。

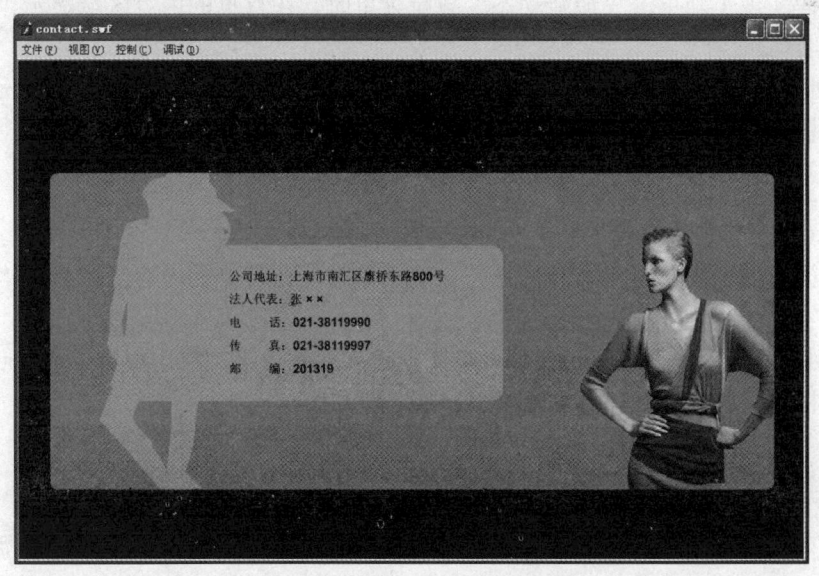

图 4-72　测试"联系方式"页面

195

4.3.6 网站的整合

首页和全部下级子页面制作完成后，就可以将其整合成一个完整的网站，并进行发布。整合的过程主要是通过在首页文件中添加相应的脚本来实现。最后，将首页影片发布为 HTML 格式的网页文件，实现了首页在网页中的显示。

在整合网站之前，首先需要确保首页文件 index.swf、4 个子页面文件（about.swf、news.swf、product.swf、contact.swf）以及所有需要调用的外部文件都位于同一文件夹目录下。接下来，通过修改 index.fla 文件并发布一个新的 SWF 文件来实现网站的整合。其具体制作步骤如下：

(1) 打开 index.fla 文件，新建一个图层 as，在"动作"面板中为该层第 1 帧添加以下脚本：

```
loadMovieNum("about.swf",1);
```

这段代码的意思是，在开始播放 index.swf 影片时，将同一文件夹目录下的 SWF 文件 about.swf 加载到 Flash Player 的级别 1 上。这样，就实现了在打开首页的同时，在首页的内容区域显示"公司简介"子页面的内容。

(2) 双击图层 anniu1 上的 about 影片剪辑，进入元件内部。单击舞台中的 abt 按钮，打开"动作"面板，在该按钮原有脚本后面添以下脚本：

```
on (release) {
    loadMovieNum("about.swf",1);
}
```

这段代码实现了当单击"公司简介"导航菜单时，在首页的内容区域显示"公司简介"子页面的内容。

(3) 回到场景 1，双击 news 影片剪辑，进入元件的内部。单击舞台中的 abt 按钮，打开"动作"面板，在该按钮原有脚本后面添加以下脚本：

```
on (release) {
    loadMovieNum("news.swf",1);
}
```

这段代码实现了当单击"最新动态"导航菜单时，在首页的内容区域显示"最新动态"子页面的内容。

(4) 回到场景 1，双击 products 影片剪辑，进入元件内部。单击舞台中的 abt 按钮，打开"动作"面板，在该按钮原有脚本后面添加以下脚本：

```
on (release) {
    loadMovieNum("product.swf",1);
}
```

这段代码实现了当单击"产品信息"导航菜单时，在首页的内容区域显示"产品信息"子页面的内容。

(5) 回到场景 1，双击 contact 影片剪辑，进入元件内部。单击舞台中的 abt 按钮，打开"动作"面板，在该按钮原有脚本后面添加以下脚本：

```
on (release) {
    loadMovieNum("contact.swf",1);
}
```

这段代码实现了当单击"联系方式"导航菜单时，在首页的内容区域显示"联系方式"子页面的内容。

（6）这样，网站的整合工作就完成了，保存 index.fla 文件。可以根据需要在 index 页面中添加背景音乐和动画（实例中添加了背景音乐、背景动画效果）。按下 Ctrl+Enter 组合键测试影片，效果如图 4-73 所示。

图 4-73　测试首页效果

4.3.7　网站的发布

首页影片文件制作完成后，就可以发布网站了。发布网站的过程实际上就是将首页发布为 HTML 文件和 SWF 文件的过程。其具体发布过程如下：

（1）打开 index.fla 文件，单击"文件"→"发布设置"命令，弹出"发布设置"对话框。在"格式"选项卡中选中 Flash 和 HTML 两个复选框，如图 4-74 所示。这里需注意，发布的 SWF 文件和 HTML 文件必须为英文名称。

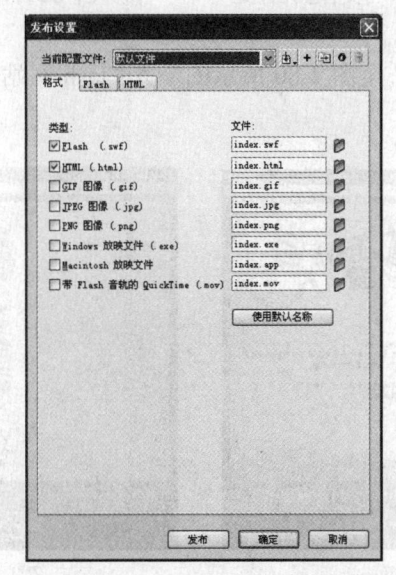

图 4-74　"发布设置"对话框

（2）分别单击 Flash 选项卡和 HTML 选项卡，对所发布的两种格式进行相应的属性设置，如图 4-75 和图 4-76 所示。

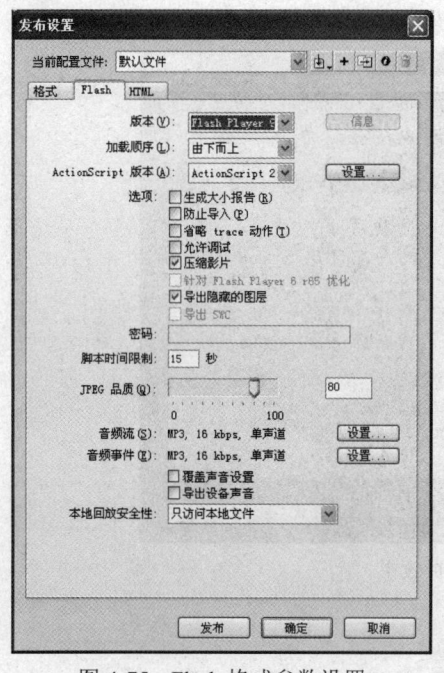

图 4-75　Flash 格式参数设置

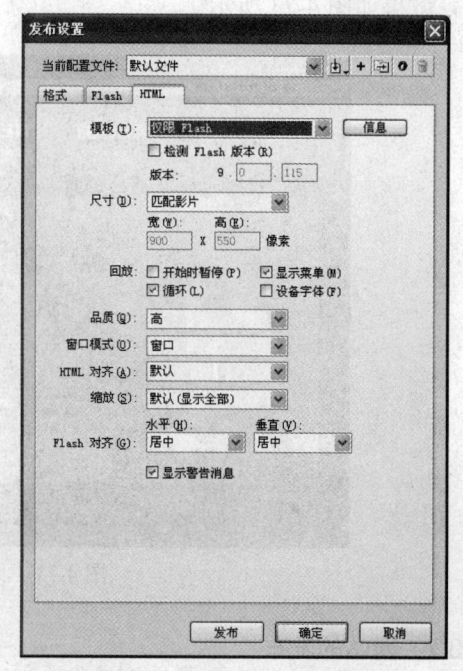

图 4-76　HTML 格式参数设置

（3）设置完成后，单击"发布"按钮，将 index.fla 文件发布为 index.swf 文件和 index.html 文件。这样，网站的发布就完成了，可以在浏览器中打开 index.html 文件测试该 Flash 网站的整体效果。

4.4　技能拓展——个人网站制作

本次将练习一个如图 4-77 至图 4-80 所示的个人 Flash 网站，主要是让读者掌握在本项目中所学到的知识。

图 4-77　个人网站画面一

图 4-78　个人网站画面二

图 4-79　个人网站画面三　　　　　　　图 4-80　个人网站画面四

4.5　实训小结

　　通过本项目，使读者了解 Flash 网站比较适合以展示动画和图片内容为主要目的的网站。这类网站一般包括企业品牌推广网站、动画游戏网站、艺术和展品展示网站及个人网站等。通过实例的讲解进一步让读者掌握 Flash 网站的制作流程和方法，能根据自身的需要设计、制作不同风格的网站。

第 5 章　Flash 小游戏制作

教学重点与难点

- Flash 小游戏的种类和特点
- 游戏的规划
- ActionScript 基础知识
- 动作脚本的设置（拼图游戏实例）

5.1　任务布置

请制作一个由 6 张小图片拼成一张完整图片的拼图游戏。

5.1.1　分析游戏的主要需求

在此小游戏的主场景"背景"图层设置两个关键帧，第 1 帧为开始拼图的画面，右为 6 个纵横均分的图块，当图块正确的在左边相应的方格中摆好位置后即可出现第 2 帧拼图成功后的画面。在此过程中，"图片的切割"、"将图块转换为元件"、"设置实例的属性"、"编写动作脚本"及"调整图形到舞台中央处"的环节是十分重要的。

5.1.2　搜集素材

选取图片素材，这里选用一幅西方古典油画；制作底色，底色中要求出现"动画设计基础"几个字；选取一首与古典油画意境相符合的背景音乐。

5.2　游戏的规划

在开始制作游戏前，必须先要有一个完善的游戏规划，或者叫方案。要做到心中有数，而不能边做边想。

制作游戏的最终目的是"取悦"游戏的玩家，通过他们的肯定而获得成就感，这是激励游戏制作者不断创作的重要因素。

要使游戏的整个过程变得轻松，关键是先制定一个完善的工作流程，安排好工作的进度和分工，这样做起来就会事半功倍。不过在制订任何流程之前，一定要有明确的构思和对游戏的整体把握。充满想象力的幻想的确有助于创作，但系统的构思绝对优于漫无边际的空想。

游戏规划出来后，就需要着手收集和准备游戏中要用到的素材，包括图片和声音等。俗语说，巧妇难为无米之炊。要完成一个比较成功的游戏，必须拥有足够丰富的游戏内容和吸引人的游戏画面。

5.3 知识技能

5.3.1 游戏规则的设计

把一张完整的图片分隔成大小相同的 6 块，把它们的顺序打乱，让游戏者重新拼成一张完整的图片，加一个提示按钮，拼图成功后会显示最终完整的图片效果，并且出现一个按钮"重来一次"。

5.3.2 小游戏概述

（1）小游戏是一个较模糊的概念，它是相对于体积庞大的单机游戏及网络游戏而言的，泛指所有体积较小、玩法简单的游戏，通常这类游戏以休闲益智类为主，有单机版和网页版，在网页上嵌入的多为 Flash 格式。当下小游戏主要是指在线玩的 Flash 版本游戏，统称小游戏，其实小游戏还包含单机游戏、小型游戏等。一般游戏大小小于 10MB 的游戏都统称为小游戏，一些街机类小游戏，如植物大战僵尸、合金弹头等归纳其中，因其游戏安装简便、耐玩性强、无依赖性而广受各阶层人士的喜爱。

（2）小游戏简介。"小游戏"这个词的含义其实很简单，就是不同于一些大的游戏，没有必要花费更多的时间和精力。小游戏是原始的游戏娱乐方式，小游戏本身是人们在工作、学习后的娱乐、休闲的一种方式，不是为了叫玩家为之花费金钱，花费精力，更不是叫玩家为它痴迷，小游戏也可以理解为"Flash 游戏"，是以 SWF 为后缀的游戏的总称。这些游戏是通过 Flash 软件和 Flash 编程语言 Flash ActionScript 制作而成。由于 Flash 是矢量软件，所以小游戏放大后几乎不影响画面效果。Flash 小游戏是一种新兴起来的游戏形式，以游戏简单、操作方便、绿色、无需安装、文件体积小等优点现在渐渐被广大网友喜爱。

（3）小游戏的特点。
- 体积小。
- 内容好。
- 耐玩。
- 娱乐性强。
- 无年龄层次。
- 能修改难度。
- 有益身心健康。
- 数量多。
- 玩法丰富新颖。

（4）小游戏格式。通常是以 SWF 结尾的 Flash 格式，源文件为 fla。

（5）游戏的定义。

柏拉图的游戏定义：游戏是一切幼子（动物的和人的）生活和能力跳跃需要而产生的有意识的模拟活动。

亚里斯多德的游戏定义：游戏是劳作后的休息和消遣，本身不带有任何目的性的一种行为活动。

拉夫·科斯特的游戏定义（拉夫·科斯特索尼在线娱乐的首席创意官）：游戏就是在快乐中学会某种本领的活动。

胡氏的游戏定义：游戏是一种自愿参加，介于信与不信之间有意识的自欺，并映射现实生活跨入了一种短暂但却完全由其主宰的，在某一种时空限制内演出的活动或活动领域。

辞海定义：以直接获得快感为主要目的，且必须有主体参与互动的活动。

这个定义说明了游戏的两个基本的特性：

- 以直接获得快感（包括生理和心理的愉悦）为主要目的。
- 主体参与互动。主体参与互动是指主体动作、语言、表情等变化与获得快感的刺激方式及刺激程度有直接联系。

（6）小游戏的种类。动作类小游戏、体育类小游戏、益智类小游戏、射击类小游戏、冒险类小游戏、棋牌类小游戏、策略类小游戏、敏捷类小游戏、搞笑类小游戏、休闲类小游戏、激情类小游戏、折磨类小游戏和双人小游戏等，如图 5-1 至图 5-10 所示。

图 5-1　动作类小游戏（龙拳） 　　　　图 5-2　体育类小游戏（台球）

图 5-3　益智类小游戏（灰太狼悄悄看） 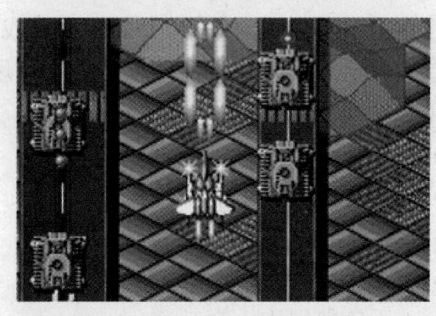　图 5-4　射击类小游戏（空袭）

图 5-5　冒险类小游戏（消灭猪流感） 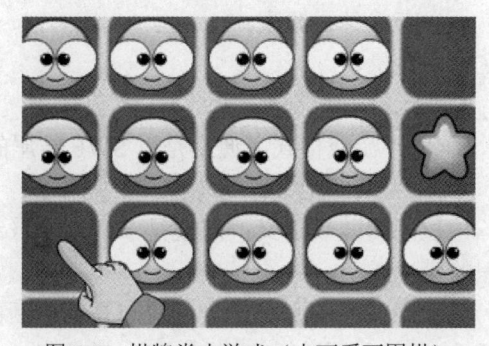　　图 5-6　棋牌类小游戏（小可爱下围棋）

图 5-7　策略类小游戏（逍遥三国志）　　　　图 5-8　搞笑类小游戏（掘金者）

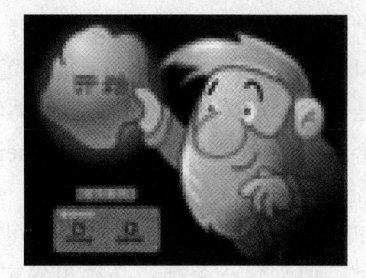

图 5-9　休闲类小游戏（煎鸡蛋）　　　　图 5-10　敏捷类小游戏（找茬）

（7）Flash 小游戏。Flash 是 Macromedia 公司（现被 Adobe 公司收购）开发的网页富媒体及强交互技术，最初用来研发交互式或动画网站组件。Flash 近几年获得了突飞猛进的发展，根据 Adobe 公司的统计，其互联网 PC 桌面普及率达到了惊人的 99%，而 Java 为 85.1%。目前 Flash 更在大力向 PDA 及智能手机终端发展。

Flash 技术包含一套可编程脚本解析器，称为 ActionScript，使用与 Java 及 JavaScript 类似的语法，可以控制 Flash 动画，实现多种交互功能。ActionScript 3.0 更支持了 Socket 联网功能，使得开发大型交互式网页游戏成为可能。凭借 ActionScript 2.0 及 ActionScript 3.0 的出色表现，Flash 技术成为了绝大多数小游戏开发的技术基础。

Flash 的解析器，称为 Flash Player，体积十分小巧。不仅可以支持流行的 IE 浏览器，还可以支持 Firefox、Opera、Safari 等多款浏览器，用户下载安装非常方便。这也是 Flash 小游戏流行的重要原因之一。

5.3.3　ActionScript 基础与基本语句

1. ActionScript 概述

Flash 小游戏这种人机交互功能的实现离不开 Flash 程序语言（ActionScript）的编程环境。因而，这里主要介绍一些 Flash 中相关的脚本知识。

ActionScript 是 Flash 的脚本撰写语言，使用户可以向影片添加交互性。动作脚本提供了一些元素，如动作、运算符及对角，可将这些元素组织到脚本中，指示影片要执行什么操作；用户可以对影片进行设置，从而使单击按键和按下键盘键之类的事件可触发这些脚本，如可用动作脚本为影片创建导航按钮等。

在 ActionScript 中，所谓面向对象，就是指将所有同类物品的相关信息组织起来，放在一个被称做类（Class）的集合里，这些相关信息被称为属性（Property）和方法（Method），然后为这个类创建对象（Object）。这样，这个对象就拥有了它所属类的所有属性和方法。

Flash 中的对象不仅可以是一般自定义的用来装载各种数据的类及 Flash 自带的一系列对象，还可以是每一个定义在声景中的电影剪辑，对象 MC 是 Flash 预定义的一个名叫"电影剪辑"的类。这个预定义的类有_totalframe、_height、_visible 等一系列属性，同时也有 gotoAndPlay()、nextFrame()、geturl()等方法，所以每一个单独的对象 MC 也拥有这些属性和方法。

在 Flash 中可以自己创建类，也可使用 Flash 预定义的类，下面来看看怎样在 Flash 中创建一个类。要创建一个类，必须事先定义一个特殊函数——构造函数（Constructor Function），所有 Flash 预定义的对象都有一个自己的已经构建好的构造函数。

现在假设已经定义一个叫做 car 的类，这个类有两个属性：一个是 distance，描述行走的距离；一个是 time，描述行走的时间。有一个 speed 方法用来计算 car 的速度。可以这样定义这个类：

```
function car(t,d){
    this.time=t;
    this.distance=d;
}
function cspeed(){
    return(this.time/this.distance);}
car.prototype.speed=cspeed;
```

然后可以给这个类创建两个对象：

```
car1=new car(10,2);
car2=new car(10,4);
```

这样 car1 和 car2 就有了 time、distance 的属性并且被赋值，同时也拥有了 speed 方法。对象和方法之间可以相互传输信息，其实现的方法是借助函数参数。例如，上面的 car 这个类，可以给它创建一个名叫 collision 的函数，用于设置 car1 和 car2 的距离。collision 有一个参数 who 和另一个参数 far，以下的列子表示 car1 和 car2 的距离为 100 像素：

```
car1.collision(car2,100)
```

在 Flash 面向对象的脚本程序中，对象是可以按一定顺序继承的。所谓继承，就是指一个类从另一个类中获得属性和方法。简单地说，就是在一个类的下级创建另一类，这个类拥有与上一类相同的属性和方法。传递属性和参数的类称为父类（superclass），继承的类称为子类（subclass），用这种特性可以扩充已定义好的类。

2．常用的媒体控制命令

动作脚本执行与添加的对象分为两种：一种是在"帧"上添加动作；另一种是向"影片剪辑"或"按钮"元件上添加动作脚本。在"影片剪辑"上添加动作脚本参数的首要正确表达式应为 onClipEvent()，而向按钮元件则应为 on()。以下介绍相关的媒体命令。

（1）stop 和 play 命令。

1）stop 命令。stop（停止）动作用于停止影片。如果没有说明，影片开始后将播放时间轴中的每一帧，可以通过这个动作按照特定的间隔停止影片，也可以借助按键来停止影片的播放。

2）play 命令。play 是一个播放命令，用于控制时间轴上指针的播放。运行后，开始在当前时间轴上连续显示场景中每一帧的内容。该语句比较简单，无任何参数选择，一般与 stop 命令及 goto 命令配合使用。

（2）goto 命令。goto 是一个跳转命令，主要用于控制动画的跳转。根据跳转后的执行命令可以分为 gotoAndPlay 和 gotoAndStop 两种。

1）场景。用户可以设置跳转到某一场景，有"当前场景"、"下一场景"和"前一场景"等选项，默认情况下还有"场景 1"。但随着场景的增加，可以直接准确地设定要跳转的某一场景。

2）类型。可以选择目标帧在时间轴上的位置或名称，"类型"下拉列表框中各选项的功能如下：

- 帧编号：目标帧在时间轴上的位置。
- 帧标签：目标帧的名称。
- 表达式：可以对于表达式进行帧的定位，这样可以是动态的帧跳转。

（3）stopAllSounds 命令。停止所有音轨的播放而不中断电影的播放。这是一个非常简单而常用的控制命令，执行该命令后，会停止播放所有正在播放的声音文件。但 stopAllSounds 并非永久禁止播放声音文件，只是在不停止播放头的情况下停止影片中当前正在播放的所有声音文件。设置到流的声音在播放头移过它们所在的帧时将恢复播放。下面的代码可应用到一个按钮，当单击此按钮时，将停止影片中所有的声音。

```
on (release) {
    stopAllSounds();
}
```

3．外部文件交互命令

（1）getURL 命令。getURL 用于建立 Web 页面链接，该命令不但可以完成超文本链接，而且还可以链接 FTTP 地址、CGI 脚本和其他 Flash 影片的内容。在 URL 中输入要链接的 URL 地址，可以是任意的，只有 URL 正确时，链接的内容才会正确显示出来，其书写方法与网页链接的书写方法类似，如http://www.163.com/。在设置 URL 链接时，可以选择相对路径或是绝对路径，建议选择绝对路径。getURL 的"动作"面板如图 5-11 所示。

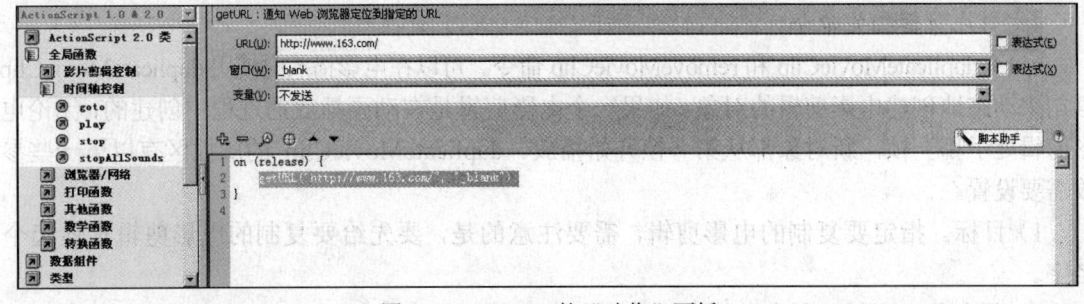

图 5-11　getURL 的"动作"面板

getURL 控制命令的语法参数说明如下：

1）URL。可从该处获取文档的 URL。

2）窗口。是一个可选参数，设置所要链接的资源在网页中的打开方式，可指定文档应加载到其中的窗口或 HTML 框架。可输入特定窗口的名称，或从下面的保留目标名称中选择：
- _self：指定在当前窗口中的当前框架打开链接。
- _blank：指定在一个新窗口打开链接。
- _parent：指定在当前框架的父级窗口中打开链接。如果有多个嵌套框架，并且希望所链接的 URL 只替换影片所在的页面，可以选择该项。
- _top 指定在当前窗口中的顶级框架中打开链接。

3）变量。用于发送变量的 GET 或 POST 方法。如果没有变量，则省略此参数。GET 方法将变量追加到 URL 的末尾，该方法用于发送少量变量。POST 方法在单独的 HTTP 标头中发送变量，该方法用于发送长的变量字符串。

（2）loadMovie 和 unLoadMovie 命令。这是加载及卸载影片的命令。使用 loadMovie 和 unLoadMovie 动作来播放附加的电影而不关闭 Flash 播放器。通常情况下，Flash 播放器仅显示一个 Flash 电影（.swf）文件，loadMovie 让用户一次显示几个电影，或者不用载入其他的 HTML 文档就在电影中随意切换。unLoadMovie 可以移除前面在 loadMovie 中载入的电影。

载入和卸载电影语句用法格式如下：

`(un)loadMovie("url",level/target[,variables])`

1）URL。表示要加载或卸载的 SWF 文件或 JPEG 文件的绝对或相对 URL。相对路径必须相对于级别 0 处的 SWF 文件。该 URL 必须与影片当前驻留的 URL 在同一子域。为了在 Flash Play 中使用 SWF 文件或在 Flash 创作应用程序的测试模式下测试 SWF 文件，必须将所有的 SWF 文件存储在同一文件夹中，而且其文件名不能包含文件夹或磁盘驱动器说明。

2）位置。选择"目标"选项，用于指向目标电影剪辑的路径。目标电影剪辑将替换为加载的影片或图像，它只能指定 target 电影剪辑或目标影片的 level 这两者之一，而不能同时指定两者。选择"级别"选项，是一个整数，用来指定 Flash Player 中影片将被加载到的级别。在将影片或图像加载到某级别时，标准模式下"动作"中的 loadMovie 动作将切换为 loadMovieNum。

3）变量。为一个可选参数，用来指定发送变量所使用的 HTTP 方法。该参数须是字符串 GET 或 POST。如没有要发送的变量，则省略此参数。GET 方法将变量追加到 URL 的末尾，该方法用于发送少量变量。POST 方法在单独的 HTTP 标头中发送变量，该方法用于发送长的变量字符串。

4. 影片剪辑相关命令

（1）duplicateMovieClip 和 removeMovieClip 命令。可以在电影播放时使用 duplicateMovieClip 语句来动态地创建电影剪辑的对象。如果一个电影剪辑是在动画播放的过程中创建的，无论电影剪辑处于哪一帧，新对象都从第一帧开始播放。duplicateMovieClip 的属性区有以下一些参数需要设置。

1）目标。指定要复制的电影剪辑，需要注意的是，要先给要复制的电影剪辑实体起个名字。

2）新名称。为新复制生成的电影剪辑实体起个名字。

3）深度。确定创建的对象与其他对象重叠时的层次。

使用 removeMovieClip 语句可以删除 duplicateMovieClip 语句创建的电影剪辑对象。removeMovieClip 的属性区只有"目标"参数，可以在这里输入复制产生的电影剪辑对象的名字。

（2）setProperty 命令。使用 setProperty 语句可以在播放电影时，改变电影剪辑的位置、缩放比例、透明度、可见性、旋转角度等属性。

1）属性。下拉列表框中可以选择需要改变的属性类型。其中常用的属性如下：
- _alpha：改变透明度属性，取值范围为 0～100。
- _visible：设置电影剪辑是否可见，值为 0 时不可见。
- _rotation：设置电影剪辑的旋转角度。
- _name：给电影剪辑起名字。
- _x、_y：分别设置电影剪辑相对于上一级电影剪辑坐标的水平位置和垂直位置。
- _xscale、_yscale：分别设置电影剪辑的水平方向和垂直方向的缩放比例。比例设置是以百分比为单位。
- _rotation：设定电影剪辑的旋转角度。

2）目标。选择改变属性的目标。

3）值。指定改变后的属性值。

（3）startDrag 和 stopDrag 命令。使用 startDrag 动作可以在电影播放时拖动电影剪辑。这个动作可以被设置为开始或停止拖动的操作。

startDrag 有下列参数（如图 5-12 所示）：

1）目标。指定手动的电影剪辑。

2）限制为矩形。指定一个矩形区域，电影剪辑不能被拖动到这个区域的外面。

3）锁定鼠标到中央。使电影送回的中心直接出现在用户移动鼠标的指针下。如不选择这项，当手动操作开始时，电影剪辑保持同指针的相对位置。

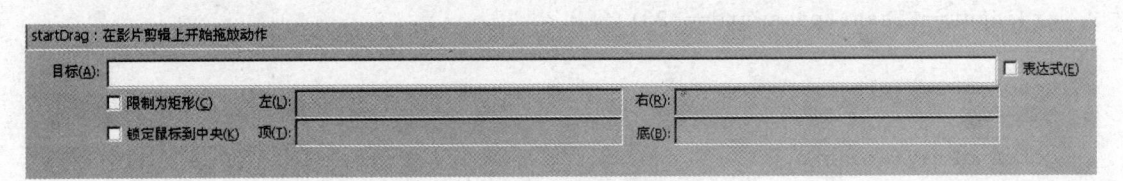

图 5-12 startDrag 的设置参数

stopDrag 用于停止被 startDrag 拖动的影片剪辑，没有参数需要设置。

如"自定义鼠标（影片剪辑 mc 相当于鼠标）"的制作脚本（部分）如下：

```
onClipEvent(load){//影片剪辑加载
    Mouse.hide()//鼠标隐藏
    startDrag("_root.mc",true);        //开始拖动影片剪辑并锁定鼠标到剪辑的中央
}
```

5．控制影片播放器命令

fscommand 是 Flash 用来与支持它的其他应用程序（指那些可以播放 Flash 电影的应用程序，如独立播放器或安装了插件的浏览器）互相传达命令的工具。fscommand 语句主要是针对 Flash 独立播放器的命令，语句所包含的命令参数如下。需要注意的是此动作脚本添加后，需通过"文件"→"导出影片"命令并保存，此命令在所导出和被保存的 SWF 格式文件中方能正常运行。

（1）quit（退出）。将关闭播放器。

（2）exec（执行程序）。可以在放映机里运行程序，在参数文本框中，输入应用程序路径。

（3）fullscreen（全屏）。在参数文本框中，输入 true 选择全屏，输入 false 选择普通视图。

（4）allowscale（缩放）。在参数文本框中，输入 true 允许缩放播放器和动画，输入 false 将不能缩放显示动画。

（5）showmenu（显示菜单）。控制弹出菜单条目，在参数文本框中，输入 true 可以在播放器中右键单击显示弹出菜单的所有条目，输入 false 则会隐藏菜单条。

5.3.4 复杂脚本控制语句的使用

1. if 条件语句

作为控制语句之一的条件语句，通常用来判断所给定的条件是否满足，根据判断结果（真或假）决定执行所给出两种操作的其中一条件语句。其中的条件一般是以关系表达式或逻辑表达式的形式进行描述的。

单独使用 if 语句的语法如下：

```
If(condition)
{
    statement(s)
}
```

当 ActionScript 执行至此处时，将会先判断给定的条件是否为真，若条件式（condition）的值为真，则执行 if 语句的内容（statement(s)），然后再继续后面的流程。若条件（condition）为假，则跳过 if 语句，直接执行后面的流程语句，如下列语句：

```
input="film"
if(input==Flash&&passward==123)
{
gotoAndPlay(play);
}
gotoAndPlay(wrong);
```

在这个示例中，ActionScript 执行到 if 语句时先判断，若括号内的逻辑表达式的值为真，则先执行 gotoAndPlay(play)，然后再执行后面的 gotoAndPlay(wrong)，若为假则跳过 if 语句，直接执行后面的 gotoAndPlay(wrong)，如图 5-13 和图 5-14 所示。

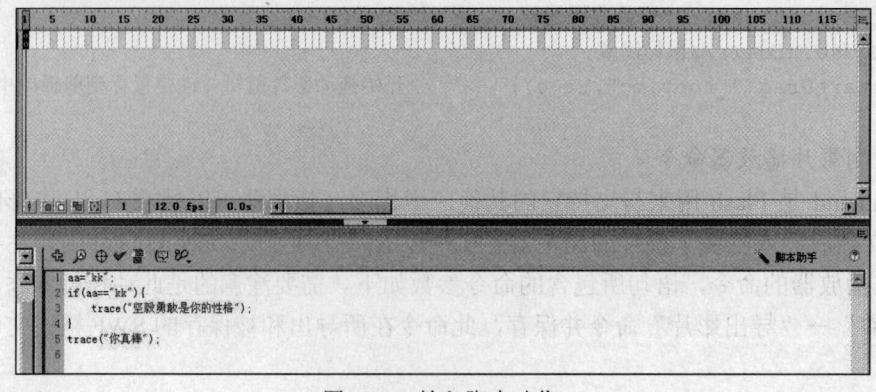

图 5-13　输入脚本动作

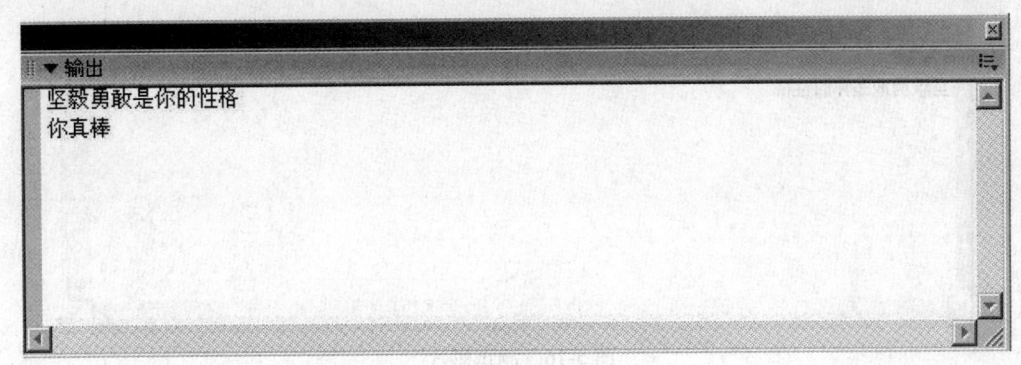

图 5-14 测试影片

脚本输入如下：
```
aa="kk";
if(aa=="kk"){
    trace("坚毅勇敢是你的性格");
}
trace("你真棒");
```
2. if 与 else 语句联用

语法格式如下：
```
if(condition){statement(a);}
else{statement(b);}
```
当 if 语句的条件式（condition）的值为真时，执行 if 语句的内容，跳过 else 语句。反之，将跳过 if 语句，直接执行 else 语句的内容。例如：
```
input="flim"
if(input==Flash&&pasword==123){gotoAndPlay(play);}
    else{gotoAndPlay(wrong);}
```
此例与上例看似相仿，只是多了一个 else，但第 1 种 if 语句和第 2 种 if 语句（if...else）在控制程序上是有区别的。在第 1 个例子中，若条件式值为真，将执行 gotoAndPlay(play)，然后再执行 gotoAndPlay(wrong)。而在第 2 个例子中，若条件式的值为真，将只执行 gotoAndPlay(play)，只而不执行 gotoAndPlay(wrong) 语句，如图 5-15 和图 5-16 所示。

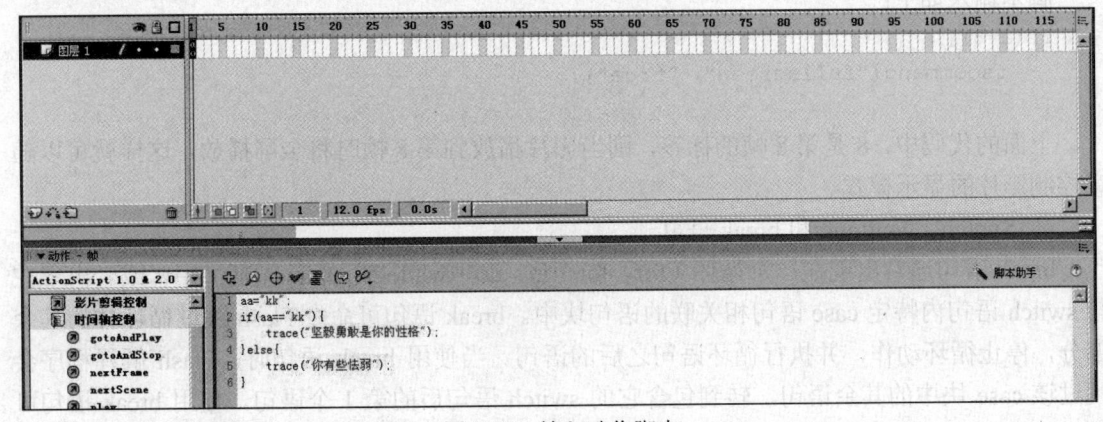

图 5-15 输入动作脚本

209

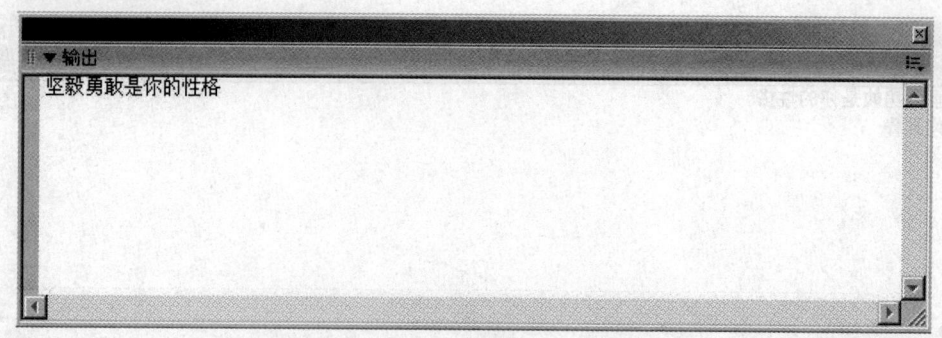

图 5-16　测试影片

脚本输入如下：
```
aa="kk";
if(aa=="kk"){
    trace("坚毅勇敢是你的性格");
}else{
    trace("你有些怯弱");
}
```

3．if 与 else if 语句联用

语法格式如下：
```
if(condition1){ statement(a);}
   else if(condition2){statement(b);}
else if(condition3){statement(c);}
...
```

这种 if 种语句的原理是：当 if 语句的条件式 condition1 的值为假时，判断接着的一个 else if 的条件式，若仍为假则继续判断下一个 else if 的条件式，直到某一个语句的条件式为真，则跳过紧接着的一系列 else if 语句。

使用 if 条件语句，需注意以下两点：

（1）else 语句与 else if 语句均不能单独使用，只能在 if 语句之后伴随存在。

（2）if 语句中的条件式不一定只是关系式和逻辑表达式，其实作为判断的条件式也可以是任何类型的数值，如图 5-17 至图 5-19 所示。

脚本输入如下：
```
if(a=8){
    fscommand("fullscreen", "true");
}
```

上面的代码中，8 是第 8 帧的标签，则当影片播放到第 8 帧时将全屏播放，这样就可以随意控制影片的显示模式。

4．Switch、continue 和 break 语句

break 语句通常出现在一个循环（for、for…in、do…while 或 while 循环）中，或者出现在与 switch 语句内特定 case 语句相关联的语句块中。break 语句可命令 Flash 跳过循环体的其余部分，停止循环动作，并执行循环语句之后的语句。当使用 break 语句时，Flash 解释程序会跳过该 case 块中的其余语句，转到包含它的 switch 语句后的第 1 个语句。使用 break 语句可跳出一系列嵌套的循环，如图 5-20 和图 5-21 所示。

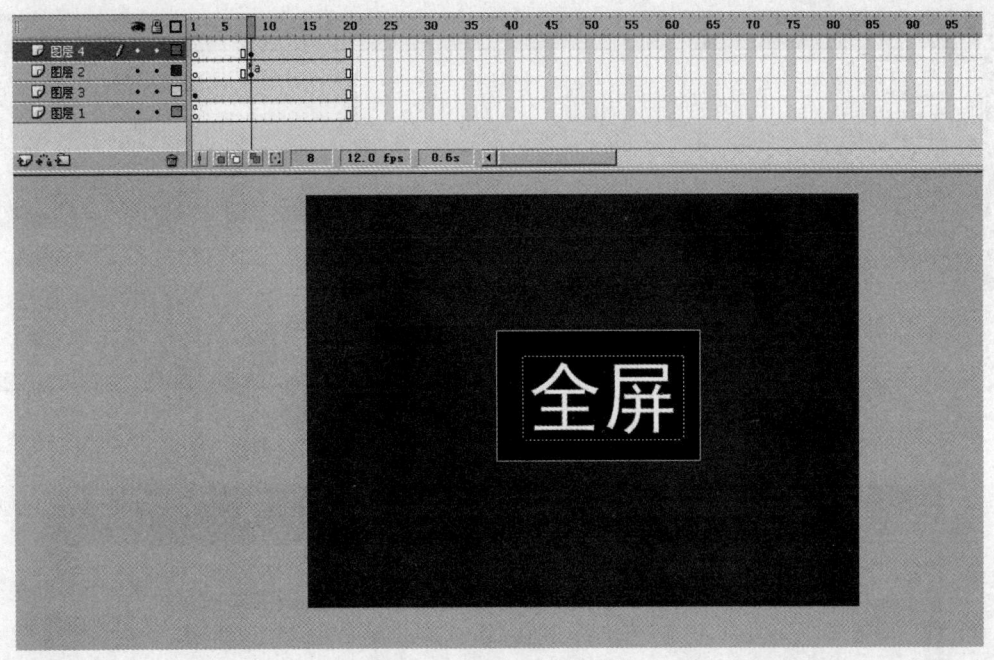

图 5-17　Flash 影片场景置

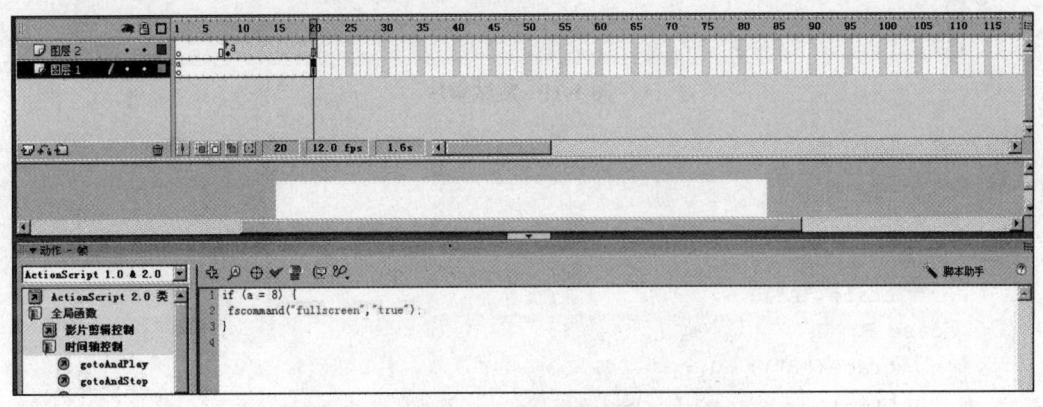

图 5-18　输入动作脚本

图 5-19　导出影片后出现全屏显示

```
switch (number)
{
    case A:
    trace("A");
    case B:
    trace("B");
    break;
    default:
}
    trace("D");
```

图 5-20　输入动作脚本

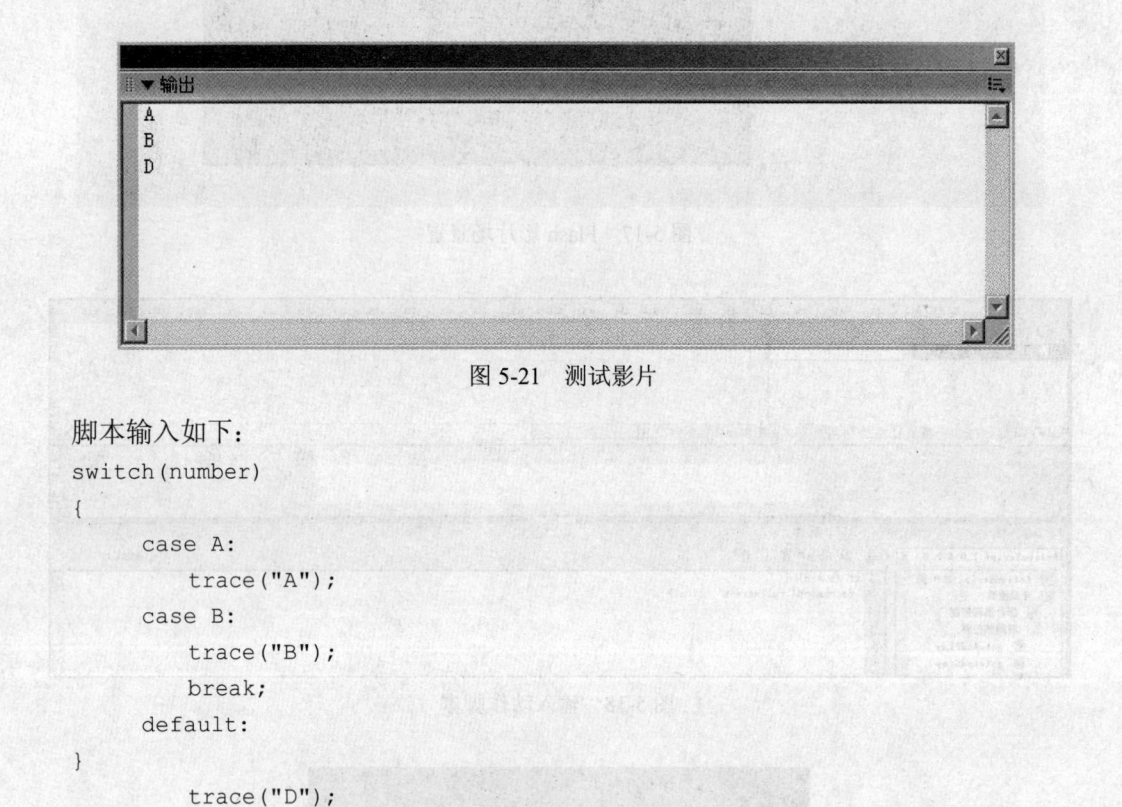

```
A
B
D
```

图 5-21　测试影片

脚本输入如下：

```
switch(number)
{
    case A:
        trace("A");
    case B:
        trace("B");
        break;
    default:
}
        trace("D");
```

continue 语句主要出现在以下几种类型的循环语句中，它在每种类型的循环中的行为方式各不相同。

如果 continue 语句在 while 循环中，可使 Flash 解释程序跳过循环体的其余部分，并转到循环的顶端（在该处进行条件测试）。

如果 continue 语句在 do…while 循环中，可使 Flash 解释程序跳过循环体的其余部分，并转到循环体的底端（在该处进行条件测试）。

如果 continue 语句在 for 循环中，可使 Flash 解释程序跳过循环体的其余部分，并转而计算 for 循环后的表达式（post-expression）。

如果 continue 语句在 for…in 循环中，可使 Flash 解释程序跳过循环体的其余部分，并跳回循环的顶端（在该处处理下一个枚举值）。

如图 5-22 和图 5-23 所示。

图 5-22　输入动作脚本

图 5-23　影片测试

脚本输入如下：

```
i=4;
while(i>0)
{
    if(i==3)
    {
      i--;
      continue;  //跳过 i==3 的情况
    }
    i--;
    trace(i);
}
i++;
trace(i);
```

5．for 循环语句

for 循环语句是 Flash 中运用相对较灵活的循环语句，用 while 语句或 do…while 语句写的 ActionScript 脚本，完全可以用 for 语句替代，而且 for 循环语句的运行效率更高。for 循环语

213

句的语法格式如下：
```
for(init;condition;next)
{
    statement(s);
}
```

（1）参数 init 是一个在开始循环序列前要计算的表达式，通常为赋值表达式。此参数还允许使用 var 语句。

（2）条件 condition 是计算结果为 true 或 false 时的表达式。在每次循环迭代前计算该条件，当条件的计算结果为 false 时退出循环。

（3）参数 next 是一个在每次循环迭代后要计算的表达式，通常为使用++（递增）或--（递减）运算符的赋值表达式。

（4）语句 statement(s)表示大循环体内要执行的指令。

在执行 for 循环语句时，首先计算 init（已经初始化）表达式一次，只要条件 condition 的计算结果为 true，则按照顺序开始循环序列，并执行 statement，然后计算 next 表达式。

要注意的是，一些属性无法用 for 或 for…in 循环进行枚举。例如，Array 对象的内置方法（Array.sort 和 Array.reverse）就不包括在 Array 对象的枚举中，另外，电影剪辑属性，如_x 和_y 也不能枚举。

6. while 循环语句

while 语句用来实现"当"循环，表示当条件满足时就执行循环，否则跳出循环体，其语法格式如下：
```
while(condition){statement(s);}
```

当 ActionScript 脚本执行到循环语句时，都会先判断 condition 表达式的值，如果该句的计算结果为 true，则运行 statement(s)。statement(s)条件的计算结果为 true 时要执行代码。每次执行 while 动作时都要重新计算 condition 表达式。

例如：
```
i=10;
while(i>=0)
{
   duplicateMovieClip()"pictures",pictures&I,i);
   //复制对象pictures
   setProperty("pictures",_alpha,i*10);
   //动态改变pictures的透明度值
   i=i-1;}
   //循环变量减1
}
```

在该示例中变量 i 相当于一个计数器。while 语句先判断开始循环的条件 i>=0，如果为真，则执行其中的语句块。可以看到循环体中有语句 i=i-1;，这是用来动态地为 i 赋新值，直到 i<0 为止。

7. do…while 循环语句

与 while 语句不同，do…while 语句用来实现"直到"循环，其语法格式如下：
```
do{statement(s)}
```

```
while(condition)
```

在执行 do…while 语句时,程序首先执行 do…while 语句中的循环体,然后再判断 while 条件表达式 condition 的值是否为真,若为真则执行循环体,如此反复直到条件表达式的值为假才跳出循环。

例如:
```
i=10;
do{duplicateMovieClip("pictures",pictures&i,i);
//复制对象 pictures
setProperty("pictures",_alpha,i*10);
//动态改变 pictures 的透明度值
i=i-1;}
while(i>=0);
```

此例和前面 while 语句中的例子所实现的功能是一样,这两种语句几乎可以相互替代,但它们却存在着内在的区别。while 语句是在第一次执行循环体之前要先判断条件表达式的值,而 do…while 语句在第 1 次执行循环体之前不必判断条件表达式的值。如果上两例的循环条件均为 while(i=10),则 while 语句不执行循环体,而 do…while 语句要执行一次循环体,这一点值得重视。

8. for…in 循环语句

这是一个非常特殊的循环语句,因为 for…in 循环语句是通过判断某一对象的属性或某一数组的元素来进行循环的,它可以实现对对象属性或数组元素的引用,通常 for…in 循环语句的内嵌语句主要对所引用的属性或元素进行操作。for…in 循环语句的语法格式如下:
```
for(variableIterant in object)
{
    statement(s);
}
```

其中,**variableIterant** 作为迭代变量的变量名,会引用数组中对象或元素的每个属性。object 是重要的对象名。statement(s)为循环体,表示每次要迭代执行的指令。循环的次数是由所定义的对象的属性个数或数组元素的个数决定的,因为它是对对象或数组的枚举。

如下面的示例使用 for…in 循环迭代某对象的属性,如图 5-24 和图 5-25 所示。

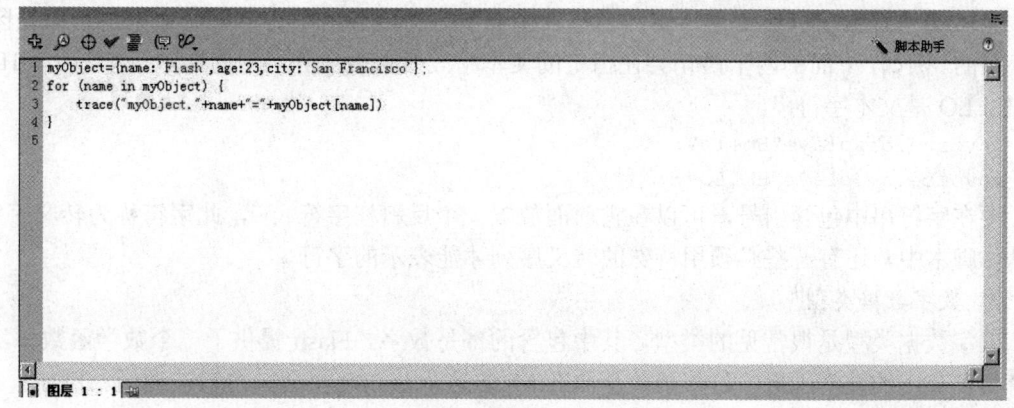

图 5-24 输入动作脚本

```
输出
myObject.name=Flash
myObject.age=23
myObject.city=San Francisco
```

图 5-25　影片测试

脚本输入如下：
```
myObject={name:'Flash',age:23,city:'San Francisco'};
for(name in myObject)
{
    trace("myObject."+name+"="+ myObject[name]);
}
```

5.3.5　数据类型

数据类型描述了一个变量或者元素能够存入何种类型的数据信息。Flash 的数据类型分为基本数据类型和指示数据类型，基本数据类型包括对象（Object）和电影剪辑（MC），基本数据类型是实实在在地能够被赋予一个不变的数值，而指示数据类型则是一些指针的集合，由它们指向真正的变量。下面将介绍 Flash 中的数据类型。

1. 字符串数据类型

字符串是诸如字母、数字和标点符号等字符的序列。将字符串放在单引号或双引号之间，可以在动作脚本语句中输入它们。字符串被当作字符，而不是变量进行处理。例如，在下面的语句中，L7 是一个字符串。
```
favoriteBand="L7";
```
可以使用加法（+）运算符连接或合并两个字符串。动作脚本将字符串前面或后面的空格作为该字符串的文本部分。下面的表达式在逗号后包含一个空格。
```
greeting="welcome," + firstName;
```
虽然动作脚本在引用变量、实例名称和帧标签时不区分大小写，但是文本字符串是区分大小写的。例如，下面的两个语句会在指定的文本字段变量中放置不同的文本，这是因为 Hello 和 HELLO 是文本字符串。
```
invoice.display="Hello";
invoice.display="HELLO";
```
要在字符串中包含引号，可以在它前面放置一个反斜杠字符（\），此字符称为转义字符。在动作脚本中，还有一些必须用特殊的转义序列才能表示的字符。

2. 数字数据类型

数字数据类型是很常见的类型，其中包含的都是数字。Flash 提供了一个数学函数库，其中有很多有用的数学函数，这些函数都放在 Math 这个 Object 里面，可以被调用。例如：
```
result=Math.sqrt(100);
```

在这里调用的是一个求平方根的函数，先求出 100 的平方根，然后赋值给 result 这个变量，这样 result 就是一个数字变量了。

3. 布尔值数据类型

布尔值是 true 或 false 中的一个。动作脚本也会在需要时将值 true 和 false 转换为 1 或 0。布尔值在进行比较来控制脚本流的动作语句中，经常与逻辑运算符一起使用。例如，在下面的脚本中，如果变量 password 为 true，则会播放影片。

```
onClipEvent(enterFrame)
{
   if(username == true && password == true)
   {
      play();
   }
}
```

4. 对象数据类型

对象是属性的集合，每个属性都有名称和值。属性的值可以是任何的 Flash 数据类型，甚至可以是对象数据类型。这使用户可以将对象相互包含，或"嵌套"它们。要指定对象和它们的属性，可以使用点（.）运算符。例如，在下面的代码块中，hoursWorked 是 weeklyStats 的属性，而后者是 employee 的属性。

```
employee.weeklyStats.hoursWorded
```

可以使用内置动作脚本对象访问和处理特定种类的信息。例如，Math 对象具有一些方法，这些方法可以对传递给它们的数字执行数学运算。此示例使用 sqrt 方法。

```
squareRoot = Math.sqrt(100);
```

动作脚本 MovieClip 对象具有一些方法，可以使用这些方法控制舞台上的电影剪辑元件示例。此示例使用 play 和 nextFrame 方法。

```
mcInstanceName.play();
mcInstanceName. nextFrame();
```

现在来设置一个按钮事件中对象的属性：

```
on (release) {
    b._x="50";
    setProperty("mc",_alpha,"50");
}
//当释放鼠标时，按钮 b 在 x 轴的坐标为 50，影片剪辑 mc 的透明度为 50%
```

也可以创建自己的对象来组织影片中的信息。要使用动作脚本向影片添加交互操作，需要许多不同的信息。

5. 电影剪辑数据类型

其实这个类型是对象类型中的一种，但因其在 Flash 中具有极其重要的地位，而且使用频率很高，所以在这里特别加以介绍。在 Flash 中，只有 MC 是真正指向了场景中的一个电影剪辑。通过这个对象和它的方法及对其属性的操作，就可以控制动画的播放和 MC 状态，也就是说可以用脚本程序书写和控制动画。例如：

```
onClipEvent(mouseUp){
     myMC.prevFrame();
}
```

//当松开鼠标左键时,电影片段 myMC 就会跳到前一帧

这里仍以"自定义鼠标"为例:

```
onClipEvent(mouseDown){
    _root.mc.gotoAndStop(2);      //鼠标向下时,影片剪辑跳转并停止在第 2 帧
}
onClipEvent(mouseUp){
    _root.mc.gotoAndStop(1);      //鼠标向上时,影片剪辑跳转并停止在第 1 帧
}
```

6. 空值数据类型

空值数据类型只有一个值,即 null。此值意味着"没有值",即缺少数据。

5.3.6 变量

与其他编程语言一样,Flash 脚本中对变量也有一定的要求。不妨将变量看成是一个容器,可以在里面装各种各样的数据。在电影播放时,通过这些数据就可以进行判断、记录和存储信息等。

1. 变量的命名

变量的命名主要遵循以下 3 条规则:

(1)须以字母或者下划线开头,其中可以包括$、数字、字母或者下划线。例如,_myMC、e3game、worl$dcup 都是有效的变量名,但!go、2cup、$food 就不是有效的变量名。

(2)不能与关键字同名,并且不能是 true 或 false。

(3)变量在自己的有效区里必须唯一。

2. 变量的作用域

变量的"范围"是指一个区域,在该区域内变量是已知的并且可以引用的。在动作脚本中有以下 3 种类型的变量范围:

(1)本地变量。是在它们自己的代码快(由大括号界定)中可用的变量。

(2)时间轴变量。是可以用于任何时间轴的变量,条件是使用目标路径。

(3)全局变量。是可以用于任何时间轴的变量(即使不使用目标路径)。

可以使用 var 语句在脚本内声明一个本地变量,如 i 和 j 经常用作循环计数器。在下面的示例中,i 用作本地变量,它只存在于函数 makeDays 的内部。

```
function makeDays(){
    var i;
    for(i=0;i<monthArray[month];i++){
        _root.Days.attachMovie("DayDisplay",i,i+200);
        _root.Days[i].num=i+1;
        _root.Days[i]._x=column * _root.Days[i]._width;
        _root.Days[i]._y=row * _root.Days[i]._height;
        column=column+1;
        if(column==7){
            column=0;
            row=row+1;
        }
    }
}
```

3. 变量的使用

要想在脚本中使用变量,首先必须在脚本中声明这个变量,如果使用了未作声明的变量,则将会出现错误。如

var aa=20;

此类的书写才是正确的。

另外,还可以在一个脚本中多次改变变量的值。变量包含的数据类型将对变量何时以及怎样改变产生影响。原始的数据类型,如字符串和数字等,将以值的方式进行传递,也就是说变量的实际内容将被传递给变量。

例如,变量 ting 包含一个基本数据类型的数字 4,因此这个实际的值数字 4 被传递给了函数 sqr,返回值为 16。

```
function sqr(x){
    return x*x;
}
var ting=4;
var out=sqr(ting);
```

其中,变量 ting 中的值仍然是 4,并没有改变。

又例如,在下面的程序中,x 的值被设置为 1,然后这个值被赋给 y,随后 x 的值被重新改变为 10,但此时 y 仍然是 1,因为 y 并不跟踪 x 的值,它在此只是存储 x 曾经传递给它的值。

```
var x=1;
var y=x;
var x=10;
```

5.4 操作步骤

5.4.1 制作图块

(1)新建影片文档。在新建的影片文档中新建一图层命名为"底色",将原先制作好的(位图)底色导入到舞台,如图 5-26 所示。

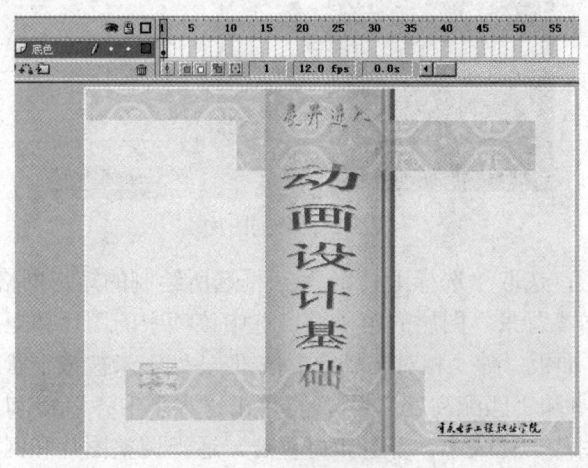

图 5-26 导入到舞台

（2）导入图片。新建图层2，并命名为"背景"，单击"文件"→"导入"→"导入到舞台"命令，弹出"导入"对话框。选择"图片.jpg"，单击"打开"按钮，将拼图素材导入到舞台上。选择"任意变形工具"，调整图片到合适的大小，如图5-27所示。

图5-27　导入图片

（3）分割图片。单击"视图"→"网格"→"显示网格"命令，再单击"视图"→"对齐网格"命令，在舞台上显示出网格。选取"矩形工具"，选择"笔触颜色"为"黑色"，设置"填充色"为"无"。单击工具箱下方的"对象对齐"按钮，沿网格绘制出一个包含6个网格的矩形，如图5-28所示。

图5-28　分割图片

锁定"底色"图层，选取"选择工具"，框选所绘制的矩形网格，按Ctrl+G组合键，将网格组合起来。单击"背景"图层的第1帧，选中该帧中的图片和矩形网格。按Ctrl+K组合键，则出现"对齐"面板，使"相对于舞台"按钮处于未被按下状态，单击"匹配大小"下面的"匹配宽度"和"匹配高度"，再单击"水平中齐"和"垂直中齐"，这样，矩形网格变得与图片一样大小，并且正好重合。适当调整图片和网格的位置，如图5-29所示。

图 5-29　适当调整图片和网格的位置

保证图片和网格处于被选中的状态，按 Ctrl+B 组合键，将图片和矩形网格分离。在空白处单击，取消对图形的选择。这样，图片就被分割成了等大的 6 块。选取"选择工具"后，鼠标单击的方式可以分别选中，如图 5-30 所示。

图 5-30　图片被分割为等大的 6 块并选中

5.4.2　将图块转换为元件

（1）将图块转换为图形元件。选中左上角的图块，按 F8 键，弹出"转换为元件"对话框，将图形转换为名为 p1 的图形元件。同理，将其他图块也分别转换为图形元件，如图 5-31 所示。

图 5-31　将图块转换为图形元件

（2）将图形元件转换为按钮元件。选中左上角 p1 元件实例，按 F8 键弹出"转换为元件"对话框，把 p1 转换成按钮元件，名称为 b1。同理，将其他的实例也转换成按钮元件，如图 5-32 所示。

图 5-32　将图形元件转换为按钮元件

（3）将按钮元件转换为影片剪辑元件。选中左上角名为 b1 的按钮元件，按 F8 键弹出"转换为元件"对话框，将按钮实例转换成影片元件，名为 m1。同理，将其他的实例也转换成影片剪辑元件，如图 5-33 所示。

图 5-33　将按钮元件转换为影片元件

（4）将网格图形复制到其他图层中。转换完成后单击第 1 帧，则选中该帧中的所有对象。按 Shift 键分别单击实例，取消对所有实例的先择，只选中图片下的矩形网格，按 Ctrl+X 组合键剪切图形。单击"插入图层"按钮 ，新增"网格"图层，选中第 1 帧，单击"编辑"→"粘贴到当前位置"命令，将矩形网格原位置粘贴到"网格"图层中，如图 5-34 所示。

图 5-34 将网格图形复制到其他图层

5.4.3 制作背景

（1）设置实例名称并交换元件。选中图块上 m1 影片剪辑，在下拉的"属性"面板中设置"实例名称"为 d1，单击旁边的"交换"按钮，在弹出的"交换元件"对话框中选择 p1，单击"确定"按钮，把实例交换成 p1，如图 5-35 和图 5-36 所示。

图 5-35 设置实例名称并交换元件　　　　图 5-36 "交换元件"对话框

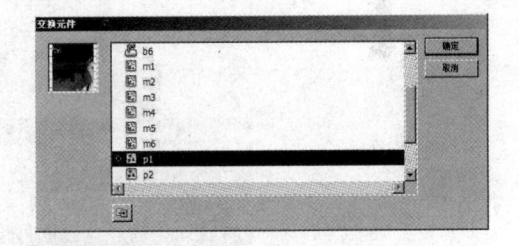

如此，用同样的方法设置其他的影片剪辑的实例名称并交换元件。

（2）设置实例的属性。按 Shift 键，分别单击实例，选中"背景"图层上的所有实例。打开"属性"面板，在"颜色"下拉列表框中选择"色调"，设置"颜色"为白色，"色彩数量"为 100，如图 5-37 所示。

（3）输入提示文本。按 Ctrl+F8 组合键新建影片剪辑元件，命名为"文本 1"，在元件编辑状态中输入提示文本并创建其"补间动画"和"时间轴特效"，如图 5-38 所示。

"文本 1"的影片剪辑元件创建完成后，将其拖入场景"背景"图层中左上角的位置，如图 5-39 所示。

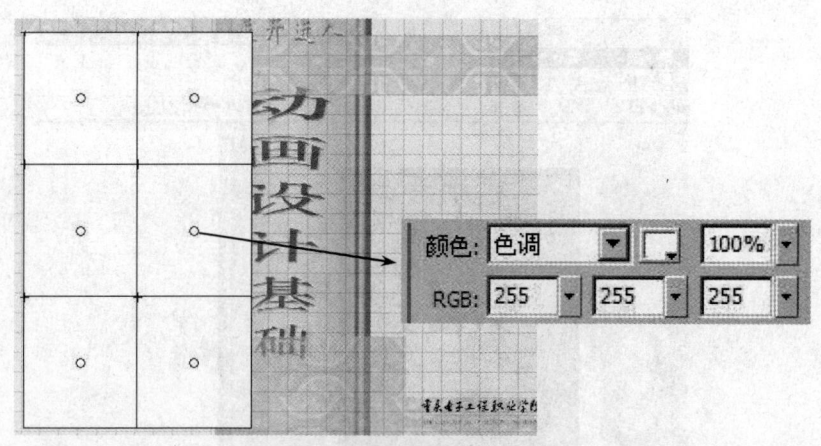

图 5-37 设置实例的属性

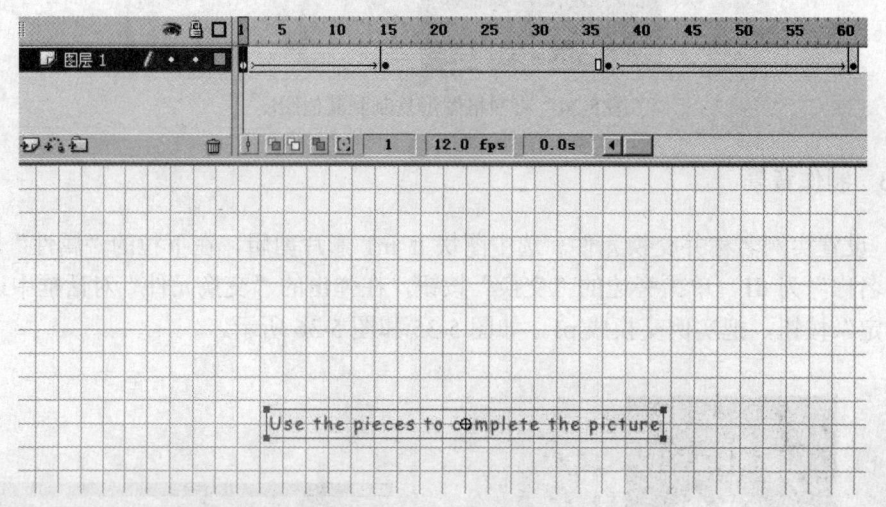

图 5-38 输入提示文本

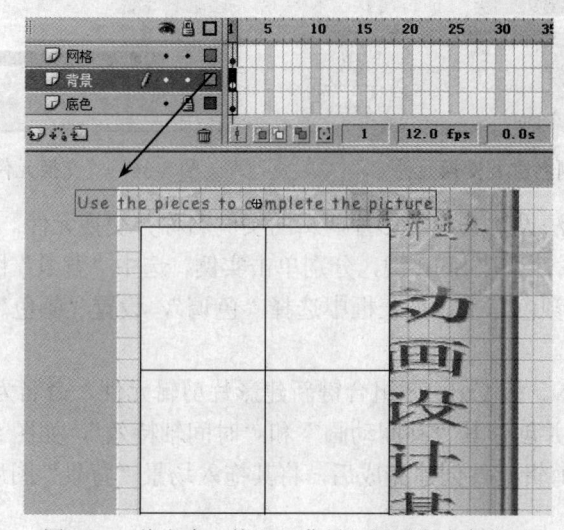

图 5-39 将文本 1 拖入"背景"图层左上角位置

（4）创建成功的画面。在背景图层及底色图层的第 2 帧，按 F6 键插入一个关键帧。该帧为成功拼图后出现的画面。

选中所有实例，打开"属性"面板，设置"颜色"为"无"，使实例图像显示出来，并删除第 1 帧的文本信息，如图 5-40 所示。

图 5-40　设置"颜色"为"无"

选取"文本工具"，输入拼图成功的文字信息。

新增一个按钮元件。根据自己的喜好，设置文本的属性，制作出一个按钮元件，如图 5-41 所示。

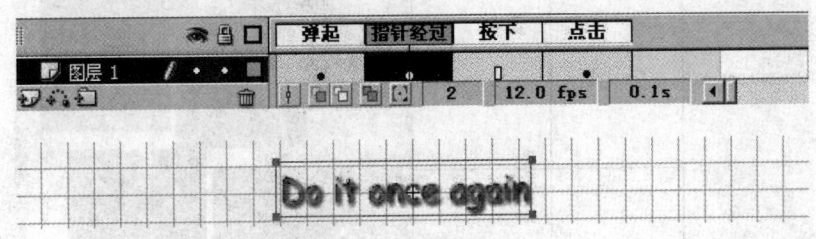

图 5-41　制作按钮元件

此外回到主场景中，单击"网格"图层，按 Ctrl+G 组合键，将网格组合为一体。

5.4.4　编写代码

这是整个案例的重头戏，写入的动作脚本将使图块动起来。

（1）设置第 1 帧的动作脚本。新增图层"动作"，选中第 1 帧设置动作脚本，如图 5-42 所示。

脚本解释如下：

脚本中的 m1～m6 是用来判断是否成功拼图的变量，当值为 0 时，表示拼图不成功；当值为 1 时，表示拼图成功。

（2）设置第 2 帧的动作脚本。选中动作图层的第 2 帧，按 F6 键，插入一个关键帧，设置动作脚本为 stop();。

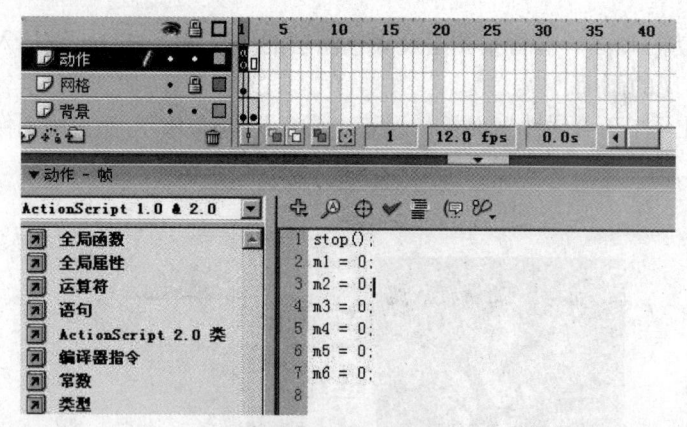

图 5-42 设置动作脚本

（3）拖入影片剪辑。新增图层"图块"，右击多余的第 2 帧将其删除。打开"库"面板，将影片元件 m1~m6 拖入舞台中，不规则地摆放图块，如图 5-43 所示。

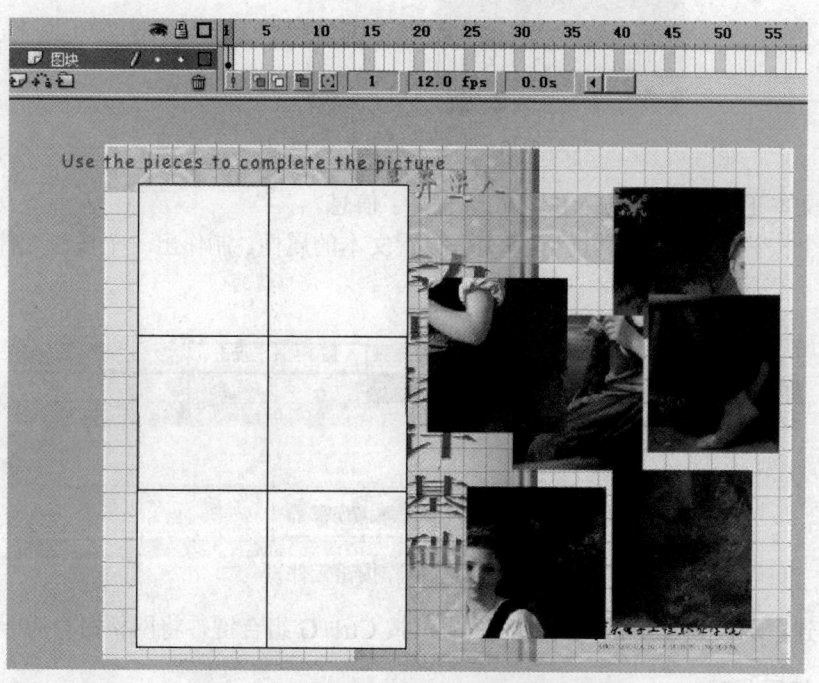

图 5-43 拖入图块至舞台中并不规则地摆放

（4）设置按钮实例 b1 的动作脚本。双击影片剪辑 m1，进入它的编辑场景。选中按钮元件实例 b1，打开"动作"面板，输入按钮实例的动作脚本，如图 5-44 所示。

动作脚本及其解释如下：

```
on (press) {
    startDrag("",true);         //当用鼠标单击按钮时，按钮为可拖动状态
}
on (release) {
    stopDrag();                 //当单击并释放按钮后，按钮处于被停止状态
    obj = "/d1";                //底板上相应的图块
```

将释放的图块与其对齐，形成一种自动吸附的效果。

```
        setProperty("",_x,getProperty(obj,_x));
        setProperty("",_y,getProperty(obj,_y));
        _root.m1 = 1;           //实例 m1 被拖放成功后，设置变量为 1
        if ((_root.m1 == 1) and (_root.m2 == 1) and (_root.m3 == 1) and (_root.m4
            == 1) and (_root.m5 == 1) and (_root.m6 == 1)) {
            _root.gotoAndPlay(2);
                //如果所有的实例都被拖放成功，那么动画跳转到第 2 帧，也就是显示拼图成功的画面
        }
    }
}
```

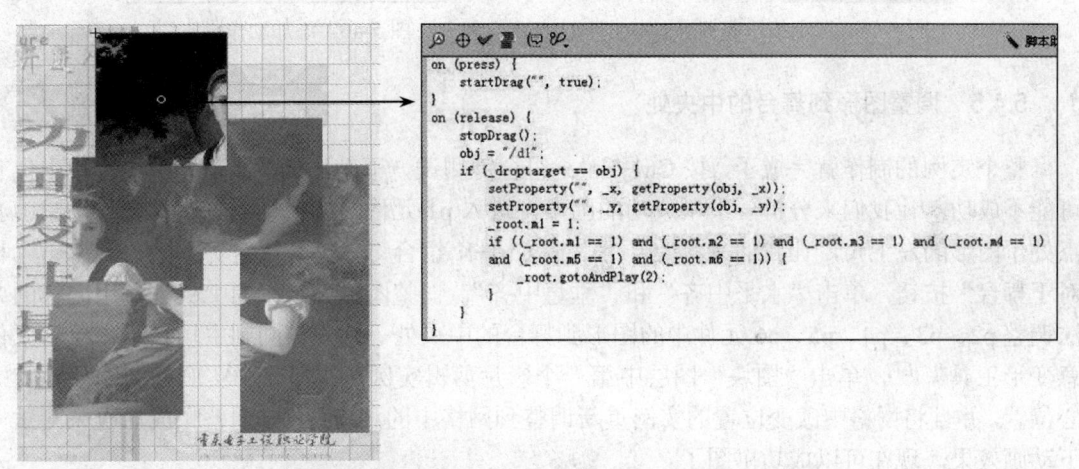

图 5-44　设置按钮实例的动作脚本

（5）设置其他实例的动作脚本。回到主场景 1，接着双击影片剪辑 m2，选中里面的 b2 按钮实例。打开"动作"面板，输入以下动作脚本：

```
on (press) {
    startDrag("",true);
}
on (release) {
    stopDrag();
    obj = "/d2";
    if (_droptarget == obj) {
        setProperty("",_x,getProperty(obj,_x));
        setProperty("",_y,getProperty(obj,_y));
        _root.m2 = 1;
        if ((_root.m1 == 1) and (_root.m2 == 1) and (_root.m3 == 1) and (_root.m4
            == 1) and (_root.m5 == 1) and (_root.m6 == 1)) {
            _root.gotoAndPlay(2);
        }
    }
}
```

与上段基本一样，区别在于将其中的 obj = "/d1" 改成了 obj = "/d2"，意义是一样的。
然后用同样的方法为其他按钮设置动作脚本。

（6）设置重新进行拼图游戏的脚本。回到主场景 1，在"背景"图层上选中第 2 帧的按钮实例为按钮添加动作脚本。表示当单击按钮时，动画跳转到第 1 帧并开始播放，即可重新进行拼图游戏，如图 5-45 和图 5-46 所示。

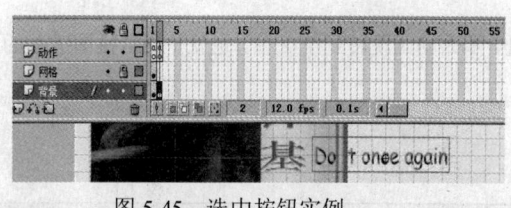

图 5-45 选中按钮实例

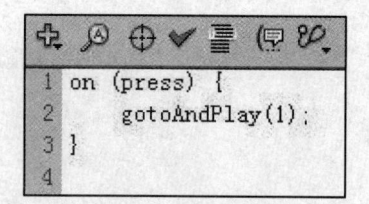

图 5-46 添加动作脚本

5.4.5 调整图形到舞台的中央处

整个实例的制作就完成了，按 Ctrl+Enter 组合键测试一下动画的效果吧！拼图过程中也有可能不成功，让我们来分析一下不成功的因素。进入 p1 元件的编辑场景可以看到，场景中心点处于图形的左上角，让我们来修改一下，按 Ctrl+K 组合键，打开"对齐"面板。单击"相对于舞台"按钮，单击"水平中齐"和"垂直中齐"，调整图形到场景的中央处。用同样的方法调整 p2、p3、p4、p5、p6 元件中的图形到舞台的中央处。此外，回到主场景中，单击"任意变形工具"，单击"图块"图层中第一个影片剪辑实例，将每一个实例的圆圈移至其中心位置，并且将网格中改变位置的实例重新调整到网格中的相应位置。调整完成后再来测试一下动画效果，现在可以成功拼图了。

5.4.6 后期润色工作

后期的润色工作体现设计者的设计品味，这将使小游戏制作产生音画结合的意境，从而起到令观者赏心悦目的作用，丰富其欣赏层次。下面来制作一下吧！

（1）导入音响效果。新建"声音"图层，将已经选好的声音元件（这里选用一曲《雪绒花》）拖入舞台中，如图 5-47 所示。

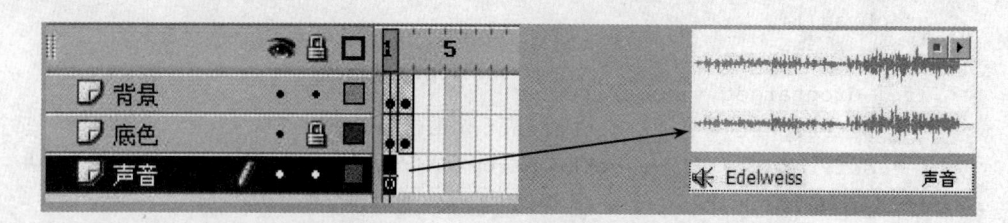

图 5-47 将新建的"声音"图层拖入舞台中

（2）丰富舞台背景的图画效果。在背景图层的底层新建图层"标志"，选中其第 1 帧，将预先制作好的"卷轴"位图元件和"三角标志"的影片元件拖入场景中。在第 2 帧中，不显示"卷轴"位图元件，而"三角标志"的影片元件位置则略微有些改变，如图 5-48 和图 5-49 所示。

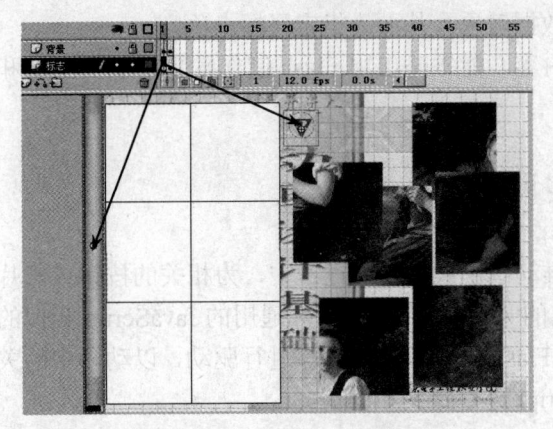

图 5-48　新建"标志"图层　　　　　　图 5-49　将"标志"图层拖入场景中

在底色图层的第 2 帧将已制作好的具有"时间轴特效"的"多媒体"影片元件拖入场景的合适位置，如图 5-50 所示。

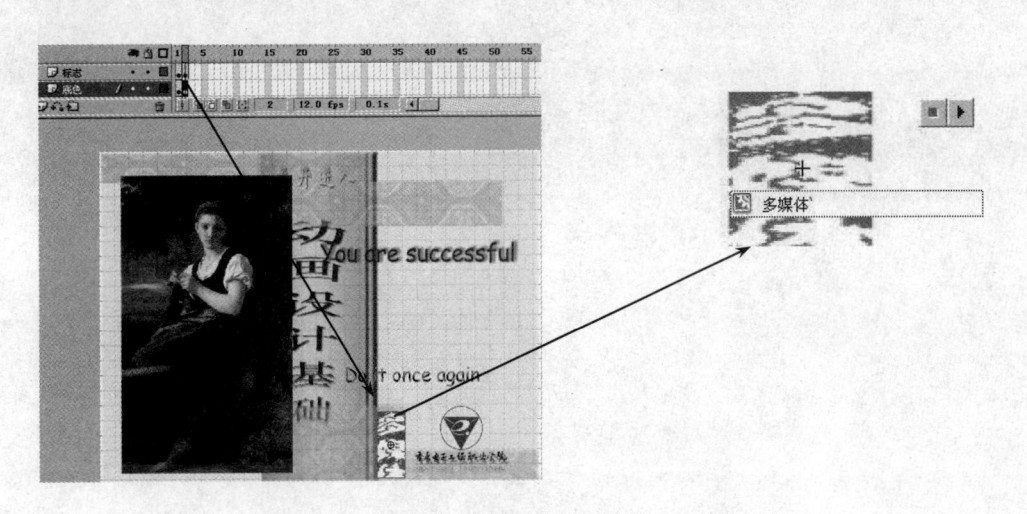

图 5-50　将"多媒体"影片元件拖入场景中

5.4.7　测试动画效果并保存文件

测试方法同上。

5.5　技巧与经验分享

（1）在制作拼图游戏的过程中，可以使用 startDrag()函数开始拖动指定的对象，用 startDrag()函数停止拖动指定的对象。

（2）如果要拖动某一个影片剪辑，在一般情况下，应当在该影片剪辑内添加一个按钮，再把 startDrag()语句附加在该按钮上。

（3）制作大型动画作品时，要将作用相同的元素放置在同一图层分类管理，以便进行编辑。

（4）利用数组能够创建一个包含颜色的数据对象，从而为指定目标上色。

（5）多体会本项目游戏，回顾 5.1 节的内容，能领略出用 Flash 制作常规游戏的方法和技巧。

5.6　实训小结

Flash 小游戏是实现交互性功能的一种二维动画形式。在此过程中，为相关的按钮或影片剪辑编写动作脚本是实现交互的关键。Flash 中的 ActionScript 具有和通用的 JavaScript 相似的结构，同样是采用面向对象编程的思想，采用 Flash 中的事件对程序进行驱动，以动画中的关键帧、按钮或电影片段作为对象来对 ActionScript 进行定义和编写。